U0947808

水下控制系统
工程化技术及设备

主　编：周学军
副主编：闫嘉钰　孙　钦

中国石化出版社

内 容 提 要

本书以水下控制系统工程化产品研制过程为线索，系统介绍了水下控制系统设计、可靠性技术、关键设备的设计制造和测试认证技术及信息安全检测技术和兼容性技术，旨在为水下控制系统工程设计、应用以及未来水下控制系统的技术迭代提供参考。

本书适合从事海洋石油工程设计及应用的技术人员和管理人员使用，也可供从事水下控制系统设备研发人员参考使用。

图书在版编目(CIP)数据

水下控制系统工程化技术及设备 / 周学军主编.
—北京：中国石化出版社，2022.10
ISBN 978-7-5114-6890-1

Ⅰ.①水… Ⅱ.①周… Ⅲ.①海上油气田-油气开采-综合生产系统 Ⅳ.①TE53

中国版本图书馆 CIP 数据核字(2022)第 179259 号

中国石化出版社出版发行

地址：北京市东城区安定门外大街 58 号
邮编：100011　电话：(010)57512500
发行部电话：(010)57512575
http://www.sinopec-press.com
E-mail：press@sinopec.com
北京柏力行彩印有限公司印刷
全国各地新华书店经销

*

787×1092 毫米 16 开本 14 印张 352 千字
2022 年 12 月第 1 版　2022 年 12 月第 1 次印刷
定价：168.00 元

前言 PREFACE

随着我国城市化和工业化的快速发展，以及经济社会对能源的需求日益增加，内陆油气资源紧张的问题日益凸显。为保障我国能源供给，需要大力加强海洋油气田的勘探开发工作，提高海洋油气田产量。广袤的海洋地区油气资源丰富，海洋油气开采潜力巨大。目前，海上油气资源开采已成为我国原油开发重要的增长极，2019~2021 年我国海上原油增量连续 3 年占全国增量的 50%以上。世界范围内，新增深水油气资源在新增海上油气资源的占比也越来越高，Rystad 统计结果显示，2022 年一季度全球常规油气发现资源量约 23 亿桶油当量，其中，海洋油气发现占比约 91%，其中 1500m 以上的超深水占比 45%，125~1500m 水深占比 31%，125m 以下浅水占比 14%；陆上油气发现占比仅 9%。

海洋油气的勘探开发离不开各种装备，水下生产系统是开发深水油气田的主要装备。目前，我国水下生产系统已进入飞速发展的新时期，进步显著。这对促进我国海洋油气装备早日实现国产化，缩小与发达国家之间的差距，保证国家的海洋油气资源不受侵犯等方面具有非常重要的意义。作为水下生产系统核心部分的水下控制系统，同样取得了长足进步。“十一五”以来，借助国家相关科研项目支持，我国陆续开始水下生产控制系统领域的科研攻关，逐渐从单体的研制，发展到整套系统的集成并在实际工程中实现示范应用。我国水下控制系统的成功研制及成功应用，标志着我国已具备水下控制系统工程产品的生产能力，将进一步提高我国海洋油气开发的自主权，进一步提高我国海工装备的综合技术水平，带动相关产业形成与升级，为保障国家能源安全提供技术支撑。

本书系统地介绍了水下控制系统技术及主要设备，共 12 章。第 1 章由闫嘉钰编写；第 2 章由孙钦编写；第 3 章由朱春丽编写；第 4 章、第 5 章由张纪亚、郝富强、张帝强、陈琼玉编写，贾创、王婷婷统稿；第6章6.1节由闫嘉钰编写，6.2及6.4节由张纪亚、郝富强、陈琼玉编写，孙钦统稿；6.3节由游银花、王贺猛、朱举红、刘海军编写，闫嘉钰统稿；第7章、第8章由刘立新、苏锋、陈斌、杨成鹏、王宇臣、何宁强、肖易萍、赵瑞云编写，全意、闫嘉钰统稿；第9章由蒋徐标、张纪亚编写；第10章由蒋徐标编写；第11章由孙钦编写；第12章由周学军编写。全书的校对、统稿及出版事宜由闫嘉钰、贾创承担。整个编写团队的成员参与了我国首套水下控制系统工程化产品的研发工作，为此付出了艰苦的努力和辛勤的汗水。

希望本书的出版，对于我国水下控制系统的应用和提高，起到积极的促进作用。由于作者的经验和水平有限，书中存在的不足之处，敬请读者批评指正。

编著者

2022 年 10 月

目录 CATALOGUE

第 1 章

水下控制系统概述

水下控制系统是水下生产系统的关键部分，主要用来控制水下管汇和采油树等水下设施，并采集水下设施的温度、压力、流量等数据。在出现紧急情况下控制系统可自动将生产切换至安全状态。

20 世纪 70 年代初期，水下设施是通过潜水员来操作的。随着技术进步，发展为自动控制，并先后经历了从直接液压控制到全电控制共六种类型的逐步发展过程。目前国际上主流的水下控制系统生产厂家有 Onesubsea、TechnipFMC、Aker Solution 和 Bake Hughes。相比国外，国内水下控制系统起步较晚，从“十一五”开始前期技术预研。在“十二五”期间开展了水下控制模块(SCM)原理样机的研制。经过“十三五”期间的攻关，完成了水下控制模块(SCM)、主控站(MCS)、电力模块(EPU)、液压单元(HPU)工程样机研制。“十四五”期间正在将研制产品在渤海浅水油气田、南海深水油气田分别开展工程试用。本章主要介绍常见水下控制系统的类型，以及各种类型控制系统的组成及发展。

1.1 水下生产系统简介

根据水下生产系统类型出现的先后过程，分为直接液压系统、先导液压系统、顺序液压系统、硬线先导电液系统、复合电液系统、全电控制系统等。以下分别进行介绍。

1. 直接液压系统

直接液压系统是最简单成熟的控制系统，它的液压站和井口控制盘全部位于平台上，液压动力通过脐带缆传输到水下采油树或管汇阀门的执行器上，每个执行器由单独的液压线供给液压动力。直接液压系统见图 1-1。

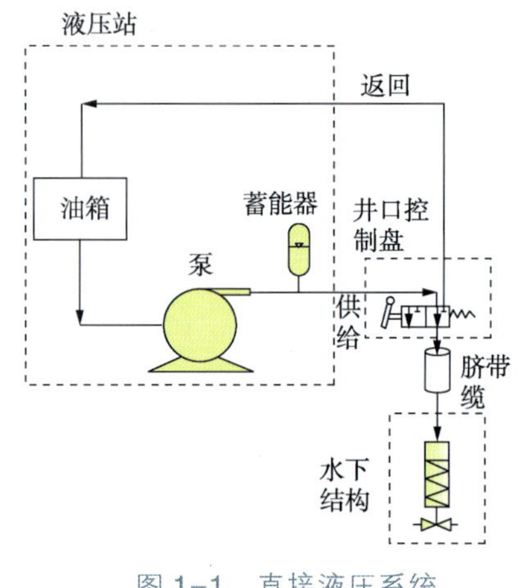

图 1-1　直接液压系统

直接液压系统具有结构简单、可靠性高、易维护、水下控制设备数量少等优点。缺点是，当所控制阀门增加时，液压线的数量随之增加，从而导致脐带缆外径变大，增加开发成本。直接液压系统不能直接采集水下系统状态数据，同时当控制距离较远时，液压响应速度较慢，一般用于卫星井和短回接距离的场合。需根据油气田具体配置，通过液压仿真确定适用的最远控制距离。

2. 先导液压系统

先导液压系统控制信号来自平台，只有一根液压供给管线为水下液动阀提供动力，每个水下液动阀对应一根液压先导控制管线。先导液压系统在水下供给线路上配置水下蓄能器，提供暂时的液压动力源，相对直接液压系统，采用先导液压阀，提高了系统的响应速度。先导液压系统见图 1-2。

先导阀控制信号来自平台，开闭水下阀门执行器的液压动力来自水下蓄能器。水下蓄能器可设置在水下控制模块内部或外部，其容积大小由阀门响应时间、脐带缆性质、回接距离等决定。水下液压换向阀设置在水下控制模块内部，由于响应速度受制于水下液压换向阀的液压控制管线，一般用于卫星井和短回接距离场合。需根据油气田具体配置，通过液压仿真确定适用的最远控制距离。

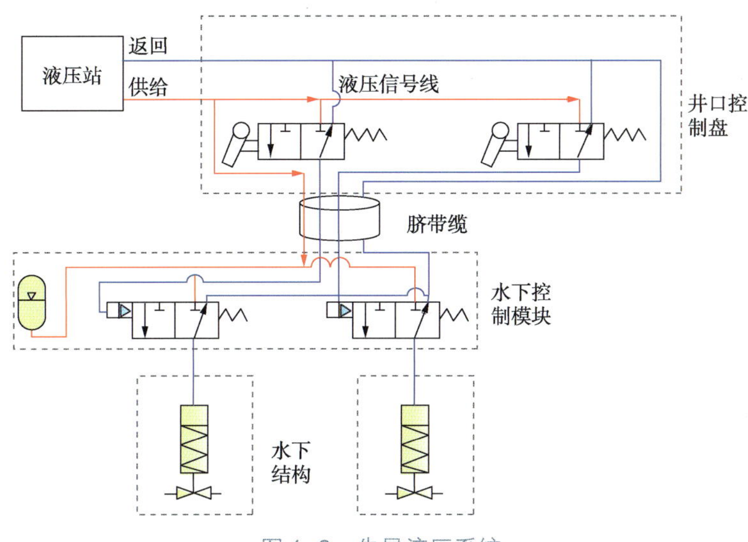

图 1-2 先导液压系统

3. 顺序液压系统

由于先导液压系统水下液压换向阀的控制管线数量较多，脐带缆外径较大，为了解决此问题，工业界发明了顺序液压系统，采用一根液压控制管线，按照液压压力的大小顺序控制水下液压换向阀，系统的其他部分与先导液压系统相似。顺序液压系统见图 1-3。

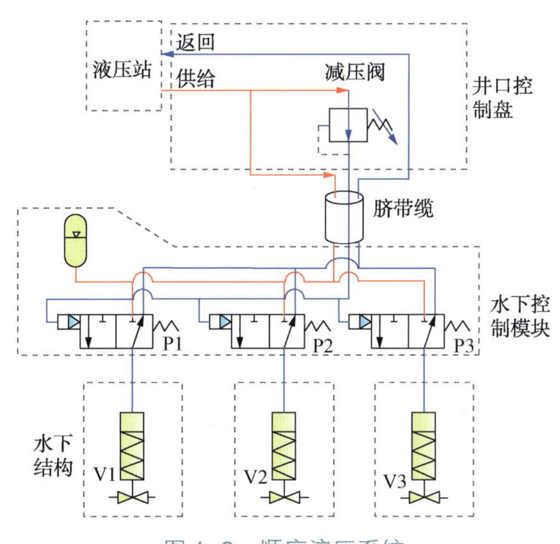

图 1-3 顺序液压系统

相对先导液压系统，顺序液压系统结构简单，需要较少的液压控制管线。但是水下阀门的操作顺序是预先确定的，缺少灵活性。整个系统的响应时间与先导液压系统类似。需根据油气田具体配置，通过液压仿真确定适用的最远控制距离。

4. 硬线先导电液系统

硬线先导电液系统类似先导液压系统，只是采用水下电磁换向阀代替水下液压换向阀，每个水下电磁换向阀对应一根控制电缆，由电缆传输控制信号。驱动采油树阀门的液压动力来自水下蓄能器。水下控制模块包括水下电磁换向阀和水下蓄能器。硬线先导电液系统见图 1-4。

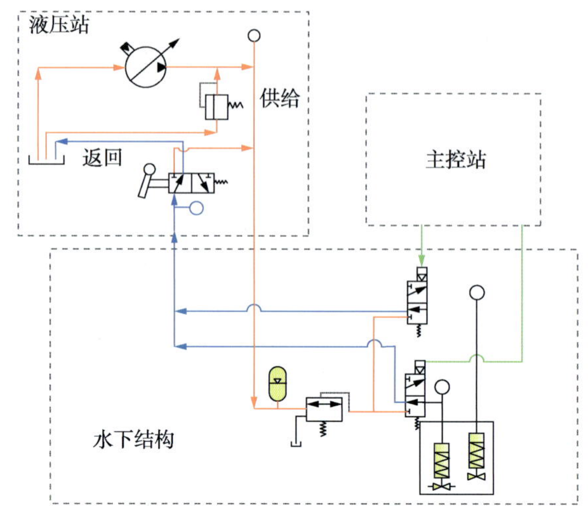

图 1-4　硬线先导电液系统

相对先导液压系统，硬线先导电液系统具有控制距离远、系统控制独立、快速、可自动选择阀门控制次序、较快的阀门响应速度、可采集水下控制状态数据等优点。由于减少了液压管线的数量，脐带缆相对较小，但增加了控制电缆数量，一般用于卫星井和中远回接距离场合。需根据油气田具体配置，通过液压、供电及通信仿真确定适用的最远控制距离。

5. 复合电液系统

复合电液系统是在硬线先导电液系统的基础上，采用复用技术，由一根电缆传输所有的控制信号，减少了电缆的数量，形成了新的电液复合式系统。复合电液系统包括上部液压站、水下信号调制解调器、水下蓄能器、水下电磁先导换向阀等设备，开闭电磁先导阀仅需几秒钟。见图 1-5。

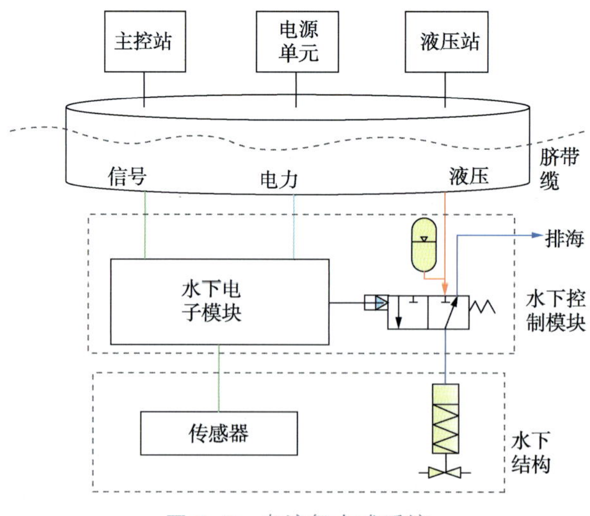

图 1-5　电液复合式系统

水下先导换向阀主要有两种驱动方法：直接电磁先导驱动和液压先导控制。

- 直接电磁先导驱动：电磁先导换向阀液压供给的开闭，控制水下阀门的开闭，但驱动电磁先导换向阀所需电压较高；
- 液压先导控制：由小电压电磁换向阀和液压先导阀两部分完成。小电压电磁换向阀为液压先导阀提供动力，液压先导阀开闭液压供给，进而控制水下阀门的开闭。

水下控制模块包含水下电磁模块，先导阀模块。上行信号用于远程采集水下数据如压力、温度、流量、阀门状态等，下行信号则用于快速地控制水下电磁执行结构，再经过液压放大驱动水下液压阀门和油嘴阀。

复合电液系统一般用于远距离回接、多井口的场合，复合电液系统是目前应用最广泛的水下控制系统。需根据油气田具体配置，通过液压、供电及通信仿真确定适用的最远控制距离。

6. 全电控制系统

为了解决液压系统存在污染物排放、清洁度要求较高、不适合超水深和超远距离的场合等问题，全电控制系统提供了一种全新的解决方案。

全电控制系统的组成包括全电阀门执行器、电动马达、电子模块、电气连接器等，见图 1-6。

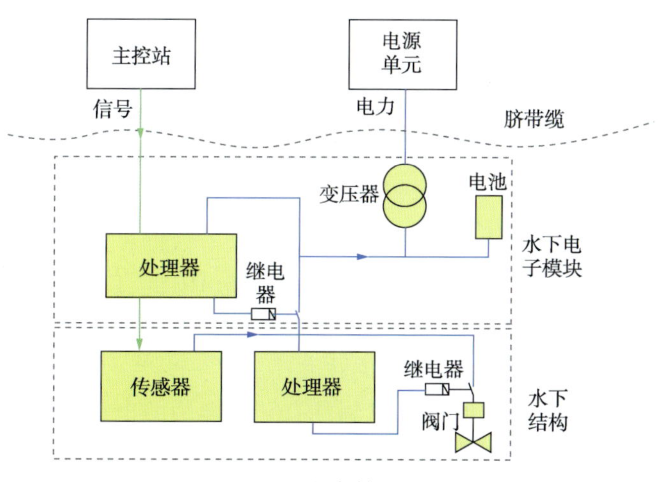

图 1-6 全电控制系统

全电控制系统具有可靠性高、阀门响应快、操作维护成本低、安全环保等优点，一般用于多井口和超远回接距离的场合。需根据油气田具体配置，通过供电及通信仿真确定适用的最远控制距离。目前世界范围内，全电控制系统尚未在水下油气田开发中获得整体大规模应用，只在部分试验性项目开展了小规模试用。但可以预见，在技术进一步发展成熟后，全电控制系统凭借其各项优点，必将接替复合电液系统，成为新一代主流控制系统。

1.2 水下控制系统组成

从宏观上讲，水下控制系统的主要设备有上部设备和水下设备，见图 1-7。

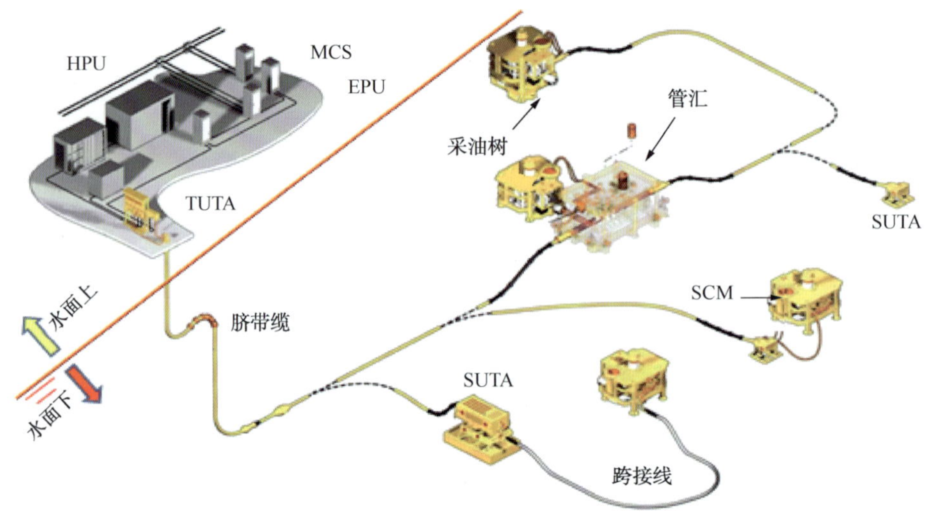

图 1-7 复合电液式控制系统的组成

1.2.1 上部控制设备

上部控制设备主要包括主控站(MCS)、电力单元(EPU)和液压动力单元(HPU)。

1. 主控站(MCS)

主控站是控制及监测水下生产系统的控制单元，其功能包括采集和处理所有的水下数据、监测平台设备的操作(HPU、EPU 等)、控制井口及管汇上的所有阀门、执行开/关井顺序、监控电源及通信状态、连接平台控制系统的界面、连接平台安全系统的界面等。

图 1-8 主控站

主控站实物见图 1-8，其功能及工作原理如下：

-采集和处理所有的水下数据；

-监测平台设备的操作(HPU、CIU 等)；

-控制井口及管汇上的所有阀门或油嘴阀；

-执行开/关井顺序；

-监测和控制具有冗余能力的电源及通信；

-连接平台控制系统的界面；

-连接平台安全系统的界面；

-连续检查报警状态；

-报警限值的设置，仪表校准；

-配置阀门或油嘴阀的操作参数；

-显示和记录所有传感器、阀门位置的读数；

-阀门状态分析。

主控站的组件包含：

-热冗余的 PLC 系统；

-数字 I/O 模块，与平台安全系统、内部传感器、指示器、断路器状态相连；

-分散控制系统通信接口卡；

-HPU、PLC 和 EPU 间通信基于以太网的 TCP/IP 协议；

-以太网交换机与操作站、工程师站连接；

-操作站、工程师站等为可视化界面。

互锁、控制、检测通过 PLC 来实现，主控站配置为冗余的，可现场连续作业。

2. 电力单元(EPU)

电力单元是水下生产系统的关键设备，它为主控站和水下控制模块之间的电力输送和通信建立了通道。基于 PLC 的 EPU 可以作为独立设备，也可和 MCS 或调制解调器单元集成在一起。EPU 实物见图 1-9。

图 1-9 电力单元

EPU 的组件包括：

-电力滤波器(Power Line Filter)；

-变压器；

-断路器和接触器(Breakers and Contactors)；

-绝缘测量装置(Insulation Measure Device)；

-电子模块(Topside Electronic Module)；

-以太网交换机；

-触摸屏。

3. 液压单元(HPU)

液压单元通过脐带缆为水下生产系统设备提供液压动力，它的监测功能及控制功能通过本地控制盘来实现。HPU 通过脐带缆为水下生产系统设备提供液压动力。它的监测功能及控制功能通过本地控制盘(Local Control Panel)来实现。HPU 实物见图 1-10。

图 1-10 液压单元

循环泵从外界抽取液压液，并循环液压液，使之经过过滤器，始终保持油箱的清洁度达到标准的要求。高低液压泵分别为高压回路、低压回路提供液压动力。高低蓄能器提供补偿、防冲击等功能。在应急关断情况下，HPU 上的 ESD 电磁阀关断液压动力供应。液位变送器测量油箱液位，压力变送器测量液压系统的压力。本地控制盘监控整个 HPU 站的运行。

HPU 的主要组成：液压介质储罐、泵、控制系统、液压控制阀等，其中应急关断设备被用来关闭液压供应，进而关闭故障安全阀。液压元件全部是标准件。以下是一台 HPU 的标准配置：

-返回油箱、供给油箱(Supply and Return Reservoirs)；

-冗余的高低压泵；

-循环泵(Circulation Pump);

-过滤器;

-液位变送器、压力变送器;

-ESD 电磁阀;

-高低压蓄能器;

-相关液压管线、电缆、气动管线;

-本地控制盘(Local Control Panel)包括：PLC、触摸屏、通信模块等。

4. 上部脐带缆终端单元(TUTA)

上部脐带缆终端单元是平台控制设备和脐带缆的连接界面，TUTA 采用完全密封设计，电源、通信的汇集分配面板，同时也是与液压及化学药剂供给相关的管道、仪表、泄放阀等的汇集面板。以下物流和信号通过 TUTA 中转来实现：

-来自 HPU 的液压动力和来自水下的返回液压液；

-来自平台的化学药剂；

-来自 EPU 的电力和通信、水下采集的数据。

TUTA 是控制系统的上部接线箱，它为液压站、主控站、化学药剂罐以及脐带缆悬跨系统和水下脐带缆的接口。通过它将来自 HPU 的液压液输送到水下控制模块，返回的液压液回流到 HPU，化学药剂注入到水下设备，来自电源通信站的电能及控制信号输送到水下控制模块。TUTA 的组成见图 1-11。

TUTA 主要由控制面板、后门把手、脐带缆管线、脐带缆悬挂器、电器接线盒、支撑结构等组成。

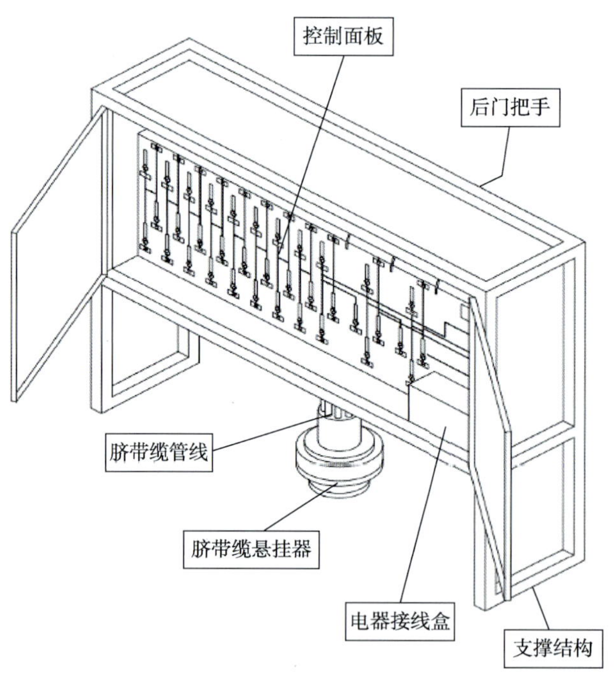

图 1-11　TUTA 组成

1.2.2 水下控制模块

水下控制模块是水下生产系统的水下控制中心，一方面接收主控站的命令，另一方面采集水下传感器数据和执行控制命令。其主要包括：

① 外壳；

② 基板；

③ 锁紧机构；

④ 水下控制模块基座；

⑤ 液压系统；

⑥ 水下电子模块。

为了控制和监测水下钻完井系统和水下生产系统，采油树或管汇上必须设置 SCM。

井下、生产通道、环空通道的温度和压力数据被传感器采集后，发送到 SCM，数据最终显示在 MCS。通过电液跨接线，设置在采油树上的 SCM 可以控制跨接管和管汇的仪表或阀门。

1.3 水下控制系统发展

深水油气田的水下电力必须通过高压输送实现，水下电力输送包括水下变电站和水下直流输送等设施。通过开发相关的水下电气设备，可以克服目前 200km 以内的电力输送瓶颈。

目前，水下生产系统中广泛采用液压流体和电气控制的复合方式，即复合电液控制技术，而不依赖液压流体的全电控制的概念在水下生产控制系统中具有较大的吸引力。水下全电控制技术能够提高整个水下系统的可靠性，同时在开发成本和运行成本方面也具有一定的优势，尤其是液压控制流体的放空或者泄漏对环境保护存在风险，而全电控制技术能够从根本上解决这个问题。

随着电子技术的不断发展，各大水下控制系统供应商逐步研制并正在开展全电控水下控制系统的试应用。全电控系统的出现为水下油气生产开发向更深水深、更远距离的水下控制发展提供了可能。

全电控制系统主要包括水下高压湿式接头、水密接插件、水下电力控制的阀门、执行机构，可以增加水下远距离控制半径，减小控制脐带缆直径和液压液泄漏风险；光纤通信技术和电力载波技术互补，主要技术包括光纤通信、复合电力载波通信和数值传输技术。

全电控水下控制系统与传统复合电液控制系统相比，不需要液压单元。这不仅节约了硬件的费用，还节约了平台的空间、减少了重量。全电控水下控制系统有望为用户节省10%的运营成本，节约的费用主要是由于停产时间缩短。全电控水下控制系统能够让节流系统更加快速地关断。

国外主要的供应商包括 Onesubsea、TechnipFMC、Aker Solution。

Onesubsea 公司于 1999 年开始研究，2004 年完成设备研制及前期试验。2008 年第一套系统就在北海项目的 Total K5F 油田进行了试用。2011 年完成第二套系统的研制。

TechnipFMC 的全电控产品于 2001 年推出，由全电式水下控制模块和全电式水下阀门执行机构组成。每个控制模块能够控制 1 个清管阀，8 个换向阀，4 个油嘴阀。阀门执行机构采用通用性 ROV 接口同阀门进行连接。

Aker Solution 公司也推出了自己的水下控制模块产品，其额定工作水深为 4000m。

国内的研究从“十二五”开始，依托国家科技重大专项开展理论研究，形成了水下阀门全电执行机构原理样机。2015 年开始，依托工信部项目开展全电式水下控制模块研制，并形成了工程样机。

参 考 文 献

[1] 张姝妍，刘培林，曾树兵，鞠朋朋，张虹. 水下生产系统研究现状和发展趋势[A]. 2009 年度海洋工程学术会议论文集(上册)[C]，2009.

[2] 郭宏，屈衍，李博，王珏. 国内外脐带缆技术研究现状及在我国的应用展望[J]. 中国海上油气，2012，01：74-78.

[3] 席嘉珍. 海洋石油开发[J]. 华东科技，1998，07：13-16.

[4] 王建文，杨思明，王春升，石云. 浅谈水下生产系统开发模式和工程设计[A]. 第十五届中国海洋(岸)工程学术讨论会论文集(上)[C]. 2011.

[5] 徐晓丽，徐冰. 水下生产系统的发展现状及未来预测[J]. 船舶物资与市场，2014(1)：86-90.

[6] 宋琳，杨树耕，刘宝珑. 水下油气生产系统技术及基础设备发展与研究[J]. 海洋开发与管理，2013(6)：91-95.

第2章

水下控制系统工程设计

近年来，随着我国海洋油气开发正大规模向深海进军，海洋石油开发设备也从以海洋平台为标志的水上设备逐步向水下控制系统转变。水下控制系统作为开发海洋油气资源的重要装备，其安全可靠性对海洋油气田水下生产开发至关重要。目前国内深水油田使用的水下控制系统均从国外进口，价格昂贵且有技术壁垒。因此水下控制系统的自主设计研发对我国深海油气开发具有重要意义。

本章介绍了水下控制系统的工程设计，内容包括设计标准、设计基础、原则和界面，以及关键设计技术。

2.1 水下控制系统设计标准

水下控制系统遵循的国内外标准主要有：

GB/T 21412.1　石油天然气工业　水下生产系统的设计与操作　第1部分：一般要求和推荐做法

GB/T 21412.5　石油天然气工业　水下生产系统的设计和操作　第5部分：水下脐带缆

GB/T 21412.6　石油天然气工业　水下生产系统的设计与操作　第6部分：水下生产控制系统

GB/T 4208　外壳防护等级(IP代码)

IEC 60529　外壳提供的防护等级(IP代码)[Degrees of protection provided by enclosures (IP code)]

SY/T 7061—2016　水下高完整性压力保护系统(HIPPS)推荐做法

ANSI B1.20.1　通用的管螺纹[Pipe threads, general purpose(inch)]

API 17A　水下生产系统的设计与操作　一般要求和推荐做法(Design and operation of subsea production systems-General requirements and recommendations)

API 17D　水下生产系统的设计与操作　水下井口和采油树设备(Design and operation of subsea production systems-Subsea wellhead and tree equipment)

API 17E　水下生产系统的设计和操作　水下脐带缆(Design and operation of subsea production systems-Subsea umbilicals)

API 17F　水下生产系统的设计与操作　水下生产控制系统(Design and operation of subsea production systems-Subsea production controls)

ASME B31.3　工艺管道(Process Piping)

ASME　锅炉和压力容器规范　第Ⅷ卷第1册　压力容器建造规则(Boiler and pressure vessel code, Section Ⅷ, Division 1, Rules for construction of pressure vessels)

BS 7201-1　液压流体动力-气体加载蓄能器-第1部分：水容量0.5L以上无缝管状蓄能器体规范(Hydraulic fluid power-Gas-loaded accumulators-Part 1: Specification for seamless steel accumulator bodies above 0.5L water capacity)

IEC 60870-5-2　远动设备和系统　第5部分：传输规约　第2节：链路传输规程(Telecontrol equipment and systems-Part 5: Transmission protocols-Section 5.2: Link transmission procedures)

IEC 61131-3 可编程控制器 第 3 部分：编程语言(Programmable controllers Part 3：Programming languages)

IEC 61158 工业通信网络-现场总线规范(Industrial communication networks-Fieldbus specifications)

ISO 10423 石油和天然气工业-钻井和开采设备-井口装置和采油树设备(Petroleum and natural gas industries-Drilling and production equipment-Wellhead and christmas tree equipment)

ISO 10945 液压传动-充气蓄能器-气口尺寸(Hydraulic fluid power-Gas-loaded accumulators-Dimensions of gas ports)

ISO 13628-4 石油和天然气工业-水下生产系统的设计和操作 第 4 部分：水下井口装置和采油树设备(Petroleum and natural gas industries-Design and operation of subsea production systems-Part 4：Subsea wellhead and tree equipment)

ISO 13628-5 石油和天然气工业-水下生产系统的设计和操作 第 5 部分：水下脐带缆(Petroleum and natural gas industries-Design and operation of subsea production systems-Part 5：Subsea umbilicals)

ISO 13628-8 石油和天然气工业-水下生产系统的设计和操作 第 8 部分：水下机器人界面设计推荐做法[Petroleum and natural gas industries-Design and operation of subsea production systems-Part 8：Remotely operated vehicle(ROV) interfaces on subsea production systems]

ISO 4406 液压传动-油液-固体颗粒污染等级代号(Hydraulic fluid power-Fluids-Method for coding the level of contamination by solid particles)

ISO 9001：2000 质量管理体系要求(Quality management systems-Requirements)

NAS1638 液压系统零件清洁度要求(Cleanliness requirements of parts used in hydraulic systems)

NORSOK M-501 表面处理和防护涂层(Surface preparation and protective coating)

SAE AS 4059 航空航天液力-液压液的清洁度分级(Aerospace fluid power-Cleanliness classification for hydraulic fluids)

ISO 水下生产系统标准 ISO 13628 系列基本等同采用 API 标准，我国水下生产系统标准 GB/T 21412 系列等同采用 ISO 13628 水下生产系统标准。

2.2 水下控制系统设计基础、原则和界面

2.2.1 设计基础

作为水下生产系统的一部分，水下控制系统设计所需的设计基础主要包括总体开发规划及油藏配产数据、物性数据、生产要求，以及所处海域的环境数据等。

1. 建设规模及生产数据

① 近期生产规模要求，远期规划；

② 单井产量、总产量；

③ 分相日产量；

④ 井口压力及温度；

⑤ 分相相分率。

2. 流体性质

(1) 原油性质：密度、API 度、黏度、凝固点、含硫量、含蜡量、含水量、闪点等。

(2) 天然气性质：各组分摩尔含量、硫化物含量、密度、相对分子质量、烃、水露点等。

(3) 地层水性质。

3. 生产要求

关井压力及温度、水下生产设施的布置、回接距离、阀门控制要求、化学药剂注入要求等。

4. 环境数据

① 水下采油树等设备所处水深；

② 回接距离；

③ 底流速度；

④ 水温、气温；

⑤ 回接距离。

2.2.2 设计原则

最大限度地满足被控对象的控制要求，在满足控制要求的前提下，力求使控制系统简单、经济，使用及维修方便，保证控制系统的安全可靠。

2.2.3 设计程序

首先确定设计输入和假设，根据总体开发方案，各专业提出功能需求、绘制功能流程图，定义水下控制设备的功能和性能要求、控制系统类型以及关断原则。

① 定义水下设备所需的仪表、控制功能；

② 分析确认各种工况下(安装、生产、维护、维修)的控制模式；

③ 与工艺、安全等专业合作，编制工艺流程图 P&ID；

④ 编制控制系统框图、因果逻辑图、液压分配图、阀门数据表；

⑤ 进行控制系统参数分析：分析响应时间、确认控制设备参数、通信方式及供电方式；

⑥ 编制控制系统规格书。

2.2.4 设计界面

1. 与上部设施界面

水下控制系统可以作为平台控制系统的扩展，也可作为独立的系统。如采用后者，与平台系统典型的界面如下：

① 平台控制系统；

② ESD/PSD；

③ CIU；

④ 配电盘；

⑤ UPS。

如果水下控制系统与原平台控制系统是完全整合的，那么采用标准的工作站监测和控制水下系统。水下控制系统水面设备的应用软件应整合在原平台控制系统的软件中，以减少平台维护和操作。

2. 与水下设施界面

水下设备主要包括采油树、油嘴、管汇、脐带缆、水下仪表、清管指示器、流量计等。水下控制系统与水下设备的界面如下：

（1）水下采油树：

① SCM 基座尺寸；

② 维护接口；

③ 阀门液压功能管线；

④ 采油树传感器；

⑤ 井下温度压力传感器；

⑥ 油嘴开度指示；

⑦ 流量计。

（2）管汇：

① SCM 基座尺寸；

② 维护接口；

③ 阀门液压功能管线；

④ 传感器；

⑤ 流量计；

⑥ 清管指示器。

（3）脐带缆及水下分配系统：

① 电气通信连接器；

② 液压连接器；

③ 光纤连接器。

3. 与安装修井控制系统的界面

须严格设计水下生产控制系统与修井控制系统的界面，以保证修井控制系统能够控制与修井安全操作有关的所有功能。修井船发送命令给修井控制系统，以调用水下生产控制系统设备用于修井。

在修井时，必须保证修井系统足够清洁，防止污染水下生产控制系统。在设计修井系统时，需考虑防止海水侵入水下生产控制管线中，并配置控制管线冲洗措施。

安装修井控制系统主要用于安装、回收、测试水下采油树；在完井和后续修井期间，控制和监测水下采油树。例如控制采油树上的 SCM、化学药剂注入、井下安全阀控制、采油树隔离密封测试等。关于安装修井控制系统的详细介绍，见 GB/T 21412.1 或同等标准规定。在实际项目中，要与采油树供应商确定安装修井控制要求。

安装修井控制系统主要包括：液压站、水面控制站(集合 MCS 和 EPU 功能)、其他辅助设备。其他辅助设备包括：脐带缆系统，URF、紧急解脱功能单元，电液飞线，输送篮子(可输送跨接线、卡子等)，脐带缆卡子等。

安装修井控制系统的控制接口可以与生产接口共用，也可作为独立接口。

2.2.5 设计阶段及深度

1. 可行性研究阶段

根据水下总体开发方案，对可能的水下控制方案进行技术和经济上的比选。研究深度包括控制方式的设计、水下电气、通信和液压分配的设计、水下计量方案和应急关断联锁方案等。

2. 基本设计阶段

对可行性研究控制方案的内容与深度进行确认，在水下总体开发方案的基础上，对水下控制系统工程设施的设计内容进行深化和必要的优化，确定具体的水下控制系统工程技术方案，使项目的经济性更加合理。考虑国内的安装资源能力，使设计成果具有施工方面的可实施性。

3. 详细设计阶段

对基本设计成果内容与深度进行确认，对详细设计图纸及技术文件交底，负责详细设计与现场施工问题的技术处理，协助业主处理合同采办和后续施工有关的技术问题。

2.3 水下控制系统关键设计技术

2.3.1 设计要求

总体设计考虑因素如下：

(1) 智能井。如果在前期研究中明确规定了采用智能完井，那么控制系统需能在不改变脐带缆及分配系统的条件下，提供开闭阀门、数据采集、通信等功能。

(2) 电力和通信负荷的预留。电力通信系统留有余量，能够承受大范围的负载变化，为扩展井的接入提供条件，能够避免由于新井的接入导致电力通信分配系统的失效。

(3) 液压系统的鲁棒性。液压系统应具有鲁棒性，不应因外界的干扰而误判。如在低液压供给情况下，阀门执行器不会导致报警或者阀门无序移动。液压供给压力不应低于电磁换向阀最高锁紧压力的 1.5 倍，参考 GB/T 21412-6。

(4) 水下维护。在设计水下控制系统时，应考虑设计高效的水下维修方式。一般做法是在浅水配置 ROV 操作和潜水员操作两种方式，在深水仅配置 ROV 操作方式。

(5) 未来扩展井。根据油藏未来开发井的需求，应考虑在未来扩展井口附近的水下生产设施上预留未来井的回接物流接口和控制接口。

（6）与水下分离器或增压系统的接口。在基本设计阶段，如考虑未来水下分离器或增压系统的接入，应设计比较简单可靠的接入方式，避免大量海上施工操作，以及减少对现有系统的影响。

（7）化学药剂注入。在基本设计阶段，应考虑流动保障问题及防腐问题。系统应具有灵活性，可以应对操作阶段需注入另外一种化学药剂的情况，因此需在脐带缆和分配系统中设计一条或多条备用线。

（8）井下仪表的接口。油管挂上需配置化学药剂注入口、液压管线口、电缆口等。

2.3.2 控制设备设计总体要求

（1）HPU：液压站必须为水下阀门提供稳定、清洁的液压液。液压液通过脐带缆和水下分配系统到达水下阀门。泵等关键设备需满足冗余要求，蓄能器的容量应能满足要求。

（2）CIU：化学药剂撬提供稳压及计量的一种或多种化学药剂。化学药剂通过脐带缆和水下分配系统到达水下注入点。

（3）MCS：主控站作为中控节点，采用应用软件控制和监测水下控制系统及相关的平台设备(如液压站、电源站)。上述功能也可由中控系统整体控制。

（4）调制解调器：调制解调器与 MCS 相连，为水下生产控制系统服务。调制解调器的通信协议需保证数据安全传输。对于冗余设备，其不能共用同一调制解调器或电源模块，冗余设备间的切换应易于实现。

（5）EPU：电力单元为水下设备提供额定电压及频率的电力。电力传输采用脐带缆和水下分配系统进行。

（6）UPS：不间断电源在主电站断电状态下，为水下设备提供安全可靠的电力。

（7）SCM：在先导液压系统、电液复合式系统中采用水下控制模块。水下控制模块接收主控站的命令，驱动液压液打开阀门，同时可接受水下仪表采集到的数据。SCM 应为双电子模块冗余。

（8）水下分配系统：水下分配系统从脐带缆终端分配电力、液压、化学药剂及通信信号，到水下采油树、管汇、化学药剂注入点和水下控制模块。

（9）水下仪表：水下仪表主要位于水下控制模块、采油树、管汇、井下等，其数据用于监测水下设备运行情况。

（10）控制液：油基或水基控制液用于传输、控制、分配来自水面液压站的液压信号和能量。

（11）跨接线：跨接线传输电力、通信信号、液压动力和化学药剂到水下设备。信号可以通过电力线载波、信号线或者光纤传输。

2.3.3 压力温度等级设计

有井流经过的设备温度及压力等级与最大关井压力及井口温度有关。

压力控制设备的压力与液压系统的设计压力有关。如脐带缆液压管线、跨接线液压管线、蓄能器等。依据 GB/T 21412-6，液压组件设计压力的标准值如表 2-1 所示。

表 2-1 液压组件的设计压力推荐值

设计压力		最小试验压力	
MPa	psi	MPa	psi
10.3	1500	15.5	2250
20.7	3000	31.1	4500
34.5	5000	51.8	7500
51.7	7500	77.6	11250
69.0	10000	103.5	15000
103.5	15000	155.0	22500
137.9	20000	172.5	25000
172.4	25000	215.5	31250

液压组件的设计压力依据上表选择，但井下安全阀液压回路的设计压力依据井下安全阀而定。一般液压低压 3000psi，高压 5000psi；深水、高压井流用低压 5000psi，高压 7500psi 或 10000psi，其他压力等级应用较少。

水上及水下控制设备的温度等级见表 2-2、表 2-3。

表 2-2 温度等级——安装在非受控环境中的水上设备

项　　目	电气部分		系　　统	
	℃	℉	℃	℉
设计值				
a）标准	0~40	(32~104)	0~40	(32~104)
b）扩展值	-18~70	(0~158)	-18~40	(0~104)
操作状态				
a）标准	0~40	(32~104)	0~40	(32~104)
b）扩展值	-5~40	(23~104)	-5~40	(23~104)
存储状态	-18~50	(0~122)	-18~50	(0~122)

表 2-3 温度等级——水下设备

项　　目	电气部分		系　　统	
	℃	℉	℃	℉
设计值				
a）标准	-10~70	(14~158)	0~40	(32~104)
b）扩展值	-18~70	(0~158)	-18~40	(0~104)
测试状态				
a）标准	-10~40	(14~104)	0~40	(32~104)
b）扩展值	-18~40	(0~104)	-18~40	(0~104)

续表

项　　目	电气部分		系　　统	
	℃	℉	℃	℉
操作状态				
a）标准	0～40	(32～104)	0～40	(32～104)
b）扩展值	-5～40	(23～104)	-5～40	(23～104)
存储状态	-18～50	(0～122)	-18～50	(0～122)

注：本表是相对环境的温度，非独立组件的温度。用于监测井流物或者注入化学药剂的传感器不受本表限制，需单独规定其温度等级。

2.3.4 液压系统设计

1. 控制液

在选择液压液时，应考虑液压液所处的最大井口温度及压力。最大温度通常在井下安全阀处。所有的液压组件应与液压液相互兼容。

在选择液压液时，应谨慎考虑平台安全及环境条件。

2. 清洁度

清洁度等级按照 SAE AS 4059 或者其他标准同等等级执行。液压系统制造商应在规格书中规定液压组件的清洁度等级。在设计、制造、测试及操作阶段，考虑测试及维护液压系统的清洁度。

在设计时，应考虑循环清除液压系统中的海水及颗粒污染物。液压系统可以容许一定的海水及颗粒污染物。对于污染物敏感的组件，应配置过滤器。

3. 海水入侵及水下蓄能器

在安装及使用过程中，液压系统可能被海水入侵。推荐的措施有清除系统中残余的空气及对蓄能器充压。

对于闭环回路系统(水下控制模块的返回回路与采油树阀门的弹簧室相连)，补偿器的容积应为最大需求量的 1.25 倍。对于开环回路系统，补偿器的体积应为最大需求量的 2 倍。

4. 过压保护

系统安全阀设置压力不应超过系统设计压力。在设计液压系统时，应考虑水锤、高压脉冲、管线及阀门上的震荡等。如果判断可能出现高频荷载，在设计及制造时，应考虑采取措施减少这种风险，例如采用对口焊接液压连接。

5. 液压系统操作及响应分析

液压系统分析的主要目的是验证液压系统在各种工况下能够满足功能要求以及安全运行。主要分析内容如下：

① 液压系统初始充压时间；

② 在最小或最大井口压力下，开启或关闭阀门的响应时间；

③ 在开启一个阀门后，液压系统压力恢复的时间；

④ 顺序开启一棵采油树上所有阀门的响应时间(不包括油嘴阀)；

⑤ 在开启一个阀门时，瞬态压力波动对当前已开启阀门的影响；

⑥ 在开启一个阀门时，瞬态压力波动对当前已开启 SCSSV 的影响；

⑦ 在触发 ESD 后，阀门关闭的响应时间；

⑧ 油嘴阀的响应时间分析；

⑨ 闭式系统的压力和响应时间分析；

⑩ 液压返回回路的尖峰压力分析，其值过高将导致部分关闭的阀门打开，也可能造成液压组件损坏；

⑪ 水下蓄能器的预充压；

⑫ 控制液泄漏的速率；

⑬ 开启整个油气田所有阀门的响应时间；

⑭ 可能导致液压管线的压溃、海水的侵入等的静水压影响分析。

2.3.5 电力系统设计

1. 电力系统设计要求

在主电源失效的情况下启动 UPS，为水下控制设备供电不小于 30min。

在设计水下通信电力分配系统时，需考虑冗余备份。为了防止电弧损伤，规定在操作、维护、失效或者回收等状态下，电力通信设备宜设计为无须带电切断。平台上的电力通信设备应设计为可整体替换。

2. 电力系统分析

电力系统分析应确定以下内容：

① 在水下控制模块最大或最小功耗情况下，水下控制模块的输入电压窗口；

② 供电回路上连接最多水下控制模块分析；

③ 最远点和最近点的水下控制模块电压；

④ 干式或湿式脐带缆绝缘时，电缆参数对水下控制模块电压的影响；

⑤ 在不同电缆参数情况下水下控制模块的电压；

⑥ 在各种工况下，水下控制模块的应力值应处于接收值范围内；

⑦ 最大或最小功率要求；

⑧ 最大电流要求；

⑨ 在控制系统所有工况下，功率因数的值。

2.3.6 通信系统设计

1. 电通信分析

电通信分析应确定以下内容：

① 最近和最远点的水下控制模块的信号衰减；

② 在最多或最少水下控制模块情况下，水下控制模块或平台的信号电压；

③ 在电缆处于最坏工况下，水下控制模块或平台的信号电压。注：在水下电缆参数会发生变化，其计算值与制造商提供值可能存在差异；

④ 来自电力系统或其他电磁信号对信号传输的干扰；

⑤ 电缆湿式绝缘或干式绝缘对水下控制模块的信号电压的影响；

⑥ 最近和最远控制点的水下控制模块的信噪比；

⑦ 在最多或最少水下控制模块情况下，可接受的振幅波动；

⑧ 水下通信响应时间。

2. 光通信分析

① 光通信分析应确定以下内容：

② 最近和最远点的水下控制模块或水下光纤接入模块的信号衰减；

③ 来自其他电磁系统对信号传输的干扰；

④ 光纤通信响应时间。

2.3.7 操作压力设计

控制系统供给的液压压力能够开启阀门（阀门制造商规定的最坏工况下）。液压系统的最小工作压力应比阀门最小开启压力大10%（阀门制造商规定的最坏工况下）。在开启一个水下阀门时，液压系统的压力会降低，但不能破坏其他已开启阀门的状态。

用于开启井下SCSSV阀的液压压力比较高，属于高压系统，因此应确保控制SCSSV的液压压力不应在油气田开发的后期出现过压情况。

2.3.8 失效关断设计

水下控制系统能够容许液压动力失效的状态。典型的实现形式是采用USV关断。USV关断由切断电路或泄放液压压力来实现。

任何水下控制系统组件的失效都不能导致SCSSV失效安全机制的失灵。

2.3.9 响应时间的设计

1. 响应时间要求

对响应时间的首要约束是执行来自主控室的应急关断信号。这些应急关断信号通常和燃气泄漏或污染物泄漏有关。用于下游管道过压保护的阀门关断响应时间小于无过压保护的场合。

主控系统不必设置USV失效安全关断，因此必须配置应急关闭控制模式，以保证必须执行失效安全关断。应急关闭控制模式的功能包括泄放供给液压压力，阻止由于供给压力的充压导致的阀门自动开启。SCSSV是最后关断的。

当接收到控制命令后，水下控制系统采用主控模式完成USV和SCSSV关断，其关断时间应在操作者规定的最长响应时间内，并符合适用的监管机构要求。

作为应急关闭系统一部分的单个水下控制系统部件或子系统（例如HPU液压排气阀、

SCM 电控开启的 DCV)，USV 和 SCSSV 的关断时间应在操作者规定的最长响应时间内，并符合适用的监管机构要求。

如果指定的水下安全阀执行机构安装有液压增压系统，增压系统的故障不应阻止阀门在操作者，以及适用的监管机构要求下规定的最长响应时间内关闭。

2. 响应时间测试

通常有四种测试控制系统响应时间的方法。前三种为仿真模拟法，后一种为直接测试法。

① 采集来自供应商的阀门性能参数，将脐带缆看作弹性体，仿真模拟控制系统的响应时间。这种方法测试出来的响应时间最保守。

② 采集来自供应商的阀门性能参数；测试一段至少 30m 的脐带缆样品，取得压力、体积与时间的关系曲线；然后将脐带缆看作黏弹性体，仿真模拟控制系统的响应时间。

③ 采用以前的脐带缆模型，再结合具体项目的控制距离、操作压力、终端设备特性等变量数据，来仿真模拟控制系统的响应时间。

④ 直接测试实际系统的响应时间。

2.3.10 水下系统关断设计

1. 设计原则

在系统失效时，检测元件及最终执行元件应处于失效安全的状态。如电磁阀在 ESD 触发时，处于失电关断状态。

2. 阀门互锁设计

阀门互锁功能应满足如下原则：

① 除非 PMV 或 PWV 关闭，否则不能开启 SCSSV；

② 除非 PMV 或 PWV 关闭，否则不能关闭 SCSSV；

③ 除非 PMV 关闭，否则不能开启 XOV；

④ 除非 Choke 阀预先配置好，否则不能开启 PWV。

在执行 SCSSV 关闭时，控制系统应避免井流处于突变状态。可以通过操作程序或者延迟关断以解决这个问题，同时不能影响 SCSSV 在应急关断状态下的功能。

3. 水下系统关断

设置水下生产系统应急关断系统的主要目的是保障生产安全和相关人员安全，防止环境污染，将事故损失降低到最小。应急关断系统的设计，要求设计工程师对工艺/公用系统等系统进行详尽的了解，同时还应与安全、总体、机械等专业进行充分沟通。设计的应急关断系统应能提供相关逻辑、互锁、旁通、关断等功能，以便信号采集系统检查出异常后，应急系统能够按照既定程序进行报警或关断相关系统。

4. 单元关断

由单个设备或单井故障引起的关断。此关断只关断故障设备或井口本身，而不影响其他设备的正常操作。单元关断可手动/自动启动。

如某气田采用水下生产系统开发，生产物流回接到附近的综合平台，它的应急关断系统关断级别如下：

① ESD1 级关断：弃平台关断；

② ESD2a 级关断：火气关断；

③ ESD2b 级关断：主电站和仪表风系统关断；

④ ESD3a 级关断：生产关断；

⑤ ESD3b 级关断：钻井系统关断(手动)；

⑥ ESD4 级关断：单元关断；

⑦ ESD4a 单井关断。

由于气田的生产物流回接到综合平台的生产流程，因此气田水下生产系统的应急关断系统考虑作为综合平台 ESD 系统的单元关断，即 ESD4 级关断，ESD4a 单井关断是对单口水下井口的关断。

2.3.11 水上部分控制设备设计

本节简要介绍对 MCS、EPU、HPU、TUTA、CIU 等设备的设计要求。

1. 主控站

主控站是控制及检测水下生产系统的控制单元。根据控制系统的类型，主控站的类型有人工液压面板、自动工控系统等。自动工控系统有三种配置方式(如图 2-1 所示)：①与平台分散控制系统完全整合在一起；②作为独立控制终端，是水下生产系统的主要控制接口；③作为独立控制终端，分别与分散控制系统、水下设备连接。分散控制系统是水下系统的主操作界面，一旦失灵，主控站也可独立执行水下设备的控制任务。

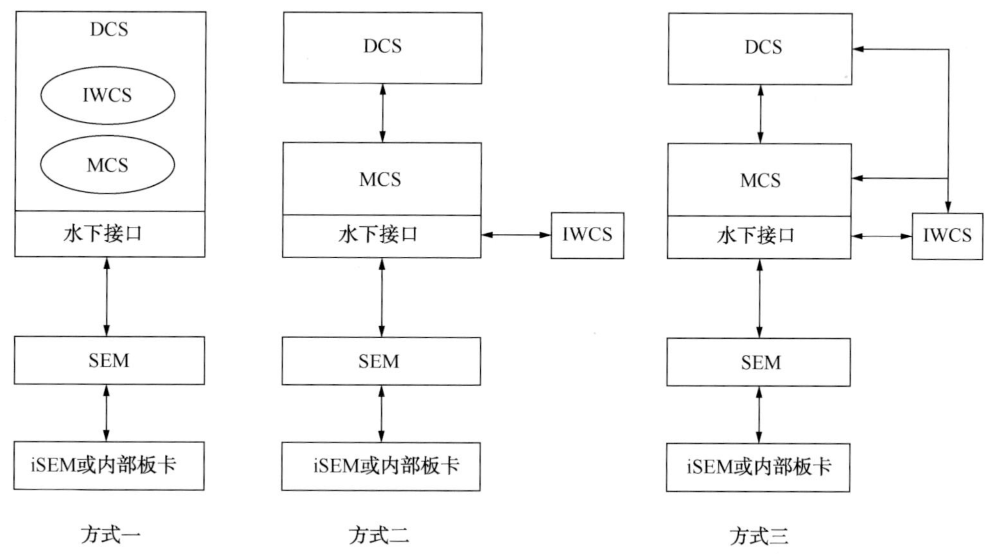

图 2-1 MCS 及 IWCS 与平台主控站的关系

在主控站的前期设计阶段是研究确定控制系统模式，即采用独立系统，还是与原平台的控制系统整合在一起。依据规范和客户要求，确定主控站的功能。

① 研究当地政府关于海上设施的法律法规，深刻理解业主需求。

② 收集相关设施资料：工艺参数、产量、支持结构、环境条件、工艺流程图和设备布置图。

③ 估算控制量。按照水下设备 P&ID 图，并根据项目资料和供应商产品数据估算出水下仪控系统的控制量，在此数据基础上增加 50%的余量，以确定系统的规模。还需根据项目未来扩展的需求，考虑余量。

④ 控制方案选择，通常选择集散控制系统和现场总线相结合的系统。

⑤ 绘制控制系统框图。

⑥ 估算主控站的费用。

2. 电力单元

电力单元(EPU)是水下生产系统的关键设备，它为主控站和水下控制模块之间的电力输送和通信建立了通道。基于 PLC 或 PC 的 EPU 可以作为独立设备，也可与 MCS 或调制解调器单元集成在一起。

EPU 通常配置为冗余系统：EPU A 和 B。EPU A 和 B 独立接收电力和处理通信信号。

EPU 将接收的电力升压后输送给 SCM。为每路水下电缆配置一个线阻抗监测模块，用于监测水下脐带缆的阻抗。线阻抗监测模块会定期扫描，当线阻抗低于设定的低低值后，供给水下的电力被切断。

通信信号被水面调制解调器加载到电力线上，再送至 SCM。

设计步骤如下：

① 研究当地政府关于海上设施的法律法规，深刻理解业主的需求。

② 估算水下电力负荷。按照水下设备 P&ID 图，并根据项目资料和供应商产品数据估算出水下仪控系统的电力负荷，并根据项目未来扩展的需求考虑余量。

③ 电力通信方案的选择。根据电力通信分析，以及供应商的情况，选择合适方案并确定供给电力及通信方式。

④ 编制 EPU 的技术规格书。

⑤ 估算 EPU 的费用。

3. 液压单元

HPU 主要为水下阀门的操作提供高低液压源，通常液压泵由电动马达驱动。

编制 HPU 的技术规格书、数据表、提供设备清单等。主要设计步骤如下：

① 依据水下系统的控制方案，进行相关液压系统配置；

② 搜集水下液压控制的功能需求、控制系统配置数据；进行液压系统分析，确定液压泵大小、液压管径大小、系统压力、流量大小、系统响应时间要求等参数；

③ 编制 HPU 技术规格书、数据表。

4. 水面脐带缆终端

水面脐带缆终端(TUTA)是脐带缆与平台连接的终端设备。

TUTA 由控制面板、后门把手、脐带缆管线、脐带缆悬挂器、电力通信接线盒、支撑结构等组成，如图 2-2 所示。

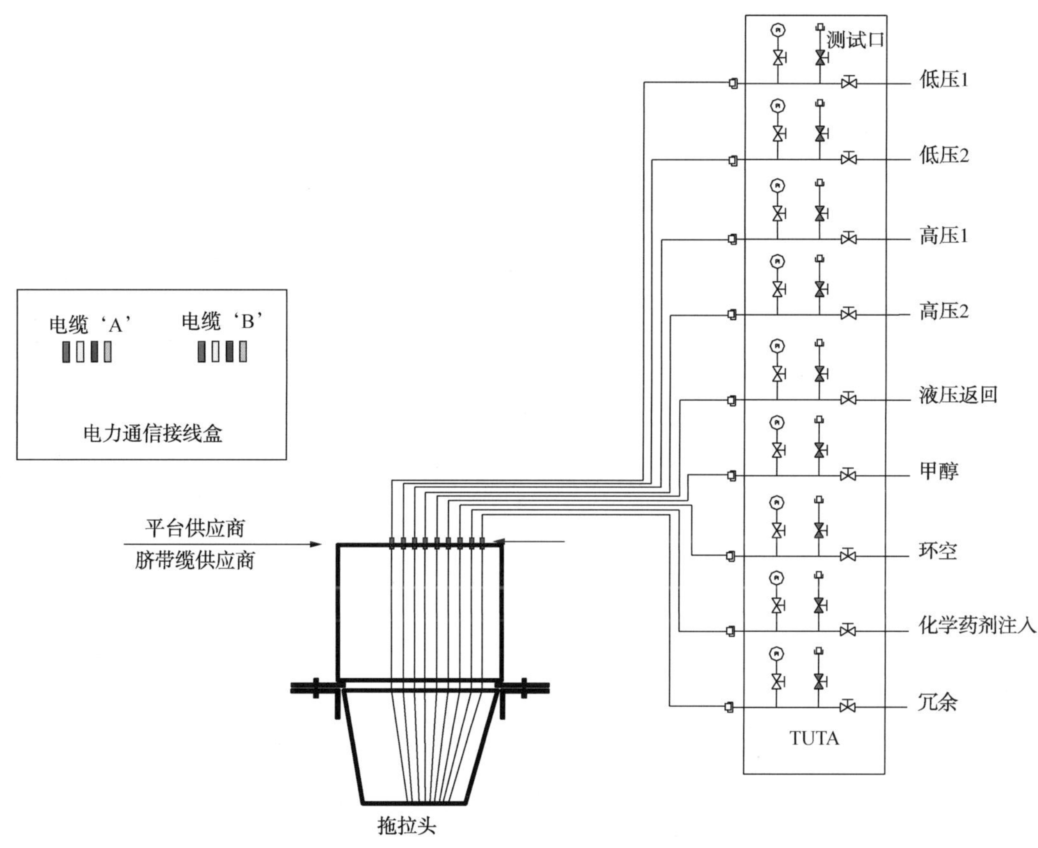

图 2-2 TUTA 配置图

2.3.12 水下控制模块设计

水下控制模块(SCM)是水下生产系统的水下控制中心，承上接收水面主控站的命令，启下采集水下传感器数据和执行控制命令。

参考的标准有：GB/T 21412-6、API 17D、ISO 13628-8、BS 7201 Part 1、ASME Ⅷ Div 1、NORSOK M-501 和 SAE AS 4059 等。

SCM 的基本参数如下：

① 尺寸及重量。

② 设计水深。

③ 液压压力等级。

主要考虑因素有：阀门执行器、回接距离、水深、环境条件、液压介质等。

④ 液压清洁度。

SAE AS 4059 6B-F 或 NAS 1638 Class 6。

⑤ ROV 安装。

ROV 接口采用 ISO 13628-8、API 17D Class 4 接口标准。

⑥ 液压过滤器孔径大小。

⑦ 输入电压。

⑧ 功耗(取决于电磁阀数量、仪表数量等)。

⑨ 温度等级。

2.4 工程化应用案例

2.4.1 工程案例介绍

目标油气田采用复合电液控制系统实现对气田水下生产系统的监控。该复合电液控制系统由位于目标油气田平台的上部控制设备及水下控制设备两部分组成，控制信号、控制用电、液压液以及化学药剂均由复合电液脐带缆从目标油气田平台上传输至水下，采用电缆通信方式实现上部控制系统与水下控制模块间的通信。

目标油气田水下控制系统设计为能与目标油气田平台控制系统进行通信，将生产状态信息送至目标油气田平台控制系统，接收并执行来自目标油气田平台的关断指令。

2.4.2 控制系统的基本组成和功能

1. 控制系统的配置及功能

目标油气田水下生产系统的监控和管理由安装在目标油气田平台上新增的复合电液控制系统完成，控制系统主要包括水上和水下两部分，水上部分有：主控制站(MCS)、电力单元(EPU)、液压动力单元(HPU)、脐带缆上部终端(TUTA)等；水下部分有：水下脐带缆终端(SUTU)以及安装在水下采油树上的水下控制模块(SCM)等。

(1) 主控制站(MCS)。主控制站(MCS)独立完成对目标油气田水下生产系统及水下控制系统的工作状况的监控和管理，独立执行或接收来自目标油气田平台的应急关断命令，执行目标油气田水下生产系统关断。目标油气田平台生产关断及以上级别关断信号经 MCS 送目标油气田水下控制系统实施相应的关断并在 MCS 报警。

在目标油气田平台中控室为目标油气田 MCS 配备 1 台工作站兼工程师站，1 台打印机。为了保证控制系统连续可靠地运行，MCS 的 CPU 模块、电源模块、I/O 模块、通信模块、数据通信总线采用 1 : 1 冗余。

主要组件有：

① 热冗余的 PLC 系统；

② 数字 I/O 模块，与平台安全系统、内部传感器、指示器、断路器状态相连；

③ 分散控制系统通信接口卡；

④ HPU、PLC 和 EPU 间通信基于以太网的 TCP/IP 协议；

⑤ 以太网交换机与操作站、工程师站连接；

⑥ 操作站、工程师站等为可视化界面。

互锁、控制、检测通过 PLC 来实现。主控站配置为冗余的，可现场连续作业。如图 2-3 所示。

图 2-3 主控站

主要完成以下功能：

① 采集和处理所有的水下数据；

② 监测平台设备的操作(HPU、CIU 等)；

③ 控制井口及管汇上的所有阀门或油嘴阀；

④ 执行开/关井顺序；

⑤ 监测和控制具有冗余能力的电源及通信；

⑥ 连接平台控制系统的界面；

⑦ 连接平台安全系统的界面；

⑧ 连续检查报警状态；

⑨ 报警限值的设置，仪表校准；

⑩ 配置阀门或油嘴阀的操作参数；

⑪ 显示和记录所有传感器、阀门位置的读数；

⑫ 阀门状态分析。

(2) 电力单元(EPU)。电力单元(EPU)通过脐带缆为电液控制系统的水下控制设备提供所需的电力。电力输送通过电缆和水下电力分配系统完成。为避免电力单元(EPU)对控制设备的干扰，考虑安装在应急开关间。

图 2-4 电源通信单元

具备控制、检测、电气隔离功能，并能为 SCM 提供稳定的电力，以保证水下生产可以稳定可靠地持续进行，如图 2-4 所示。

具体功能如下：

① 提供过电压保护。

② 提供过电流跳闸保护。

③ 为控制器提供超温跳闸保护。

④ 提供输入及输出电压，电流的在线监测以及报警。

⑤ 提供绝缘监测以及报警和跳闸保护。

⑥ 接受来自 MCS 的紧急关停跳闸保护。

⑦ 根据 MCS 所处的状态不同所需负载不同来调节输出电压大小。

EPU 由通风单元、输入监测及电源隔离单元、控制器单元、动力单元几个部分组成。具体包括：

① 通风单元。EPU 机柜柜内通常安装有一个风扇和一个温度控制器，保证 EPU 的稳定运行。

② 输入监测及电源隔离单元。主要作用是监测 EPU 进线电源的电压和电流，当进线电压超过正常输入标称电压的±10%时，该单元会主动切断进线电源，从而起到保护设备的作用。

③ 控制器单元。主要提供水下的电力负荷供应，一般设计为冗余的两组，提供过输出

过电压保护、欠电压保护、过电流保护、过温保护、短路保护，当这些情况发生时控制器单元会自动切断输出电源，对系统做出保护。

④ 动力单元。动力单元通过对进入控制器单元的电源进行整流和逆变后输出到控制器单元的升压变压器，从而保证水下输出电源的稳定。

2. 液压动力单元(HPU)

液压动力单元(HPU)为水下控制系统提供液压控制流体。液压控制流体通过液压脐带缆输送到水下液压分配系统和水下控制模块，操作水下阀门执行机构以实现水下阀门遥控操作的开启和关闭。

目标油气田平台的生产关断以上级别的应急关断直接控制液压动力单元，以实现对水下阀门的泄压关断。

图 2-5　液压站

循环泵从外界抽取液压液，并循环液压液，使之经过过滤器，始终保持油箱的清洁度达到标准的要求。高低液压泵分别为高压回路、低压回路提供液压动力。高低蓄能器提供补偿、防冲击等功能。在紧急关断情况下，HPU 上的 ESD 电磁阀关断液压动力供应。液位变送器测量油箱液位，压力变送器测量液压系统的压力。本地控制盘监控整个 HPU 站的运行，如图 2-5 所示。

HPU 的主要组成：液压介质储罐、泵、控制系统、液压控制阀等，其中应急关断设备被用来关闭液压供应，进而关闭故障安全阀。液压元件全部是标准件。以下是一台 HPU 的标准配置：

① 返回油箱、供给油箱(Supply and Return Reservoirs)；

② 冗余的高低压泵；

③ 循环泵(Circulation Pump)；

④ 过滤器；

⑤ 液位变送器、压力变送器；

⑥ ESD 电磁阀；

⑦ 高低压蓄能器；

⑧ 相关液压管线、电缆、气动管线；

⑨ 本地控制盘(Local Control Panel)包括：PLC、触摸屏、通信模块等。

3. 脐带缆上部终端(TUTA)

脐带缆上部终端(TUTA)是由 4 根液压液输送管线、2 根化学药剂注入管线、1 根放空管线、1 根备用管线和 2 根水下控制设备供电及通信电线的汇入面板和脐带缆的输出端口组成。

TUTA 用于把 HPU 液压输出管线、甲醇注入管线、MCS 信号电缆和 EPU 动力电缆集中起来与脐带缆中相对应的液压管线、甲醇注入管线、信号电缆、动力电缆相连接，同时监测脐带缆里液压管线和甲醇注入管线的压力。如图 2-6 所示，为典型的 TUTA 实物图。

图 2-6 水面脐带缆终端

4. 水下控制模块(SCM)

水下控制模块内部结构基本是标准化的，独立于外部界面系统。

采油树上的 SCM 根据主控站(MCS)的操作指令对采油树上的阀门进行控制，并把阀门状态信号返回给 MCS。井下的参数通过电线被采集到 SCM，然后送到 MCS 上显示。

SCM 壳体内充满绝缘液体，并配有压力补偿胶囊，用于平衡 SCM 内部与外部海水之间的压力。SCM 外部所有的电缆及其接头都必须能够直接暴露在海水环境中，防止因海水侵蚀而引起的故障；而 SCM 内部所有的液压元件都集成在壳体内部安装底板上，可大大减少对管线的需求和可能存在的泄漏点。SCM 中一般设有低压和高压两种液压回路，低压液压回路一般用来控制采油树和管汇上的阀门，高压液压回路一般用于控制井底安全阀。SCM 的电子模块一般采用冗余备份式设计，在其中一个电子模块不能正常运行时，另一个电子模块工作，保证水下控制的正确性和可靠性，避免因意外造成的停产或安全事故。

SCM 主要用于监测并记录水下设备的温度、压力、流量及其开关状态等信息，其主要功能如下：

① 按照预先设定的逻辑程序对水下设备进行控制，如控制水下采油树和生产管汇上各种控制阀门的开关状态；

② 通信状态监控；

③ 液压供给压力监控；

④ 监测水下设备的工作状态并传递至水面；

⑤ 在水下设备工作异常时发出警告；

⑥ 在任何参数超出安全范围时自动关井。

2.4.3 应急关断系统

设置目标油气田水下生产系统应急关断系统的主要目的是保障生产的安全和相关人员的安全，防止环境污染，将事故损失降低到最小。

由于目标油气田水下回接到目标油气田平台，生产物流进入目标油气田平台的生产流程，因此，目标油气田水下生产系统的应急关断系统考虑作为目标油气田平台 ESD 系统的单元关断，即 ESD4 级关断。

2.4.4 计量方案

由于目标油气田只有一口井，同时物流直接进入目标油气田平台上的低压生产分离器与目标油气田低压井混合，单井计量考虑利用目标油气田平台上已有的多相流量计实现。

2.4.5 通信系统

目标油气田采用电缆通信方式实现上部控制系统与水下控制模块间的通信。本研究考虑利用水下监测系统的 SRM 及其光纤通信网络，在水下控制模块(SCM)上设计了数字用户线路(DSL)通信线路，经过 SRM 光电转换将 SCM 与平台控制站建立光纤通信连接。这样就把原本意义上的生产通信与水下监测通信在水下和平台处连接起来，构成水下到平台的电力载波与光纤通信两个通信网络。

考虑平台上部采用通用 TCP/IP 协议将 SRM 上部与 MCS 建立连接，水下利用 DSL 通信方式将 SCM 与 SRM 建立连接，同时考虑冗余配置。双网络形成后，需防止网络上的设备无序使用网络，例如：生产用电力载波在故障时可利用光纤通信传输生产信息，但不希望光纤通信故障后水下监测设备利用电力载波，由于水下 CCTV 通信量较大，挤占生产通信将会导致通信瘫痪。为解决此问题，应梳理所有联网设备，设置 IP 地址，设置网络端口的优先级。

参 考 文 献

[1] 郑利军，董旭，张光明，等. 深水管汇 SCM 试验机的设计研究[J]. 中国海洋平台，2015，30(2)：16-19.

[2] 左信，岳元龙，段英尧，等. 水下生产控制系统综述[J]. 海洋工程装备与技术，2016，3(01)：58-66.

[3] 万波，陈斌，陈景皓，等. 基于 FMECA 的水下生产控制系统风险识别[J]. 石油化工设备，2018，47(06)：16-20.

[4] 李文祥，王琨，郭骏，王万旭. 水下油气生产系统控制模块组成及应用[J]. 工业与信息化，2017：48-49.

第3章

水下控制系统可靠性研究

水下控制系统的可靠性是决定其产品质量的基础条件，可靠性分析是提高产品可靠性的重要环节，利用可靠性的分析方法，对水下控制系统研制过程中的不同阶段进行可靠性的分析研究，把不确定性问题进行量化，利用有限的信息进行科学的分析和判断，有利于改进设计，提高可靠性。本章主要介绍了水下控制系统可靠性的各项要求，以及对各项要求的具体实现。

3.1 水下控制系统可靠性要求

随着深海油气资源的开发和油气资源离岸距离越来越远，信号传输距离也随之变长，对水下生产控制系统的可靠性要求也越来越高，因此，首先整体针对目标油田的水下生产系统提出可靠性要求，再对水下控制系统的可靠性提出要求，其次对水下控制系统各组成部件提出可靠性要求。

水下控制系统的可靠性要求要包含以下内容：

（1）可靠性指标的确认与分配。根据水下控制系统的功能和用户的需求，制定相应的可靠性指标数值，依据一定的原则和方法，按照水下控制系统各组成部件的机构逐级分配可靠性指标。

（2）可靠性预测。在设计开发阶段，根据以往类似系统的可靠性数据(通常来自国际通用的数据库，如 OREDA)逐步估算新系统的可靠性，并与规定的可靠性指标相比较，通过逐次调整方案，达到所要求的可靠性指标。

（3）可靠性设计。根据可靠性理论与方法确定水下控制系统各组成部分的零部件以及整机的结构方案和有关参数的过程。设计水平是保证水下控制系统可靠性的基础。

（4）制造可靠性。生产制造过程中，为保证水下控制系统各组成部件设计可靠性要求而制定一整套预防措施体系，并为设计的缺陷提供改进依据和建议。制造水平是影响可靠性的关键因素。

（5）可靠性试验。通过规定的试验方法对水下控制系统各组成部件进行试验，评价水下控制系统各组成部件的可靠性水平，对试验结果进行统计分析，找出水下控制系统各组成部件的薄弱环节和提出改善措施，使水下控制系统各组成部件的可靠性指标达到所规定的要求。可靠性试验是研究水下控制系统各组成部件可靠性的基本环节之一。

（6）可靠性鉴定。通过对水下控制系统各组成部件可靠性试验报告的审查和评定，以及设计生产情况的评价，确定水下控制系统各组成部件是否符合可靠性质量要求。只有通过可靠性质量鉴定才能正式投入批量生产和销售。

（7）使用可靠性。使用可靠性主要是指水下控制系统在使用阶段的可靠性保证的方法和技术。主要内容是研究水下控制系统在运行、专场运输、技术保养和维修中的可靠性计算与措施问题。

（8）可靠性管理。可靠性管理是贯穿于水下控制系统各组成部件寿命周期各个阶段的综合性工作，可分为可靠性前期管理和可靠性后期管理。可靠性前期管理是指在水下控制系统各组成部件设计生产阶段的可靠性管理，主要内容包括制定可靠性标准、可靠性管理制度、协调并监督设计和制造各阶段的可靠性工作，收集、整理并保存各种可靠性数据资料、信息等。可靠性后期管理是在水下控制系统使用阶段的可靠性管理，其主要内容包括建立科学完备的使用技术规范体系、技术维护体系和技术培训体系等。使用阶段可靠性管理的核心是设计技术管理，管理的目的是在使用过程中维持水下控制系统规定的可靠性水平。

3.2 可靠性分析技术

3.2.1 可靠性分析方法概述

在水下控制系统的可靠性设计中，分析是一种重要的技术手段，通过可靠性分析了解产品设计方案存在的缺陷，并通过设计改进将潜在的失效原因消灭在设计阶段，达到设计预防的目的。

可靠性设计方法主要有概率可靠性设计法，失效树分析法(FTA)，故障模式、影响及危害性分析法(FMECA)，模糊可靠性设计法和灰色可靠性设计法等。各类可靠性的分析方法大致可分为定量分析法和定性分析法两种。定量分析法也称概率分析法，包括纯概率分析法和近似概率分析法。纯概率分析法主要有精确解析法和蒙特卡洛模拟法；而常用的近似概率法有一次二阶矩法、二次三阶矩法等。故障模式影响和危害度分析(FMECA)、故障树分析(FTA)是侧重于定性分析的可靠性分析方法。

在水下控制系统的设计制造过程中，常用的可靠性分析技术就是故障模式、影响及危害性分析(FMECA 分析)。

3.2.2 FMECA 分析方法

故障模式、影响及危害性分析(Failure Mode，Effects and Criticality Analysis，FMECA)是分析产品中所有可能产生的故障模式及其对产品造成的所有可能影响，并按每一个故障模式的严酷度及其发生概率予以分类的一种自下而上进行归纳的分析技术，它由故障模式及影响分析(FMEA)和危害性分析(CA)两部分组成。

产品在寿命周期中的不同阶段，要选择不同的 FMECA 分析方法，FMECA 方法在产品寿命周期各阶段的应用如表 3-1 所示。

表 3-1 产品寿命周期各阶段选用的 FMECA 分析方法

	论证与方案阶段	工程研制阶段(含设计定型)	生产阶段	使用阶段
方法	功能 FMECA	硬件 FMECA；软件 FMECA	加工过程 FMECA；装配过程 FMECA	使用 FMECA
目的	分析研究产品功能设计的缺陷与薄弱环节，为产品功能设计的改进和方案的权衡提供依据	分析研究产品硬件、软件和生存性与易损性设计的缺陷与薄弱环节，为产品的硬件、软件和生存性与易损性设计的改进提供依据	分析研究产品工艺过程的缺陷和薄弱环节，为产品工艺设计改进提供依据	分析研究产品使用过程中实际发生的故障、原因及其影响，为提高产品使用可靠性和进行产品的改进、改型或新产品的研制提供依据

3.2.3 FMECA 在水下控制系统设计中的应用

针对本次国产化研发的水下控制系统(SCM、MCS、EPU)，运用 FMECA 方法对其设计的可靠性进行分析。

FMECA 是一种结构化的分析方法，目的是识别和分析系统/设备的所有重要的失效模式及其影响，通过确定失效发生的可能性和后果的分类，所有的失效模式和相应的系统和设备部件都进行了风险排序，因此可以确定关键的设备并加以关注。在设计阶段，FMECA 可以用来识别是否需要额外的保护系统或冗余设计。由于 FMECA 是个半定量的方法，该技术需要一个熟悉该装置和设备的团队，以及熟悉分析方法的主席来引导完成。

3.2.3.1 分析流程

本次水下控制系统采用的 FMECA 分析参考了 IEC 60812 中的分析方法，主要包含以下步骤(图 3-1)：

① 设备层级(设备/子单元/元件)划分；

② 识别每个元件的功能和失效模式；

③ 选择一个失效模式，识别典型的失效机理或原因；

④ 评估失效的安全、环境和经济后果；

⑤ 评估失效模式的初始关键性(初始风险)是否满足可接受准则，包括失效可能性和失效后果严重度；

⑥ 对于初始关键性为中/高风险类的失效模式，识别现有的控制措施；

⑦ 评估现有控制措施对风险的降低程度，确定最终关键性(考虑了现有控制措施)是否满足可接受准则；

⑧ 对于最终关键性为中/高风险(缓解风险)的失效模式，提出额外的设计改进、风险控制和缓解措施；

⑨ 重复以上步骤，直至所有设备/子单元/元件分析完毕。

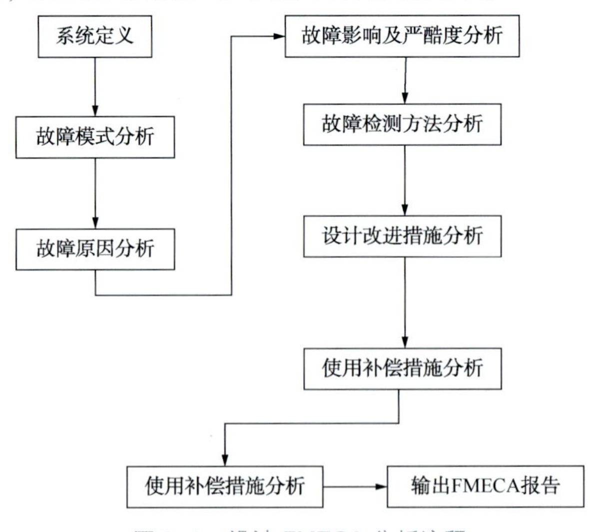

图 3-1 设计 FMECA 分析流程

1. 设备层级划分

设备层级划分的依据是《ISO 14224 设备可靠性和维护数据收集和交换准则》，主要是将设备划分为不同的子单元和每个子单元包含的元件。失效模式和影响分析将在元件的层级进行。

2. 功能和失效模式

设备/元件的功能是指在指定的工作环境和条件下，所期望实现的作用及其性能标准。功能一般分为主要功能和次要功能。

(1) 主要功能(Primary Functions)：是使用该项资产的主要目的，诸如：增压、传热、反应、输送或存储等。

(2) 次要功能(Secondary Functions)：除主要功能外，对每种资产的附加期望值，诸如安全、控制、密封度、舒适度、结构的完整性、经济性、防护、运行效率、符合环保法规要求，甚至还包括资产的外观等。

功能失效是指故障/失效使得资产不能达到用户所能接受的、能满足绩效标准的功能。除了功能的完全失效外，功能性失效还包括部分失效，即资产仍然可工作，但是性能指标达不到要求；包括资产不能维持可接受的质量或精确度要求。只有当资产的功能和性能标准被定义清楚之后，才能清楚地识别功能性的失效模式。

失效模式是指故障的状态或形式，对于大多数典型的设备类型，ISO 14224 标准给出了推荐的失效模式列表。在进行 FMECA 分析时，还应考虑合理的可能的“失效模式”包括：

① 同样运行环境下在同样或类似设备上已经发生的事件；

② 在现有的维护体制下，正在被预防的故障事件；

③ 还没有发生但是被怀疑极大可能发生的故障事件。

3. 失效后果评估

失效后果的评估包含了安全，环境和时间、经济后果的评估。失效后果包含了直接后果和最终后果，并且后果的严重度是按照最终的后果来确定的。

4. 现有措施识别

针对初始关键性为中/高类(风险为 M 以上)的失效模式，将要识别现有的控制措施，包括可探测性、冗余设备、其他自动控制系统等。一般情况下，现有的控制措施均为积极主动的措施，其将只降低后果发生的可能性，而不改变后果的严重程度。

5. 关键性评估

FMECA 分析中将进行两次关键性的评估，包括不考虑现有措施下的关键性，和考虑现有措施下的关键性。

初始的关键性主要是为了识别关键设备/元件和重要的现有控制措施，最终的关键性主要是为了制定经济合理的额外建议措施，以优化和改进设计。

6. 建议措施

FMECA 分析中提出的所有建议措施，项目实施方和管理方应分配相应的责任人，计划实施的日期等信息，并跟踪建议措施的落实情况。

若对建议措施有异议，应给出相应的意见和回复，并正式发给 FMECA 参会人员进一步审核确认。

3.2.3.2 分析结论

危险等级划分	风　险	描　述
Ⅳ	High 高	Unacceptable risk-Action to be taken 不可接受风险-必须采取行动
Ⅱ/Ⅲ	Medium 中	Acceptable risk-Action to reduce the risk may be evaluated 可接受风险-应评估降低风险的行动
Ⅰ	Low 低	Acceptable risk-Action to ensure the risk remains low 可接受风险-应确保风险保持在低水平

1. SCM 分析结论

此次 FMECA 分析将 SCM 一共划分为 7 个子系统，分析了 172 个失效模式/失效机理；本次 FMECA 分析统计了失效模式层级的风险。其中，Ⅰ风险等级 23 个(13.4%)，Ⅱ风险等级 85 个(49.4%)，Ⅲ风险等级 55 个(32.0%)，Ⅳ风险等级 1 个(0.6%)，另有 8 个(4.7%)风险失效模式由于后果轻微，未作分析。在考虑现有控制措施对风险降低的影响下，Ⅰ风险等级仍为 23 个(13.4%)，Ⅱ风险等级增加为 87 个(50.0%)，Ⅲ风险等级减少为 54 个(31.4%)，无Ⅳ风险等级。

2. MCS 分析结论

此次 FMECA 分析将 MCS 一共划分为 5 个子系统，分析了 85 个失效模式/失效机理；本次 FMECA 分析统计了失效模式层级的风险。其中，Ⅰ风险等级 33 个(38.8%)，Ⅱ风险等级 46 个(54.1%)，Ⅲ风险等级 0 个(0.0%)，Ⅳ风险等级 0 个(0.0%)，另有 6 个(7.1%)风险失效模式由于后果轻微，未作分析。在考虑现有控制措施对风险降低的影响下，Ⅰ风险等级增加为 24 个(40.0%)，Ⅱ风险等级减少为 45 个(52.9%)，无Ⅲ和Ⅳ风险等级。

3. EPU 分析结论

此次 FMECA 分析将 EPU 一共划分为 6 个子系统，分析了 135 个失效模式/失效机理；本次 FMECA 分析统计了失效模式层级的风险。其中，Ⅰ风险等级 75 个(55.6%)，Ⅱ风险等级 46 个(44.4%)，Ⅲ风险等级 0 个(0.0%)，Ⅳ风险等级 0 个(0.0%)。在考虑现有控制措施对风险降低的影响下，Ⅰ风险等级增加为 76 个(56.3%)，Ⅱ等风险等级减少为 59 个(43.7%)，无Ⅲ和Ⅳ风险等级。

4. 分析建议

针对 SCM、MCS 及 HPU 的各部件及其失效模式，分析小组审核了现有的设计和预防控制措施，提出了其他的风险缓解和设计改进措施。相应的建议措施汇总如下：

序号	措　施
1	在 MCS 程序中增加压差计算和监控，提示杂质充满 WARNING
2	提醒操作方定期切换梭阀通路以确认梭阀工作状态
3	系统评估采用泄压接头的影响
4	潜水员定期摸排海生物生长情况，采取相应措施防止海生物造成影响
5	确认 SCM 下放工具是否有吊装证书的要求
6	在 MCS 的 AC 供电系统中考虑各级开关的级联配合
7	在 MCS 的 DC 供电系统设置电压监测和报警

续表

序号	措　施
8	建议在 MCS 和 EPU 柜体中增加离线电加热器
9	建议将 MCS 和 EPU 结构中的温度传感器更换为温湿度传感器
10	软件中增加 EPU 中 SCM 输出模块的电流变送器电流模拟量的信号诊断
11	在 EPU 柜体中考虑采用 2 个风扇

3.3 系统可靠性设计

3.3.1 可靠性设计基本要求

水下控制系统可靠性设计是系统长期、安全、稳定运行的保障。水下控制系统可靠性设计工作从以下几方面着手：

1. 明确可靠性要求

包括定性和定量的要求，如可靠度、寿命、平均故障间隔时间等。定性定量要求的提出必须根据产品的使用要求，包括寿命剖面、任务剖面、故障判别准则等。

2. 调查分析与所要设计的相似产品的使用情况

如常见故障模式、故障发生频率、故障发生的原因、成功的设计经验和失败的教训，制定可靠性设计准则。

3. 可靠性分配

产品的可靠性是依赖于产品的各组成单元，因此必须把产品整机的可靠性要求按一定的规则合理地依次分配到部件和零件。

4. 进行 FMECA 和 FTA 分析

发现影响产品可靠性的薄弱环节，确定关键件、重要件。系统设计包括功能 FMECA、硬件 FMECA、软件 FMECA。基于系统设计的故障模式与失效分析流程如下：

① 列出各个接口的单一故障分析表，其中包括电气接口、信息接口、机械接口、环境接口；

② 对①中列出的单一故障进行 FMECA 分析。

5. 元器件的可靠性设计

元器件尽量实施通用化、系列化、模块化设计；采用成熟的标准零部件、元器件、材料等。采用新技术、新工艺、新材料、新元器件时，必须经验证合格，提供论证、验证报告和通过评审或鉴定。

国际标准 API 17F/ISO 13628-6《Subsea Production Control System》中对水下生产系统相关设备可靠性的要求：水下组件应该使用可靠性高的电气元件，应按工业等级或尽可能高的等级采购元件。

元器件的采购尽量选择大牌的供应商；做好物料的来料检验工作；确认产品的使用环境。例如在海上使用，考虑加三防漆。考虑产品的 EMC、安规等级，优先参考产品标准>产品类标准>通用标准。

（1）一般零件的可靠性设计：

可以借鉴以往的设计经验，用常规设计方法进行设计。

(2) 关键重要部件的可靠性设计:

除借鉴经验进行定性设计之外，应开展可靠性定量设计。采用定量设计必须明确给定设计工况和可靠性要求，然后利用概率设计法进行可靠性定量设计分析。

依据 GB/T 19000-ISO 9000 系列标准，对外购件可靠性的控制主要有：

① 合格供货方的选择；

② 采购文件(包括物料质量标准与采购合同等)质量控制；

③ 对外购器材的接收检验、试验和质量控制；

④ 对供货方及分供方质量保证能力的审查。

6. 可靠性分析评价

通过分析与计算，估计所设计零部件的可靠性，并与分配的可靠性要求进行分析比较，如达到规定的要求，则设计结束，如未能达到规定的要求则须重新设计。

7. 设计评审

为了保证设计与分析结果的正确性，应组织同行专家进行认真的设计评审，对发现的设计缺陷进行改进设计。

8. 可靠性增长

设计完成的图纸，应严格按规定要求进行制造，制造出的产品必须进行充分的试验，以便进一步暴露设计缺陷，并采取措施加以改进。

3.3.2 可靠性设计准则

1. 简化设计

① 应对产品功能进行分析权衡，合并相同或相似功能，消除不必要的功能。

② 应在满足规定功能要求的条件下，使其设计简单，尽可能减少产品层次和组成单元的数量。

③ 尽量减少执行同一或相近功能的零部件、元器件数量。

④ 应优先选用标准化程度高的零部件、紧固件与连接件、管线、缆线等。

⑤ 最大限度地采用通用的组件、零部件、元器件，并尽量减少其品种。

⑥ 必须使故障率高、容易损坏、关键性的单元具有良好的互换性和通用性。

⑦ 采用不同工厂生产的相同产品成品件必须能安装互换和功能互换。

⑧ 产品的修改，不应改变其安装和连接方式以及有关部位的尺寸，使新旧产品可以互换安装。

2. 冗余设计

① 当简化设计、降额设计及选用的高可靠性的零部件、元器件仍然不能满足任务可靠性要求时，则应采用冗余设计。

② 在重量、体积、成本允许的条件下，选用冗余设计比其他可靠性设计方法更能满足任务可靠性要求。

③ 影响任务成功的关键部件如果具有单点故障模式，则应考虑采用冗余设计技术。

④ 硬件的冗余设计一般在较低层次(设备、部件)使用，功能冗余设计一般在较高层次进行(分系统、系统)。

⑤ 冗余设计中应重视冗余转换的设计。在进行切换冗余设计时，必须考虑切换系统的故障概率对系统的影响，尽量选择高可靠的转换器件。

⑥ 冗余设计应考虑对共模/共因故障的影响。

冗余设计是设备研发中较为有效提高可靠性的方法。根据国际标准 API 17F 中对于系统冗余设计的要求，水下控制系统中的一些重要元器件和设备，如重要的温度、压力传感器，个别重要阀门，SEM、UPS、液压及电力信号等，均需要有冗余设计或者备用设备。

3.3.3 可靠性分配原则

① 可靠性分配应在研制阶段早期进行，这样可以使设计人员尽早明确其设计产品的可靠性要求，并作为外协、外购产品可靠性定量要求的依据。

② 为了尽量减少可靠性分配的重复次数，进行可靠性分配时，应在可靠性指标的基础上留有一定的余量，一般按可靠性指标的 1.1~1.2 倍进行分配。

③ 对于有并联的分系统，应先把可靠性方框图逐步简化，形成一个串联系统，然后再进行分配。

④ 对于已有可靠性指标的货架产品或成熟产品，不再进行可靠性分配。

⑤ 可靠性分配时应综合考虑产品各组成单元的复杂度、重要度、技术成熟度、工作时长等因素。

⑥ 通过选择一种可靠性分配方法对产品的可靠性指标进行分配后，需要对分配结果进行验算，确定分配结果是否满足指标要求。验算的方法是当组成单元分配的故障率之和大于产品的故障率指标(假定服从指数分布)，则可靠性指标分配不成功，需要重新分配。

3.3.4 水下控制系统可靠性设计

3.3.4.1 可靠性设计步骤

① 明确水下控制系统(包括 MCS、EPU、SCM)可靠性的具体要求，如可靠度、失效率、诊断覆盖率、平均故障间隔时间等。

② 调研国外水下控制系统(包括 MCS、EPU、SCM)常见故障模式、故障发生频率、故障发生的原因等，制定可靠性设计准则。

③ 水下控制系统(包括 MCS、EPU、SCM)可靠性分配，水下控制系统(包括 MCS、EPU、SCM)的可靠性依赖于其各组成单元，把产品整体的可靠性要求按照 3.2.2 节要求，合理地依次分配到部件和零件。

④ 对水下控制系统(包括 MCS、EPU、SCM)开展 FMECA 分析，发现影响产品可靠性的薄弱环节，确定关键件、重要件。

⑤ 水下控制系统(包括 MCS、EPU、SCM)一般零件可以借鉴以往的设计经验，用常规设计方法进行设计。

⑥ 水下控制系统(包括 MCS、EPU、SCM)关键重要部件除借鉴经验进行定性设计之外，应开展可靠性定量设计。采用定量设计必须明确给定设计工况和可靠性要求，然后利用概率设计法进行可靠性定量设计分析。

⑦ 通过分析与计算，估计所设计零部件的可靠性，并与分配的可靠性要求进行分析比

较，如达到规定的要求则设计结束，如未能达到规定的要求则须重新设计。

⑧ 为了保证设计与分析结果的正确性，应组织同行专家进行认真的设计评审，对发现的设计缺陷进行改进设计。

⑨ 设计完成的图纸，应严格按规定要求进行制造，制造出的产品必须进行充分的试验，以便进一步暴露设计缺陷，并采取措施加以改进。

3.3.4.2 可靠性设计方案

1. SCM 液压系统冗余设计

SCM 液压系统采用双路冗余输入，低压和高压供给都是双路的，通过机械梭阀选择使用哪一路液压供给。这样在某一路液压输入故障时，梭阀自动切换到冗余的液压输入回路，保障 SCM 正常工作。

2. SEM 冗余设计

SCM 内部水下电子模块 SEM 冗余配置，与之对应的 SCM 顶部电接头也采用冗余配置。冗余的电气系统将 SCM 的供电与载波通信系统分为 A/B 两路，任何一路供电或通信故障，仍能保障 SCM 正常运行。

3.4 软件可靠性设计

3.4.1 软件可靠性特征

软件可靠性(Software Reliability)是软件产品在规定的条件下和规定的时间区间完成规定功能的能力。该定义包括两方面的含义：

① 在规定的条件下，在规定的时间内，软件不引起系统失效的概率；

② 在规定的时间周期内，在所述条件下程序执行所要求的功能的能力。

其中的概率是系统输入和系统使用的函数，也是软件中存在的故障的函数，系统输入将确定是否会遇到已存在的故障(如果故障存在的话)。

根据国家标准《软件工程　产品质量　第一部分：质量模型》(GB/T 16260.1—2006)的规定，软件系统可靠性有 4 个主要子特性。

成熟性：指系统避免因错误的发生而导致失效的能力。

容错性：在系统发生故障或违反指定接口的情况下，系统维持规定的性能级别的能力。

易恢复性：系统发生失效的情况下，重建规定的性能级别并恢复受直接影响的数据的能力。

依从性：系统依附于可靠性相关的标准、约定和规约的能力。

3.4.2 提高软件可靠性的设计方法

提高软件系统的可靠性通常采用容错设计、检错设计、低复杂度设计。

1. 容错设计技术

对于软件失效后果特别严重的场合可采用容错设计方法。常见的软件容错技术主要有恢复块设计、N 版本程序设计和冗余设计。

恢复块设计：选择一组操作作为容错设计单元，从而把普通的程序块变成恢复块。一个恢复块包含若干个功能相同、设计差异的程序块文本，每一时刻有一个文本处于运行状态。一旦该文本出现故障，则用备份文本加以替换，从而构成“动态冗余”。

N 版本程序设计：N 版本的核心是通过设计出多个模块或不同版本，对于相同初始条件和相同输入的操作结果，实行多数表决，防止其中某一模块/版本的故障提供错误的服务，以实现软件容错。

冗余设计：冗余设计技术实现原理是在一套完整的软件系统之外，设计一种不同路径、不同算法或不同实现方法的模板或系统作为备份，在出现故障时可以使用冗余的部分进行替换，从而维持软件系统的正常运行。

2. 检错设计

在软件系统中，对无须在线容错的地方或不能采用冗余设计技术的部分，如果可靠性要求较高，故障可能导致严重的后果。这时一般采用检错设计技术，在软件出现故障后能及时发现并报警，提醒维护人员进行处理。采用检错设计技术需要着重考虑几个要素：检测对象、检测延时、实现方式和处理方式

检测对象：即检测点和检测内容。在设计时应该考虑把检测点放在容易出错的地方和出错对软件系统影响较大的地方，检测内容选取那些有代表性的、易于判断的指标。

检测延时：在软件检测设计时要充分考虑到检测延时，如果延时长到影响故障的及时报警，则需要更换检测对象或检测方式。

实现方式：最直接的一种方式是判断返回结果，如果返回结果超出正常范围，则进行异常处理。计算运行时间也是一种常用的技术，如果某个模块或函数运行超过预期的时间，可以判断出现故障。另外还有置状态标志位等多种方法，自检的实现方式要根据实际情况来选用。

处理方式：大多数检测采用“查出故障-停止软件系统运行-报警”的处理方式，但也有采用不停止或部分停止软件系统运行的情况，这一般由故障是否需要实时处理来决定。

3. 降低复杂度设计

在保证实现软件功能的基础上，简化软件结构，缩短程序代码长度，优化软件数据流向，降低软件复杂度从而提高软件可靠性。

3.4.3 MCS 软件可靠性设计

MCS 软件开发为水下控制系统的水上部分完整的监控系统，提供完整的控制和监控功能，包括地面和海底安装设备。

MCS 软件系统通过高可靠性通信模块与水下 SCM 建立完整的通信网络，完成彼此监控，以及获取水下和水下设备的数据功能。同时通过接收水上部分的各种硬连线 ESD 和报警信号进行因果逻辑处理。完成主控站(MCS)对水下生产控制系统的监控。

为提高监控系统的可操作性及容错能力，系统配置互为冗余的服务器，当一台服务器需维护或故障时能不影响水下控制系统的监控运行，双网格冗余。磁盘阵列保证信息的可靠储存。

服务器、PLC、软件系统相辅而成，所运用的监控软件支持系统冗余。包括通过 PLC 对下位 SCM 的通信都组成冗余互通的访问结构，以保证系统可靠运行。

3.5 可靠性测试技术研究

可靠性试验数据是可靠性设计的基础，但试验本身不能提高产品的可靠性，只有设计才能决定产品的固有可靠性。国内外的实践经验表明，产品的可靠性是由设计决定的，而由制造和管理来保证。本次国产化研发的水下控制系统(包括 MCS、EPU、SCM)在出厂前分别完成型式测试、单元测试、工厂测试、扩展工厂测试。所有的测试都是为了验证产品的可靠性，而不是为了提高产品的可靠性。

3.5.1 型式测试

对于第一代原型机产品，或者产品有新的设计或在新的应用环境中，需要通过型式测试。在没有类似记录的情况下，进行型式测试的环境或设计变更改变了先前进行的试验的有效性。所有新设施及其部件均应符合 ISO 标准、API 规范和公司规范。以前合格的设备可能需要重新评估其可靠性以及最新材料和防腐技术的基础、经验教训或安装以及运营报告。新系统，包括组合或配置的合格单元，没有以前的现场项目应用历史或验证记录应通过型式测试进行验证。

型式测试一般包含扩展性能测试、加速老化试验、加速应力筛选、环境测试(温度压力循环测试)以及操作者其他要求的测试。型式测试方案应包含零部件层面和系统层面，以了解复杂相互作用的结果。

3.5.2 单元测试

由于水下生产设施高投入、高风险的特点，单个设备的失效会对整个系统产生重大的影响。所以水下控制系统的各个零部件应根据 API 17D 标准规定，在进行更高一级装配前，需要对零件和部件进行单元测试，需要进行单元测试的零部件应参照高层次组装设备的主要设备列表。

3.5.3 工厂测试

工厂测试是通过一系列的测试来验证组成产品的各个部件和产品本身满足设计的性能要求，水下控制系统所有的产品的工厂测试应满足相关规格书的要求。工厂测试应源于工厂设计文件和型式验证报告，通过验证的过程来证明产品的设计能满足设计功能。工厂测试的内容是验证每个单独产品在制造过程中的完整性和连续性。

3.5.4 扩展工厂测试

基于可靠性要求，应对水下控制系统开展扩展工厂测试。在扩展工厂测试(EFAT)开始前，水下控制系统的各部分 SCM、MCS、EPU 应已顺利通过工厂测试。扩展工厂测试主要验证产品的接口是否满足设计要求。测试工作由产品的供应商主导，按照技术规格书要求验证不同的物理接口和功能界面，着重测试需要现场安装的接口。

第4章

主控站工程化研制

主控站 MCS 为水下控制系统提供完整的控制和监控系统。MCS 通过高可靠性的 PLC 与水下控制模块 SCM 建立完整的通信网络，获取水上和水下设备的数据，完成对整个水下控制系统的监测和控制。同时 MCS 接收水上主控制系统的各种 ESD 信号和报警信号并进行因果逻辑处理。根据水下设施的不同需求也会集成如含沙量检测(ASD)、流量计监控服务器系统。

本章主要对 MCS 产品的设计、制造、测试、认证等关键技术进行说明。通过对 MCS 的控制功能、接口功能、可靠性要求、操作性要求、可用性和维护性要求进行深入分析，并基于系统功能及信息安全软件系统的考虑，对 MCS 系统的控制逻辑、处理单元、内部通信及卡件、网络单元和配电单元进行定义和开发；另外，针对深水脐带缆和水下控制系统的特性，兼顾水下生产控制系统的操作要求、安全保护要求和系统响应特性，建立系统的完整的测试技术，梳理水下生产控制系统主控站 MCS 工程化设计开发和产品制造技术。

4.1 概述

4.1.1 设备分类、组成

MCS 由硬件和软件系统组成，硬件系统包括工业级服务器、PLC 控制系统、以太网交换机、直流开关电源设备、工业级操作站、协议转换设备、网络安全设备以及电气辅件。软件组成架构包括 SEQ 顺序控制模块、DIM 数据接口模块、HISTORY 历史数据模块、HMI 人机界面模块、REPORT 报表模块、ALARM EVENT 报警记录模块、TREND 趋势记录模块、RED 冗余模块、ESD DI/DO 模块、EPU 监控数据模块、HPU 监控数据模块(图 4-1)。

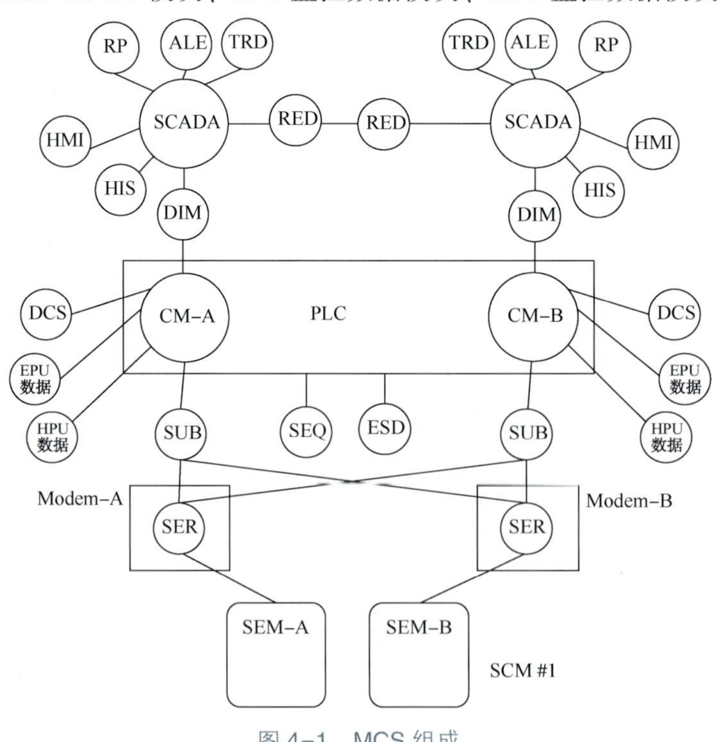

图 4-1　MCS 组成

4.1.2 研制依据的主要标准

研制依据的主要标准见表 4-1。

表 4-1 参考标准

标准文件	文件描述
API STD17F—2017	水下生产控制系统标准
ISO 13628-6	水下生产控制系统设计与操作
IEC 61508	电气/电子/可编程电子安全系统的功能安全
IEC 61511	过程工业安全仪表系统的功能安全
API RP 17A	水下生产系统设计和操作的推荐做法
GB/T 22239—2019	网络安全等级保护基本要求
GB/T 20438—2017	电气/电子/可编程电子安全相关系统的功能安全
GB/T 11634—2000	船用交流低压配电板通用技术条件
GB/T 3783—1994	船用低压电器基本要求
GB 50054—95	低压配电设计规范

4.2 工程化设计技术

4.2.1 设计基础

目标油气田采用水下控制系统实现对气田水下生产系统的监控。该水下控制系统由位于待建平台的上部控制设备及水下控制设备两部分组成，控制信号、控制用电、液压液以及化学药剂均由复合电液脐带缆从平台上传输至水下，采用电缆通信方式实现上部控制系统与水下控制模块间的通信。控制系统框图见图 4-2。

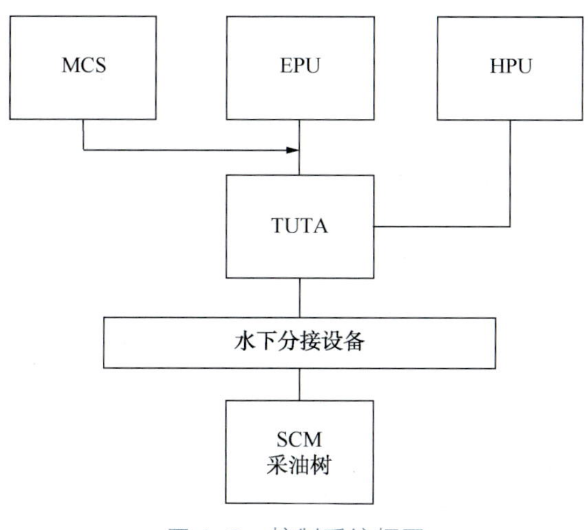

图 4-2 控制系统框图

控制液流动方向见图 4-3。

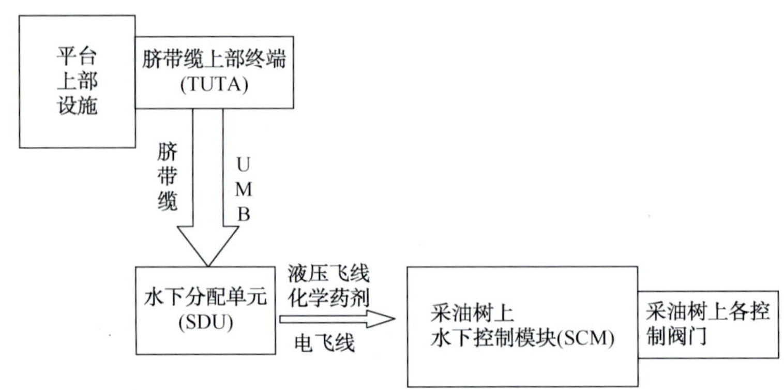

图 4-3　控制液流动方向

水下生产系统的监控和管理由安装在海上平台上新增的水下控制系统完成，控制系统主要包括水上和水下两部分，水上部分有：主控制站(MCS)、电力单元(EPU)、液压动力单元(HPU)、脐带缆上部终端(TUTA)等；水下部分有：水下脐带缆终端(SDU)以及安装在水下管汇上的水下控制模块(SCM)、水下路由模块(SRM)等。

4.2.2　设计参数

参考成熟 MCS 系统的技术参数，并结合水下生产系统的需求，定义 MCS 技术参数见表 4-2。

表 4-2　MCS 技术参数

序号	类　型	规格参数
1	MCS 类型	适用电液复合式水下生产控制系统
2	设计寿命	20 年
3	系统余量	IO 30%(预留空槽可扩展)，处理内存余量>50%
4	CPU	冗余
5	控制系统配置接口类型	AI，DI，DO，RS-485，Ethernet
6	PSU(电源装置)冗余	是
7	工程师站、操作站	Windows 10、8G RAM、1T、2 路以太网卡
8	通信冗余	两路以太网 TO HMI 两路以太网 TO SEM(通过 EPU 与水下的电力载波) ESD 硬线
9	IO 冗余	是
10	服务器冗余	是
11	支持冗余电源输入	是
12	电源输入	220VAC(-10/+6%)；50/60Hz(+/-5%)
13	机柜尺寸	(WDH)= 800mm×800mm×2000mm 标准机柜；防护等级 IP43
14	运行环境	安装区域：安全区　温度 5~40℃　湿度≤90%

续表

序号	类　型	规格参数
15	控制系统安全功能	双重化
16	可用性和可维护性	模块热插拔，PLC 及服务器电源模块可在线更换设计
17	时钟同步	配时钟同步模块接口
18	散热方式	顶装风扇，柜门通风槽散热

4.2.3　设计关键点分析

MCS 系统实现水下控制系统的监控功能，具体包括以下部分：

-用于水下设备的电力/液压动力供应和调节；

-两路与水下 SCM 的通信；

-两路与水下 SRM 的通信；

-监控 EPU；

-对水下设备的控制和监视；

-提供 DCS 接口；

-与主处理器设备的通信；

-远程操作站监控；

-ESD/PSD；

-记录并储存数据。

在 MCS 系统的设计中，难点主要包括系统冗余结构程序设计、系统设备的故障检测以及与其他系统接口设计。因此，主控站总体架构图重点考虑控制器及网络冗余配置、外围及内部接口配置，根据架构图完成主要部件设备规格参数确认及选型，进行程序开发及电气详细设计，包括电气设备布置图、电气控制回路图和接线图等。

4.2.4　FMECA 可靠性分析

MCS 系统内部包括很多关键部件，任何一个部件的故障和失效都会对整个单元设备及系统的功能完整性和可靠性带来挑战，这就需要对各个功能部件的失效模式与失效后果进行全面分析，尤其是在海洋环境下的全生命周期的设备失效模式进行分析。因此，在 MCS 系统详细设计过程中，需开展 MCS 可靠性分析，由第三方认证机构对设计进行 FMECA(失效模式影响和关键性分析)评审。

本次 MCS FMECA 分析主要对 MCS 系统的 AC/DC 供电系统、PLC 控制系统、通信系统和结构的设计进行分析论证，识别关键的元件和失效模式，根据现有的重要控制措施，提出设计改进和风险降低措施，提高设备的可靠性。

4.2.5　可靠性设计

利用基于系统架构和组件的失效分析数据，结合系统诊断覆盖率，采用 RBD 或 FTA 故障树等分析工具，对主控站 MCS 系统及组件的平均故障间隔时间 MTBF 和平均维修时间

MTTR 等可靠性参数指标进行计算和分析，来选定高可靠性的产品，如：PLC、监控软件服务器、网络交换机，电源模块等。

通过选用高可靠性产品，增加设备诊断覆盖率，回避共因故障，对 PLC、监控软件服务器、网络交换机等设备进行合理布置，通过冗余设计、选择可靠安装方式等手段提高整个系统的可靠性。

1. 通信网络

基于水下控制系统的数据记录的高要求，以太网网络设计为双路冗余，整个网络设计为环网，以保证系统的网络快速、高效、安全、稳定。

2. PLC 控制系统

MCS 系统对水下 SCM 的监控主要通过 PLC，关键的处理器及通信以及 IO 都需要高可靠的要求，冗余及完整性等级认证成为必要的指标。MCS 的 PLC 主处理器模块(PM)双冗余配置，为 2 个独立的控制器模块热备运行；2 个以太网口(RJ45)，支持 Modbus 以太网通信；冗余的 DI、DO、AI 模块，监控及传输 ESD 信息。PLC 系统完整性等级达到 SIL2(图 4-4)。

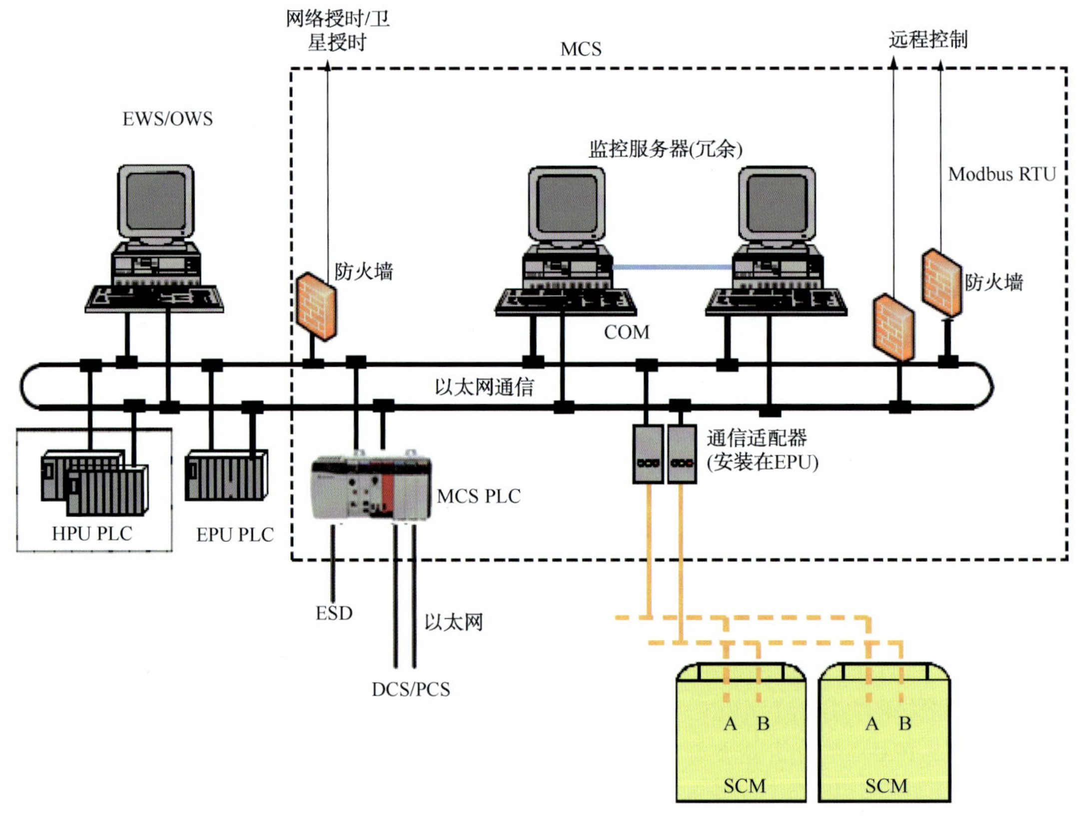

图 4-4　PLC 应用架构设计

3. 服务器及软件系统

为提高监控系统的可操作性及容错能力，系统配置互为冗余的服务器，当一台服务器需维护或故障时能不影响水下控制系统的监控运行，双网格冗余。磁盘阵列保证信息的可靠储存。

服务器、PLC、软件系统相辅而成，所运用的监控软件支持系统冗余。包括通过 PLC 对下位 SCM 的通信均组成冗余结构，以保证系统可靠运行。因此软件的开发应用需要保证在一台操作站出现因故障、维护等原因失联后，各备用主机的历史数据、事件记录、操作功能将实现切换，并提供给客户端，软件的冗余结构实现如图 4-5 所示。

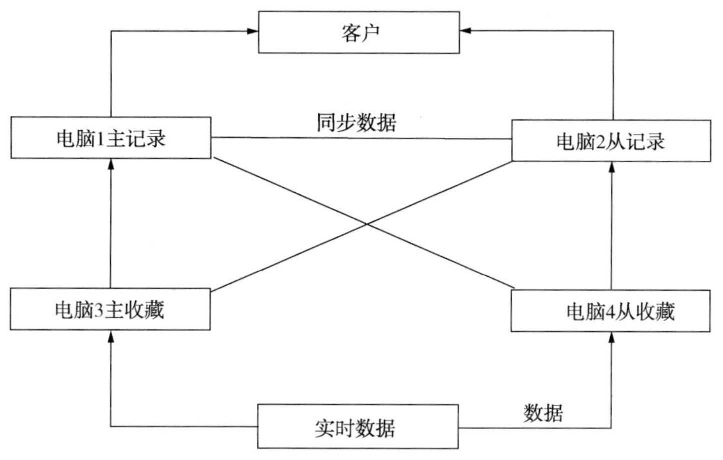

图 4-5 MCS 服务器及软件冗余架构

与水下的监控链路同时是双路并能相互通信的，即做到故障时不影响对水下的监控(图 4-6)。

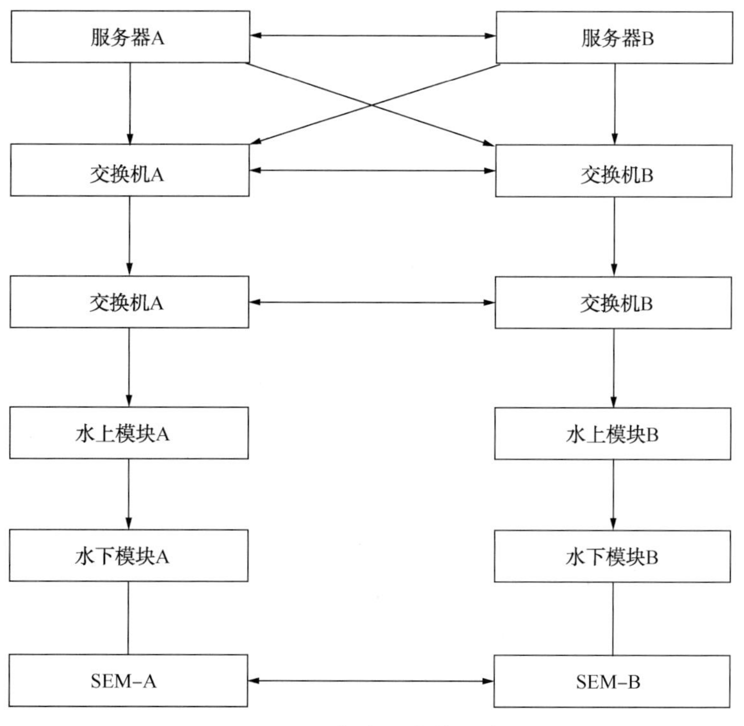

图 4-6 与水下监控链路

4. 电源系统

为保证电源系统的可靠性，电源采用交流双路输入，由 EPU 为 MCS 供电。DC 双路转换输出，并监控各开关配电状态(图 4-7、图 4-8)。

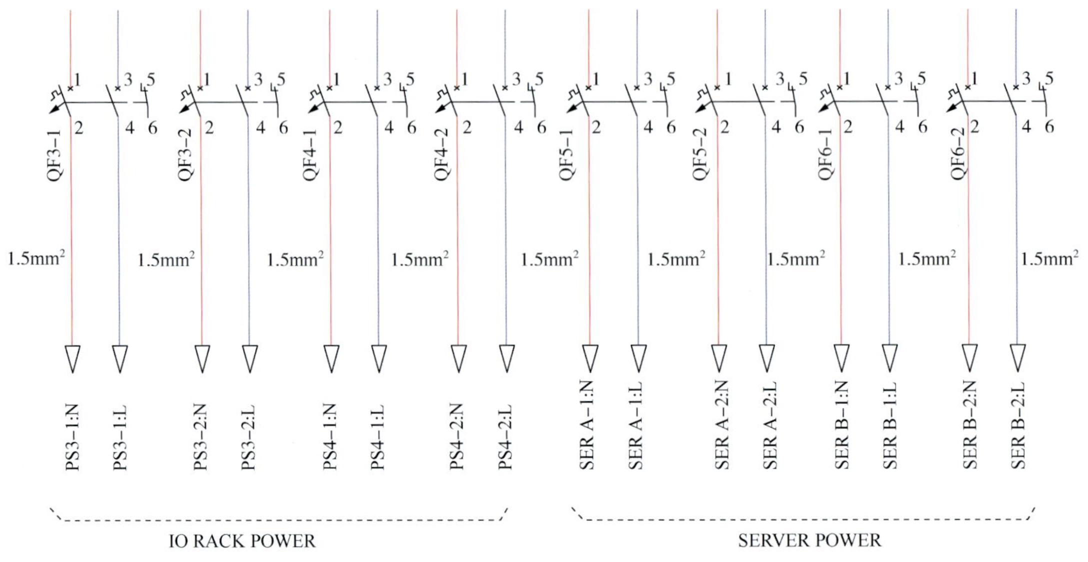

图 4-7 AC 电源分配

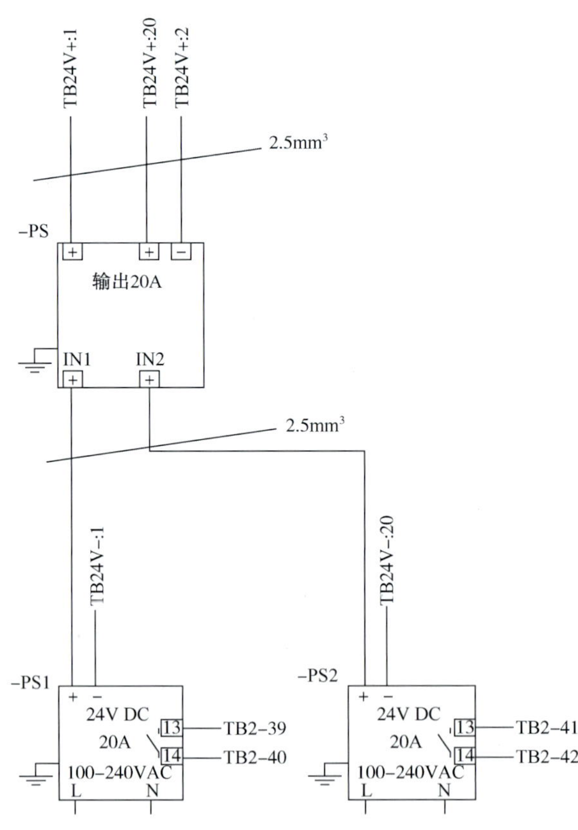

图 4-8 DC 电源分配

4.3 工程化制造技术

MCS 系统研制过程中，需开展产品集成制造技术的研究。

4.3.1 MCS 控制柜制造工艺要求

根据生产制作工艺与安全规范，设定了如下主要要求(表 4-3)。

表 4-3 制作工艺及安全性规范要求检查

序号	名 称	描 述
1	柜内元器件布局	美观、易散热
2	柜内布线	信号线与电源分开、不要有弯曲
3	元器件标识	标识清晰、不褪色、稳固
4	线号	标识清晰、不褪色、稳固
5	柜内照明	有、门开自动点亮
6	仪表接地	有、稳固
7	安全接地	有、稳固
8	柜子接地	有、稳固
9	柜体散热	风扇风向向外、过滤网
10	柜内 MCT 密封	有

4.3.2 MCS 装配

MCS 机柜尺寸 800mm×800mm×2000mm，根据 MCS 装配图纸进行布线和组件装配(图 4-9)。

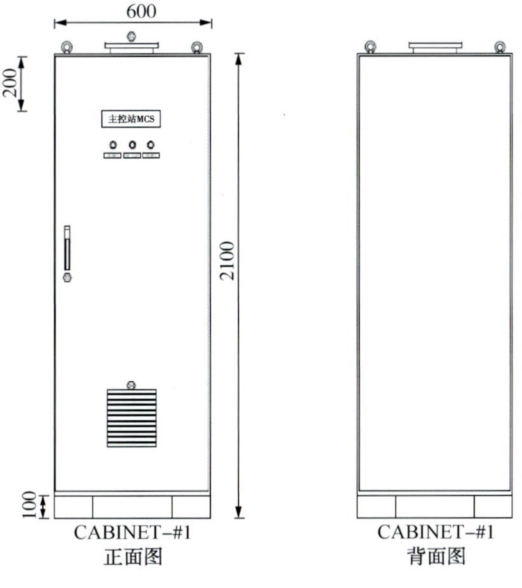

图 4-9 MCS 装配图

柜内布局图(左面)
柜内布局图(正面)
柜内布局图(右面)
设备背面图(略)
摇架布局图(正面)
摇架布局图(背面)
摇架布局图(侧面)
800
横筋
侧面图(左面)
正视图
侧面图(右面)

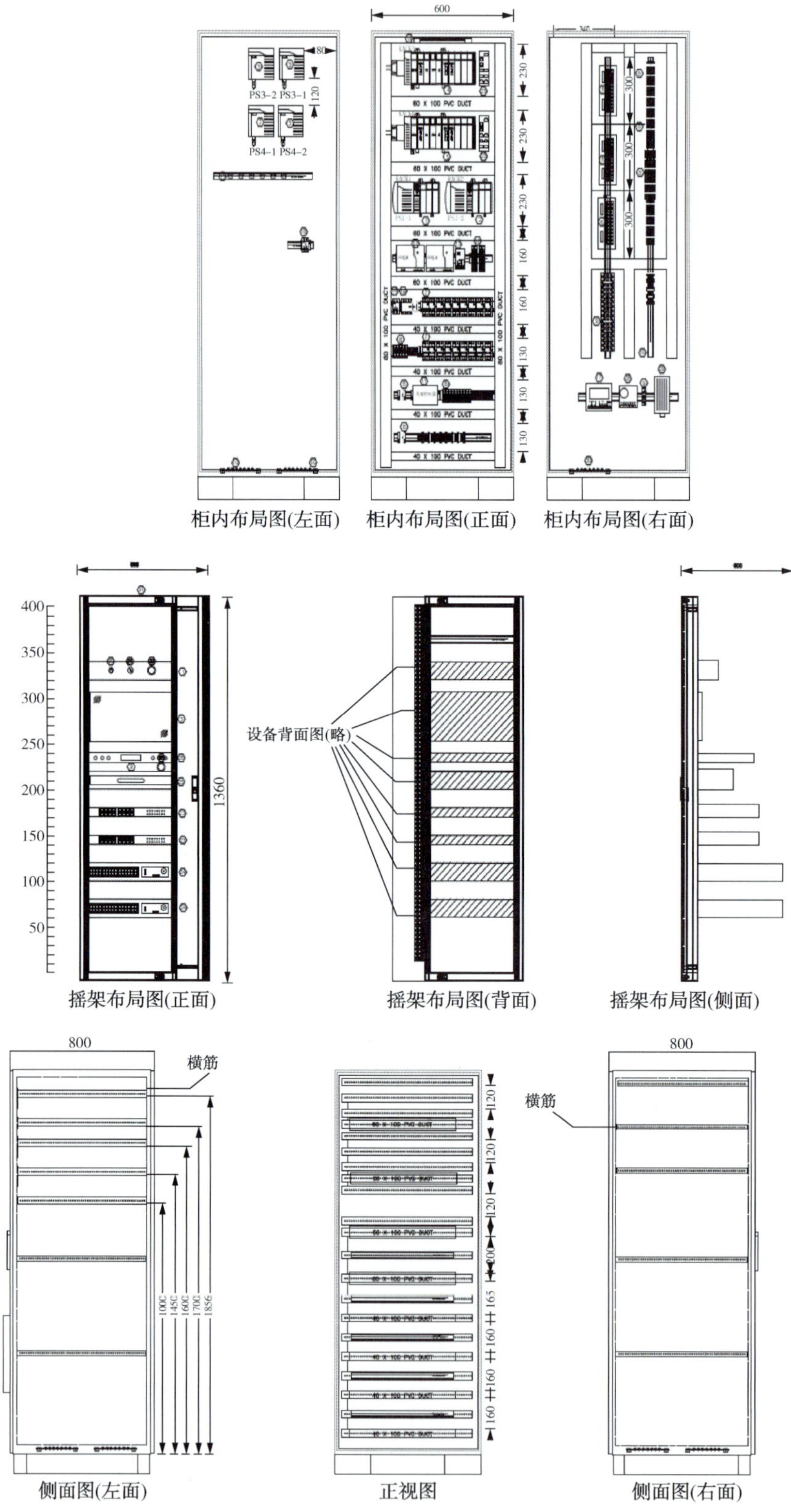

图 4-9　MCS 装配图(续)

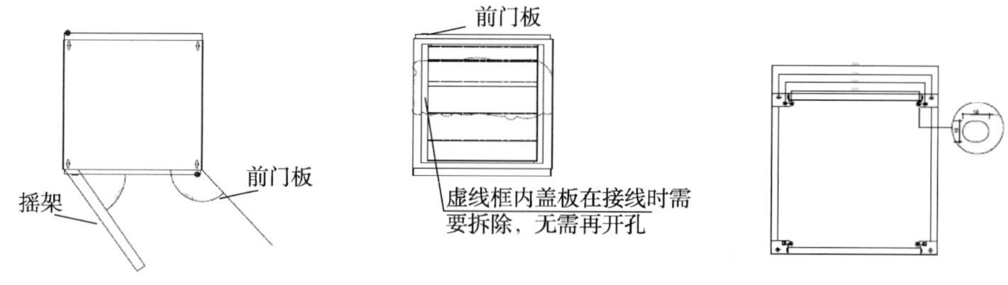

图 4-9 MCS 装配图(续)

4.3.3 MCS 调试

MCS 制造过程中，需要对安装的电气部件进行调试检查。表 4-4 为常见的主要故障类型。

表 4-4 故障类型

故障类型	可能的原因及解决办法
柜内照明灯不亮	• 检查照明灯断路器是否闭合 • 更换照明灯泡 • 机柜 220V 电源指示灯关闭
柜内温度过高	• 温度调节器设置太高 • 顶装风扇有故障-调节风扇转速控制器以测试 • 门装风扇有故障-确保所有风扇正常运行 • 门风扇开关有故障-检查开关是否处于正确位置 • 顶装风扇断路器断开-检查交流配电回路
EPU 画面数据丢失	• PLC 断电-检查供电回路是否异常 • PLC 未处于运行模式-将钥匙开关旋转置于 RUN 位 • PLC 有故障 • EPU 通信错误 • EPU RIO 出现故障
监控画面不可用	• 服务器没有开机-按下电源按钮启动 • 服务器崩溃-重新启动计算机 • 服务器已启动但未运行监控画面软件-启动画面软件 • 视频切换器选中在不活跃的服务器 • HDMI 视频连接线松动或未插好
水下通信丢失	• 调制解调器掉电检查-调制解调器部件中的直流电源是否已打开 • SCM 通信错误-检查 EPU 和 MCS 中所有光纤和以太网交换机是否均已通电。检查是否可以 ping EPU 光纤交换机和 DIGI 端口服务器 • SCM 断电-检查 EPU 是否为海底供电 • SCM 控制器不在扫描范围 • 海底管线控制器断开 • 调制解调器正在发送(Tx)但未接收(Rx)

4.4 测试内容及要求

4.4.1 制造集成

MCS 控制机柜设计安装于控制室内，IP43 标准，集成两台服务器、PLC、网络通信交换机显示器等，操作站安装于柜体上，如图 4-10 所示。

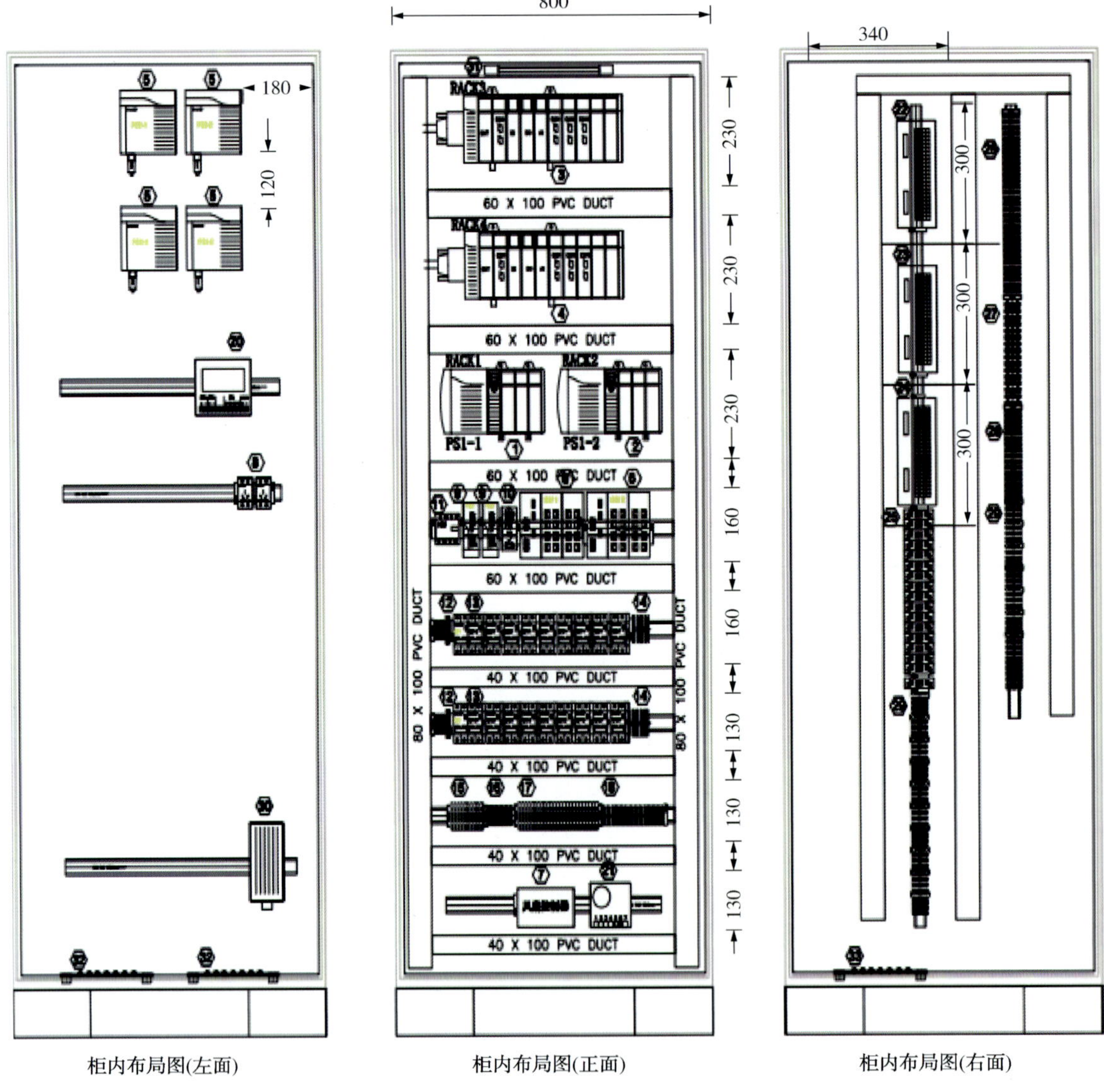

图 4-10 MCS 控制机柜

NO.	设备名称	图纸代号	NO.	设备名称	图纸代号
⟨1⟩	CPU机架	RACK1	⟨24⟩	DO冗余接线板	TB5
⟨2⟩	CPU机架	RACK2	⟨25⟩	中间继电器	KA,KA1~16
⟨3⟩	IO机架1	RACK3	⟨26⟩	DI接线端子	TB2
⟨4⟩	IO机架2	RACK4	⟨27⟩	AI接线端子	TB4
⟨5⟩	IO机架冗余电源	PS3-1~4-2	⟨28⟩	DO接线端子	TB6
⟨6⟩	交换机	SW 1/2	⟨29⟩	MODBUS通讯端子	TB-MODEM
⟨7⟩	风扇控制器	FC	⟨30⟩	加热器	HOT
⟨8⟩	三眼插座	SOCKET 1/2	⟨31⟩	照明灯	EL
⟨9⟩	24V开关电源	PS 1/2	⟨32⟩	SE接地铜排	SE
⟨10⟩	电源冗余模块	PS	⟨33⟩	PE接地铜排	PE
⟨11⟩	接触器	KM	⟨34⟩	绝缘检测仪	ISM A/B
⟨12⟩	电源进线端子	TB-POW 1/2	⟨35⟩	通讯模块	MODEM A/B
⟨13⟩	断路器	QF1~2-10	⟨36⟩	蜂鸣器/复位按钮	BUZZER/RESET
⟨14⟩	接地端子	TB-PE	⟨37⟩	选择开关	RLS
⟨15⟩	220VAC 保险端子	TB-22DV-L	⟨38⟩	急停按钮	ESDB
⟨16⟩	220VAC 普通端子	TB-22DV-N	⟨39⟩	显示屏	HMI
⟨17⟩	24VDC 保险端子	TB-24V+	⟨40⟩	屏幕切换装置	KVM
⟨18⟩	24VDC 普通端子	TB-24V-	⟨41⟩	鼠标&键盘	—
⟨19⟩			⟨42⟩	服务器	SERVER A/B
⟨20⟩	温湿度监控设备	HT	⟨43⟩	顶装风扇	FAN
⟨21⟩	加热器控制器	HC	⟨44⟩	指示灯	HL 1/2/3
⟨22⟩	DI冗余接线板	TB1	⟨45⟩	门锁	—
⟨23⟩	AI冗余接线板	TB3	⟨46⟩	过滤器	—

图 4-10 MCS 控制机柜(续)

4.4.2 外观检查

1. 机柜外观及装配工艺检查(表 4-5)

表 4-5 机柜外观及装配工艺检查要求

序号	检查要求项
1	外形尺寸符合柜体图纸要求
2	喷塑颜色符合图纸设计要求，附着均匀，牢固无脱落
3	柜体表面平整美观，无外伤及变形，无不良焊接或毛刺
4	柜体开关门转动灵活无异声，密封条粘贴牢固无脱落
5	柜内清洁卫生，干燥，无明显灰尘，无有害物质
6	柜内安装的线槽、导轨水平无倾斜

续表

序号	检查要求项
7	柜内设备零部件安装螺丝齐全，扭动螺丝无滑丝或损坏
8	电气设备布局合理，散热良好
9	电器设备外部无明显的裂纹缺陷及损坏
10	电器件装配规格符合图纸要求(按钮触点按压正常)
11	柜内设备布局合理，易于从正面接近和维修，需要常规操作的和维修的器件，留有足够空间易于使电缆和导线安装其上
12	柜内设备及电器件均贴上相应标识，序号与设计图纸一致
13	供电回路的主干线线径符合设计图纸要求
14	常规配线线色符合图纸设计要求(颜色及线径)
15	配线端子采用专用压线钳压接，线芯压接牢固无松动
16	柜内的导线原则上均走线槽，不入线槽的导线均有相应缠绕管保护及固定
17	柜内所有保险丝规格符合设计图纸要求并安装到位

2. 测试工具与设备(表 4-6)

表 4-6 测试工具与设备

序号	工具与设备	序号	工具与设备
1	测温枪	4	ETU 装置(已安装好相应程序)
2	万用表	5	SCM 单元
3	绝缘测试仪	6	VMS 模拟控制屏(已安装好相应程序)

4.4.3 一般性测试

1. 上电前准备

在将 MCS 连接到电源之前，需要执行以下测试(表 4-7)。

表 4-7 上电前准备检查项

序号	要求检查项
1	确保按照装配图配置 MCS 组件
2	确保已根据电路图进行了接线检查
3	检查是否已安装所有电线标签
4	交换机各个接口做好标识
5	检查所有的连接电缆、插头和插座、接线端子是否有清晰的标记
6	检查电源单元接线是否正确，标记是否清楚，电源输入电压是否正确

2. 接地连续性试验

确保将 MCS 接地到电源接地系统(表 4-8)。

表 4-8 接地连续性试验检查项

序号	要求检查项
1	检查机柜结构的所有主要金属部件是否与机柜主接地棒接地，并检查导通性，校验电阻需<0. 2Ω
2	在主接地棒和后板接地点之间进行测量，校验电阻需<0. 2Ω
3	在主接地棒和右侧面板接地点之间进行测量，校验电阻需<0. 2Ω
4	在主接地棒和左侧面板接地点之间进行测量，校验电阻需<0. 2Ω
5	在主接地棒和安装架接地点之间进行测量，校验电阻需<0. 2Ω
6	在主接地棒和门接地点之间进行测量，校验电阻需<0. 2Ω

3. 绝缘测试(表 4-9)

表 4-9 绝缘测试检查项

序号	检查项	序号	检查项
1	确保所有保险丝均已打开，相关的开关合闸	3	输入电源与 PE 读数应>550MΩ
2	测量端子的绝缘电阻		

4. 机柜启动测试(表 4-10)

表 4-10 机柜启动测试检查项

序号	检 查 项
1	启动机柜前先确保所有保险均处于断开状态，并检查各个回路，确保回路无短路
2	确保所有开关，断路器处于断开状态
3	电源指示灯正确亮起
4	检查两端电压，读数应为设计电压(±5%)

5. 其他电气辅件测试(表 4-11)

表 4-11 其他电气辅件测试检查项

序号	检 查 项
1	柜内灯测试。检查机柜灯是否打开，机柜门旋转门是否打开(接近开关)
2	风扇运行状态良好
3	24VDC 电源测试，报警状态测试

4.4.4 MCS 功能测试

1. 交换机功能测试(表 4-12)

表 4-12 交换机功能测试检查项

序号	要求检查项
1	面板、指示灯及各接口无损坏
2	交换机各接口都能正常使用，连接上测试笔记本电脑后，所有以太网设备都能与测试设备确认通信成功
3	交换机各接口连接时的数据上传报警显示

续表

序号	要求检查项
4	交换机冗余功能测试
5	交换机故障报警
6	交换机 SNMP 数据获取监控，读取各个通信口的吞吐量及错误率
7	光口功能通信测试(如有)，需完成冗余，重新连接的自动恢复状态

2. 服务器功能测试(表 4-13)

表 4-13　服务器功能测试检查项

序号	要求检查项
1	服务器面板、指示灯及各接口无损坏
2	服务器 A 能正常工作(主要检查操作系统运行情况)
3	工作站网口无损坏且工作正常
4	显示接口功能正常
5	服务器工作正常且数据读取正常： • MCS 主控制器通信数据 • 交换机通信数据(查看通信诊断位) • EPU 通信数据 • 采油树 SCM 数据通信 • 管汇 SCM 数据通信 • HPU 数据通信 • 流量计的通信状态 • 内部进程通信数据读取
6	MCS 服务器冗余通信功能测试，确认服务器故障切换功能正常
7	服务器上位机组态画面数据监控采集正常无 FAULT

3. 控制器功能测试(表 4-14)

表 4-14　控制器功能测试检查项

序号	要求测试项
1	MCS 系统正常运行后，画面显示正常
2	MCS 控制器能正常进行程序修改、下载、运行
3	MCS 控制器通信功能正常，能够正常连接设备及通信
4	MCS 通信模块与水下的通信功能测试 测试方法：使用模拟器或 SEM(有实物的情况)连接通信模组，测试模块主站功能是否正常
5	MCS 控制器的主处理器及 IO 模块冗余功能测试正常，达到热备冗余 测试方法： • 模拟当主控制器运行时失效或者模块掉电的情况下，是否自动切换从控制器保持继续运行程序，不造成关停或通信故障。 • 模拟失效一块 IO 模块，单模块运行，确认仍能采集 AI、DI、DO 状态

续表

序号	要求测试项
6	模块热拔插测试，测试维护的可靠性 测试方法： • 在正常上电运行情况下，将模块拔出，在上位机查看对应模块的状态变化，并记录； • 记录完成后，将刚拔出的模块插回原来位置，确认可否恢复正常
7	对IO监控测试，确认每一点接入的正确性
8	MCS与采油树SCM通信点模拟测试

4. MCS与采油树SCM通信点模拟测试

可以通过使用模拟软件与MCS系统进行通信，读SEM A/B通信数据。

5. EPU监控测试

对EPU监视画面中，可以监测从EPU系统读取的数据信息，测试过程中需同时记录EPU系统中的数据，读取到的数据和服务器/工程师站画面的数值及显示测试。同时对比三套数值的一致性。

6. 水下SCM监控及操作测试

(1) SEM运行状态监控。在SEM画面中，可以监测SEM的主要信息内容，测试过程中需同时记录SEM中的数值和服务器/工程师站画面的数值及显示测试。并核对数据的一致性，核对数据包括：SEM A温度、SEM A心跳、SEM A传感器电源、SEM A RT时钟、SEM A RAM块使用、SEM A DSP片使用、SEM A触发器使用、SEM A IP地址、SEM A生命计数器、SEM A操作系统、SEM B温度、SEM B心跳、SEM B传感器电源、SEM B RT时钟、SEM B RAM块使用、SEM B DSP片使用、SEM B触发器使用、SEM B IP地址、SEM B生命计数器、SEM B操作系统。

读取SCM内部传感器参数(表4-15)，以及处理关键的报警信号(表4-16)。

表4-15 SCM内部传感器参数

序号	仪表标签	量程(单位)	序号	仪表标签	量程(单位)
1	SCM水压	psi	3	SCM水侵入	cm
2	SCM水温	℃			

表4-16 SCM关键报警信号

序号	仪表标签	报警信号				
		高报	高高报	低报	低低报	报警屏蔽
1	SCM水压	√	√	√	√	√
2	SCM水温	√	√	√	√	√
3	SCM水侵入	√	√	√	√	√

(2) 水下阀门监控。水下采油树监控画面，主要包括阀门的状态和仪表显示。

① 阀门的监控。可能需要控制的阀门包括SCSSV、PMV、PWV、XOV、AMV、AWV、

CIV1、CIV2、PIV-3 等。在水下采油树界面中点击需要控制的阀门，弹出主要显示界面，界面主要包括有阀门的开关状态反馈、开关命令按钮、数据源选择、开阀设定、量程设定、趋势记录等(图 4-11)。

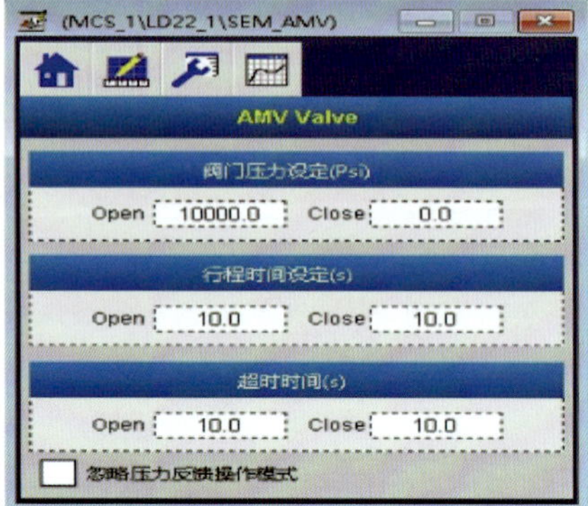

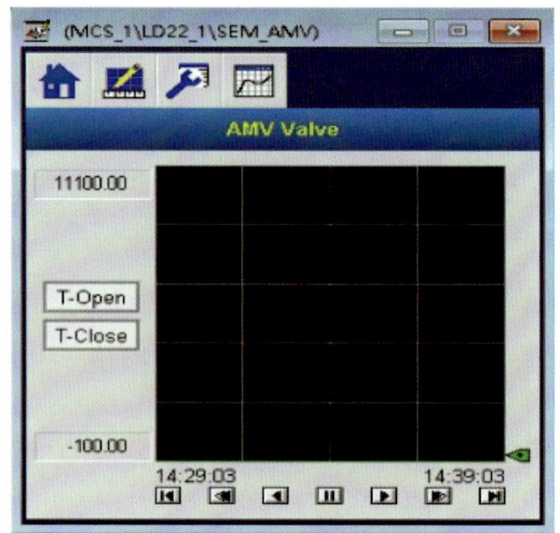

图 4-11 阀门监控界面

阀门状态须有相应的颜色变化，见表 4-17。

表 4-17 阀门状态颜色

状态	画面显示
开到位	PMV
关到位	PMV
运行	PMV 关为红闪 PMV 开为绿闪
故障	PMV

阀门参数设置完成，在此基础上对阀门进行运行测试，记录阀门动作反馈，触发命令至接收到命令时，一般不应超过 2s。

② 节流阀的监控(PCV)。在水下采油树界面中点击需要控制的阀门，弹出主要显示界面，主要包括的界面有阀门的开关状态反馈、开关命令按钮、数据源选择、开阀设定、量程设定、趋势记录等(图 4-12)。

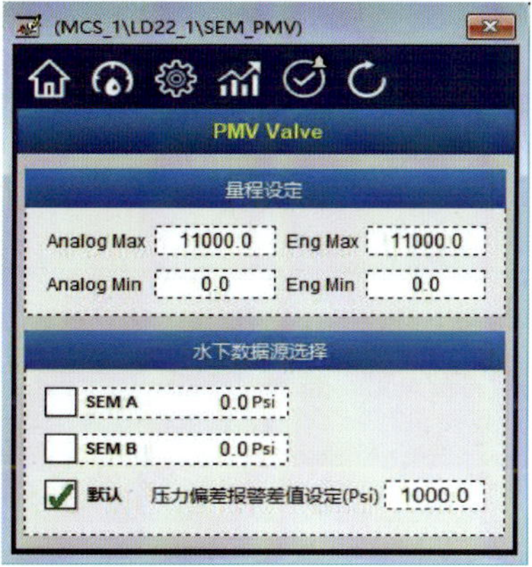

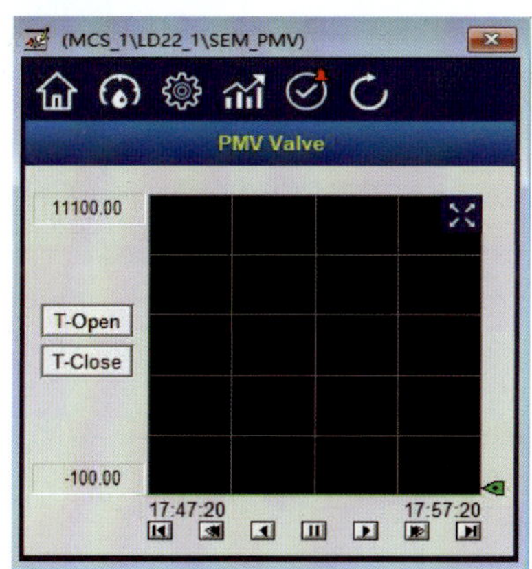

图 4-12 节流阀监控界面

阀门参数设置完成，在此基础上对节流阀进行运行测试，记录阀门动作反馈，见表 4-18。

表 4-18 阀门动作反馈

动作	标签	动作反馈		
		动作时间	测试时显示	动作确认
开度显示反馈	最大值	√	√	√
开阀操作	开阀	√	√	√
关阀操作	关阀	√	√	√

(3) 水下仪表监控。在水下采油树界面中点击需要监控的仪表，弹出主要显示界面，主要包括的界面有仪表当前数据显示、数据源选择、仪表参数设定、量程设定、趋势记录等(图 4-13)。

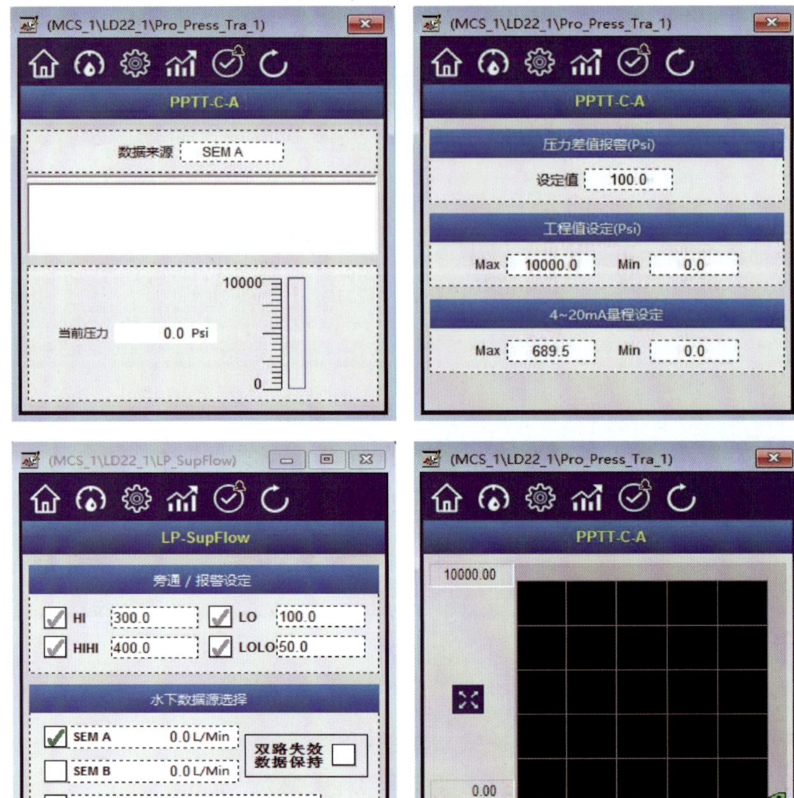

图 4-13 水下仪表监控界面

仪表参数设置完成后，对仪表进行数据监控测试，记录数据反馈值，见表 4-19。

表 4-19 仪表数据监控

序号	仪表标签		量程(单位)	监控站	
				MCS	DCS
1	PPTT	PT A	bar	√	√
		TT A	℃	√	√
		PT B	bar	√	√
		TT B	℃	√	√
2	源压力	A	psi	√	√
		B	psi	√	√

7. 联锁及 ESD 测试

(1) ESD 测试。MCS 系统因果逻辑图如图 4-14 所示。

点击 ESD 画面，进入 ESD 监控画面，可以查看到有多个条件可以触发 ESD 动作，当有 ESD 条件被触发时，会在报告画面中记录(图 4-15)。

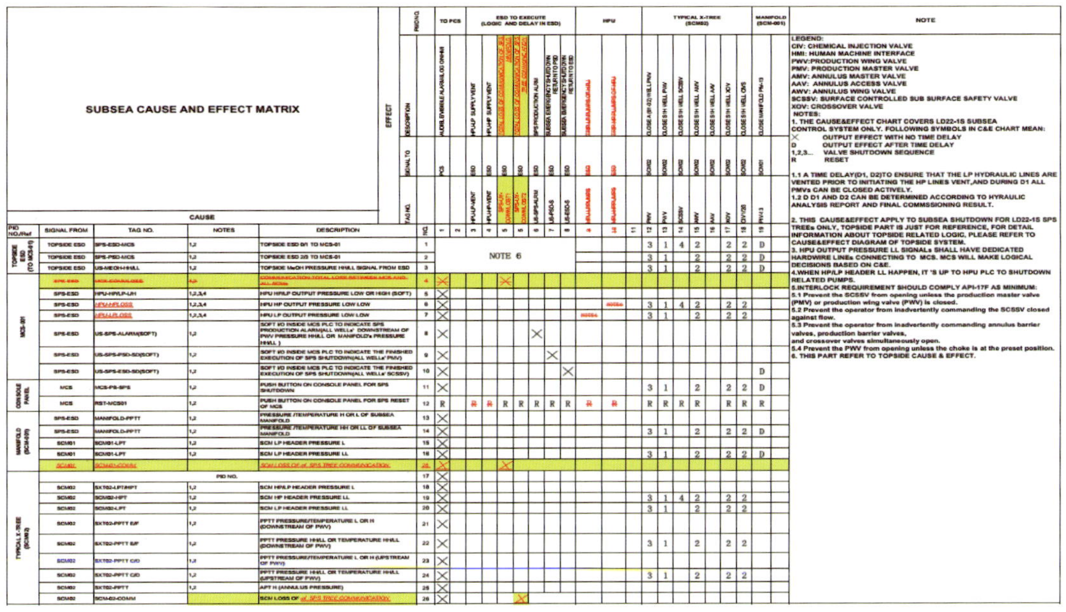

SUBSEA CAUSE AND EFFECT MATRIX

PID NO./Ref	SIGNAL FROM	TAG NO.	NOTES	DESCRIPTION	NO.	1	2	3	4	5	5	6	7	8	4	14	11	12	13	14	15	16	17	18	19	
						TO PCS		ESD TO EXECUTE (LOGIC AND DELAY IN ESD)							HPU			TYPICAL X-TREE (SCM02)							MANIFOLD (SCM-001)	
					TAG NO.			HPU-LP-VENT	HPU-HP-VENT	SPS-UY-COMM_LOST1	SPS-UY-COMM_LOST2	US-SPS-ALRM	US-PSD-S	US-ESD-S				PWV	PMV	SCSSV	AMV	AAV	XOV	CIV	PIV13	
					SIGNAL TO	PCS		ESD	ESD	ESD	ESD	ESD	ESD	ESD				SCM02	SCM02	SCM02	SCM02	SCM02	SCM02	SCM02	SCM01	
TOPSIDE ESD (TO MCS-01)	TOPSIDE ESD	SPS-ESD-MCS	1,2	TOPSIDE ESD 0/1 TO MCS-01	1	NOTE 6												3	1	4	2		2	2	D	
	TOPSIDE ESD	SPS-PSD-MCS	1,2	TOPSIDE ESD 2/3 TO MCS-01	2													3	1		2		2	2	D	
	TOPSIDE ESD	US-MEOH-HHLL	1,2	TOPSIDE MeOH PRESSURE HHLL SIGNAL FROM ESD	3													3	1		2		2	2	D	
MCS-01	SPS-ESD	MCS-COMM-LOSS	1,2	COMMUNICATION TOTAL LOSS BETWEEN MCS AND ALL SCMs	4	X				X																
	SPS-ESD	HPU-HP/LP-L/H	1,2,3,4	HPU HP/LP OUTPUT PRESSURE LOW OR HIGH (SOFT)	5	X																				
	SPS-ESD	HPU-HPLOSS	1,2,3,4	HPU HP OUTPUT PRESSURE LOW LOW	6	X										[illegible]		3	1	4	2		2	2		
	SPS-ESD	HPU-LPLOSS	1,2,3,4	HPU LP OUTPUT PRESSURE LOW LOW	7	X									[illegible]			3	1		2		2	2		
	SPS-ESD	US-SPS-ALARM(SOFT)	1,2	SOFT I/O INSIDE MCS PLC TO INDICATE SPS PRODUCTION ALARM(ALL WELLs' DOWNSTREAM OF PWV PRESSURE HHLL OR MANIFOLD's PRESSURE HHLL)	8	X						X														
	SPS-ESD	US-SPS-PSD-SD(SOFT)	1,2	SOFT I/O INSIDE MCS PLC TO INDICATE THE FINISHED EXECUTION OF SPS SHUTDOWN(ALL WELLs' PMV)	9	X							X													
	SPS-ESD	US-SPS-ESD-SD(SOFT)	1,2	SOFT I/O INSIDE MCS PLC TO INDICATE THE FINISHED EXECUTION OF SPS SHUTDOWN(ALL WELLs' SCSSV)	10	X								X											D	
CONSOLE PANEL	MCS	MCS-PB-SPS	1,2	PUSH BUTTON ON CONSOLE PANEL FOR SPS SHUTDOWN	11	X												3	1		2		2	2	D	
	MCS	RST-MCS01	1,2	PUSH BUTTON ON CONSOLE PANEL FOR SPS RESET OF MCS	12	R		R	R	R	R	R	R	R	R	R		R	R	R	R		R	R	R	
MANIFOLD (SCM-001)	SPS-ESD	MANIFOLD-PPTT	1,2	PRESSURE /TEMPERATURE H OR L OF SUBSEA MANIFOLD	13	X																				
	SPS-ESD	MANIFOLD-PPTT	1,2	PRESSURE /TEMPERATURE HH OR LL OF SUBSEA MANIFOLD	14	X												3	1		2		2	2	D	
	SCM01	SCM01-LPT	1,2	SCM LP HEADER PRESSURE L	15	X																				
	SCM01	SCM01-LPT	1,2	SCM LP HEADER PRESSURE LL	16	X												3	1		2		2	2	D	
	SCM01	SCM01-COMM		SCM LOSS OF all SPS TREE COMMUNICATION	25	X				X																
TYPICAL X-TREE (SCM02)			PID NO.		17	X																				
	SCM02	SXT02-LPT/HPT	1,2	SCM HP/LP HEADER PRESSURE L	18	X																				
	SCM02	SCM02-HPT	1,2	SCM HP HEADER PRESSURE LL	19	X												3	1	4	2		2	2		
	SCM02	SCM02-LPT	1,2	SCM LP HEADER PRESSURE LL	20	X												3	1		2		2	2		
	SCM02	SXT02-PPTT E/F	1,2	PPTT PRESSURE/TEMPERATURE L OR H (DOWNSTREAM OF PWV)	21	X																				
	SCM02	SXT02-PPTT E/F	1,2	PPTT PRESSURE HHLL OR TEMPERATURE HHLL (DOWNSTREAM OF PWV)	22	X												3	1		2		2	2		
	SCM02	SXT02-PPTT C/D	1,2	PPTT PRESSURE/TEMPERATURE L OR H (UPSTREAM OF PWV)	23	X																				
	SCM02	SXT02-PPTT C/D	1,2	PPTT PRESSURE HHLL OR TEMPERATURE HHLL (UPSTREAM OF PWV)	24	X												3	1		2		2	2		
	SCM02	SXT02-PPTT	1,2	APT H (ANNULUS PRESSURE)	25	X																				
	SCM02	SCM-02-COMM		SCM LOSS OF all SPS TREE COMMUNICATION	26	X					X															

NOTE

LEGEND:
CIV: CHEMICAL INJECTION VALVE
HMI: HUMAN MACHINE INTERFACE
PWV:PRODUCTION WING VALVE
PMV: PRODUCTION MASTER VALVE
AMV: ANNULUS MASTER VALVE
AAV: ANNULUS ACCESS VALVE
AWV: ANNULUS WING VALVE
SCSSV: SURFACE CONTROLLED SUB SURFACE SAFETY VALVE
XOV: CROSSOVER VALVE
NOTES:
1. THE CAUSE&EFFECT CHART COVERS LD22-1S SUBSEA CONTROL SYSTEM ONLY. FOLLOWING SYMBOLS IN C&E CHART MEAN:
X OUTPUT EFFECT WITH NO TIME DELAY
D OUTPUT EFFECT AFTER TIME DELAY
1,2,3... VALVE SHUTDOWN SEQUENCE
R RESET

1.1 A TIME DELAY(D1, D2)TO ENSURE THAT THE LP HYDRAULIC LINES ARE VENTED PRIOR TO INITIATING THE HP LINES VENT,AND DURING D1 ALL PMVs CAN BE CLOSED ACTIVELY.
1.2 D D1 AND D2 CAN BE DETERMINED ACCORDING TO HYRAULIC ANALYSIS REPORT AND FINAL COMMSSIONING RESULT.

2. THIS CAUSE&EFFECT APPLY TO SUBSEA SHUTDOWN FOR LD22-1S SPS TREEs ONLY., TOPSIDE PART IS JUST FOR REFERENCE, FOR DETAIL INFORMATION ABOUT TOPSIDE RELATED LOGIC, PLEASE REFER TO CAUSE&EFFECT DIAGRAM OF TOPSIDE SYSTEM.
3. HPU OUTPUT PRESSURE LL SIGNALs SHALL HAVE DEDICATED HARDWIRE LINEs CONNECTING TO MCS. MCS WILL MAKE LOGICAL DECISIONS BASED ON C&E.
4.WHEN HP/LP HEADER LL HAPPEN, IT 'S UP TO HPU PLC TO SHUTDOWN RELATED PUMPS.
5.INTERLOCK REQUIREMENT SHOULD COMPLY API-17F AS MINIMUM:
5.1 Prevent the SCSSV from opening unless the production master valve (PMV) or production wing valve (PWV) is closed.
5.2 Prevent the operator from inadvertently commanding the SCSSV closed against flow.
5.3 Prevent the operator from inadvertently commanding annulus barrier valves, production barrier valves, and crossover valves simultaneously open.
5.4 Prevent the PWV from opening unless the choke is at the preset position.
6. THIS PART REFER TO TOPSIDE CAUSE & EFFECT.

图 4-14 MCS 系统因果逻辑图

图 4-15 ESD 监控画面

当 ESD 触发时，设计 ESD 关断的阀门会根据因果逻辑图依次关闭，记录 ESD 触发条件及阀门状态。

（2）阀门控制联锁测试。在生产情况下，如相关的阀门在关闭状态不允许打开时将会触发联锁，限制其打开阀门。在阀门的操作界面中选择运行模式，选择“联锁”模式，联锁触发；选择“不联锁”模式，联锁屏蔽。联锁测试选择“联锁”模式，相关联锁阀依次测试，并记录。

① SCSSV 联锁：

PMV 及 PWV 阀非关的状态，将联锁到 SCSSV 阀不能触发开命令；

PMV 及 PWV 阀非关的状态，将联锁到 SCSSV 阀不能触发关命令。

② PMV 联锁：

SCSSV 为非开状态，将联锁到 PMV 及 PWV 开命令无法下达；

如果 XOV 打开，则会联锁 PMV 的打开命令，禁止开命令操作。

③ AMV 联锁：

如果 XOV 打开，则会联锁 AMV 的打开命令，禁止开命令操作。

④ XOV 联锁：

PMV 为非关状态，将联锁到 XOV 开命令无法下达。

⑤ PCV：

PCV 为未大于 20%的开度，将联锁到 PWV 开命令无法下达。

（3）高压回路低液压联锁测试。在探测到 SCM 的液压源高压回路低压报警的状态下，防止 MCS 发出误动作联锁。

① HP 输入联锁。如果井上的高压输入压力小于液压高压 Lo 设定值，则 SCSSV 应联锁，禁止开命令。

② LP 输入联锁。SCM LP 压力低报警，联锁到 PMV、PWV、AWV、AMV、XOV、PIV 开命令无法下达。

（4）工作模式切换联锁测试。使用切换控制系统远程工作井时，选择 IWOCS 模式，为了选择处于工作状态的井，应关闭所有树设备。在满足此条件之前，用户需确保系统未选择为工作处理模式。

IWOCS 模式：

MCS 禁用控制、监控和 ESD/PSD 功能，仅显示水下采油树的状态，无法通过 HMI 操作水下采油树。

（5）远程/就地联锁测试。MCS 机柜（物理开关）上的可锁定钥匙开关应允许操作员在两种控制模式之间进行选择：MCS 模式（本地位置的开关），PCS/DCS 模式（在远程位置切换）。

① 远程模式：MCS 无法控制，只能作为监视系统，可从 PCS/DCS 系统进行操作。

② 就地模式：PCS/DCS 系统无法控制，只能作为监视系统，可从 MCS 进行操作。

8. 事件记录功能测试

为了支持系统工程师处理问题，提供与 MCS 应用程序相关的事件日志记录信息，事件记录器将捕获 MCS 应用程序相关事件。具有读取和打印其信息的接口，自动删除超过 365 天的日志文件。在运行时，事件日志数据可以保存在 USB 闪存驱动器、CD 或 DVD 上。

事件记录图界面如图 4-16 所示，在该记录界面可查看 MCS 应用程序相关的事件日志记录信息，确认信息显示完整。

9. 用户权限功能测试

密码访问级别应根据整个 MCS 采用的安全访问理念实现。它们用于抑制界面中可用的某些功能。当用户登录到该用户名时，将根据用户名为其分配访问级别。访问级别的值越高，可用的功能就越多。要更改访问级别，用户必须首先注销，然后重新登录。应该有四个用户名：监视员、操作员、主管和工程师。应根据每个允许的用户的能力和培训，获得必要的详细信息(用户名和密码)，以允许他们在适当的级别登录到系统(图 4-17)。

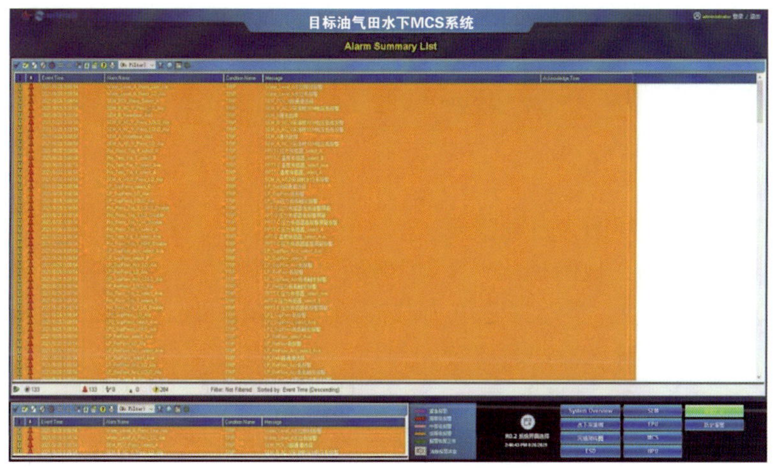

图 4-16 事件记录图界面

FactoryTalk View SE Client Login

Type your user name and password:

User name: OK

Password: Cancel

图 4-17 用户登录界面

用户权限测试表格如表 4-20。

表 4-20 用户权限测试表

用户名	用户权限	权限测试	
Monitor	仅监视	登录及操作	确认
Operator	监视+部分操作	登录及操作	确认
Supervisor	监视+部分操作+设置	登录及操作	确认
Engineer	监视+部分操作+设置+配置+逻辑	登录及操作	确认

4.4.5 MCS 网络性能测试

验证水上系统对水下系统的网络性能，包括灵敏度、可靠性、故障和恢复模式的测试，通过控制系统或提供代表性通信流量/接口的模拟器进行测试。

1. *灵敏度测试*

通过对水下网络的终端设备进行通信响应时延测试，验证系统的灵敏度，主要在全连接的状态后确认。

（1）确认与管汇 SCM 的通信连接：

PING 管汇 SEM A　时延<150ms 通信载波

PING 管汇 SEM B　时延<150ms 通信载波

（2）确认设备光纤（如有）的通信连接：

PING MPFM 的虚拟站 A　时延<10ms

PING MPFM 的虚拟站 B　时延<10ms

2. 故障和恢复模式测试

故障测试主要分为：

（1）上层环网测试，环网为自动恢复。

（2）与水下管汇 SCM，故障模式：手动切换，恢复模式：自动恢复。

① 与管汇 SCM 的连接，手动拔除电力载波的 MODBUS TCP 通信，通信切换功能状态正常，数据正常，确认心跳脉冲记数持续。

确认与 SEM A 通信，确认与 SEM B 通信。

② 与管汇 SCM 的连接，手动拔除以太网口的 MODBUS TCP 通信，通信切换功能状态正常，数据正常，确认心跳脉冲记数持续。

确认与 SEM A 通信，确认与 SEM B 通信。

（3）与水下采油树 SCM：

① 与水下采油树 SEM 的连接，由 HMI 手动切换电力载波的 MODBUS TCP 通信，通信切换功能状态正常，数据正常，确认心跳脉冲记数持续。

确认与 SEM A 通信，确认与 SEM B 通信。

② 与水下采油树 SEM 的连接，由 HMI 手动切换以太网电口通信的 MODBUS TCP 通信，通信切换功能状态正常，数据正常，确认心跳脉冲记数持续。

确认与 SEM A 通信，确认与 SEM B 通信。

3. 可靠性测试

在通信情况下，通信故障率不大于 0.1%。测试计算如下：

通信故障次数/接收的数据包数=故障率

① 与管汇 SCM 的连接，通过电力载波的 MODBUS TCP 通信，计算得出故障率。

与管汇 SCM 的连接，通过以太网口的 MODBUS TCP 通信，计算得出故障率。

② 与采油树 SCM 的连接，通过电力载波的 MODBUS TCP 通信，计算得出故障率。

与采油树 SCM 的连接，通过以太网口的 MODBUS TCP 通信，计算得出故障率。

③ 与 HPU 的 RS485 通信连接，通过 485 的 MODBUS TCP 通信，计算得出故障率。

④ 与 HPU 的 RS485 通信连接，通过 485 的 MODBUS TCP 通信，计算得出故障率。

4.4.6 处理器程序余量测试

在通信已全部连接 DCS、EPU、HPU、水下管汇 SCM、水下采油树 SCM、多相流量计 MPFM 的状态下，确认系统 PLC 的内存余量不低于 50%。如图 4-18 所示。

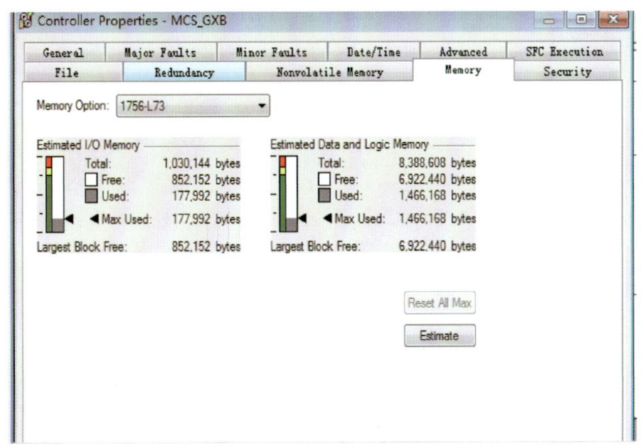

图 4-18 阀门监控界面

4.5 产品认证及测试

MCS 系统研制过程中，开展了产品测试和认证技术的研究。由第三方认证机构对 MCS 产品的设计、制造和测试过程进行验证，通过对产品的相关设计文件进行审核，对设备关键组件的质量文件进行审核，对产品的出厂测试等进行验证与认证，完成产品的测试与认证。

4.5.1 设计审核

第三方认证机构对产品研制总体方案、设计图纸、分析计算说明书等详细设计文件进行审核。并开展 FMECA 分析，评估产品设计的可靠性，对设备的设计提供建议和指导，从而为设备的可靠性及可用性提供保障。

4.5.2 产品建造质量管理体系评估

第三方认证机构对制造商产品建造场地的质量管理体系进行评估，确保产品建造质量。

4.5.3 制造过程的验证与认证

按照第三方认证机构鉴定要求，对如下制造过程检验与试验程序文件，按照不同的审核深度进行审核，并实施现场检验和验证(表 4-21)。

表 4-21 检验与试验程序文件审核深度

序号	检验与试验程序文件	审核深度
1	人员资质、生产工艺文件、设备状态等	R1
2	材料、结构、集成工艺检查	R2
3	上电测试	R2
4	功能检测试验	R2
5	其他	R2

注：R1：审核设计基本原则和方法论；R2：设计文件详细审查。

4.5.4 产品型式验证

MCS 集成制造并调试完成，需第三方认证机构对产品的型式进行核对与查验：
-按系统组成清单及设备证书等核对已组装的元件型号、数量、外观；
-检查制作工艺；
-验证系统组成；
-验证架构配置；
-检查元件性能符合性认证及证书；
-检查相关设计文件、厂家提供的自检测试文件、产品认证证明材料。

4.5.5 产品出厂测试(FAT)验证与认证

根据 FAT 程序，对出厂测试全过程进行见证与验证，并出具第三方认证证书。

4.6 工程化产品简介

本套 MCS 是首个深水工程化产品，设计水深 1500m，设计寿命 20 年，MCS 为水下控制系统的水上部分完整的监控系统，提供完整的控制和监控系统，包括地面和海底安装设备。MCS 与水下 SCM 建立完整的通信网络，以及包含高可靠性 PLC，完成彼此监控，以及获取水下和水下设备的数据功能。同时接收水上部分的各种硬连线 ESD 和报警信号进入 MCS 并进行因果逻辑处理。提供不同协议的通信接口至设施的中控系统(图 4-19)。

图 4-19 MCS 产品示意图

第5章

电力单元工程化研制

电力单元 EPU 用于为其他水下生产控制系统单元设备提供电力，同时对电源质量、供电线路绝缘等进行监控。EPU 通过电缆和水下电力分配系统为水上主控站 MCS、水下控制模块 SCM 和水下路由模块 SRM 提供所需电力，同时对水下 SCM 及 SRM 进行绝缘监测，EPU 中的过滤器和调制解调器使 MCS 与 SCM、SRM 之间的通信信号能够通过动力电缆传输。同时，EPU 监视脐带缆中双路电源的工作状态，以便电路受损时能够隔离电路。水下生产控制系统 EPU 系统应用框图见图 5-1。

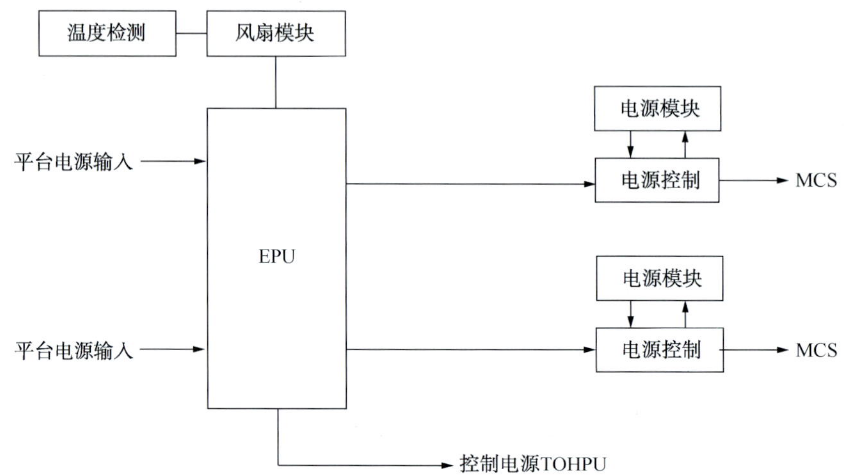

图 5-1　水下生产控制系统 EPU 系统应用框图

本章主要对 EPU 产品的设计、制造、测试、认证等关键技术研究进行说明。通过对水下控制系统的设备负荷、脐带缆链路阻抗模拟、多种工程条件下 SCM 数量与范围进行分析，对供电需求、操作性要求、可用性和易维护性进行深入分析。结合控制系统框图以及目标油气田的实际情况，根据水下脐带缆的长度进行电力损耗计算分析，得出最佳电源电压等级，同时兼顾各种故障安全保护设计，完成水下生产控制系统电力单元 EPU 工程化设计开发和产品制造。

5.1　概述

5.1.1　设备分类、组成

EPU 由硬件和软件系统组成。硬件系统包括 PLC 控制系统、MCS 电源模块、水下 SCM 电源供应模块、水下 SRM 电源供应模块、电力载波通信模组、工业管理型交换机、变压器、机柜冷却装置以及低压电气辅件。软件系统功能由内部 PLC 系统承担，PLC 对 EPU 的供电状态进行数据读取、报警触联锁保护，并上传数据至 MCS 监控。包括但不限于 EPU 运行状态监测、网络通信速率及通信状态监测、系统输入输出模块电流电压功耗等电力参数监控、线路绝缘监测数据读取、过压过流报警、控制系统环境状态监测监控。EPU 系统组成架构图见图 5-2。

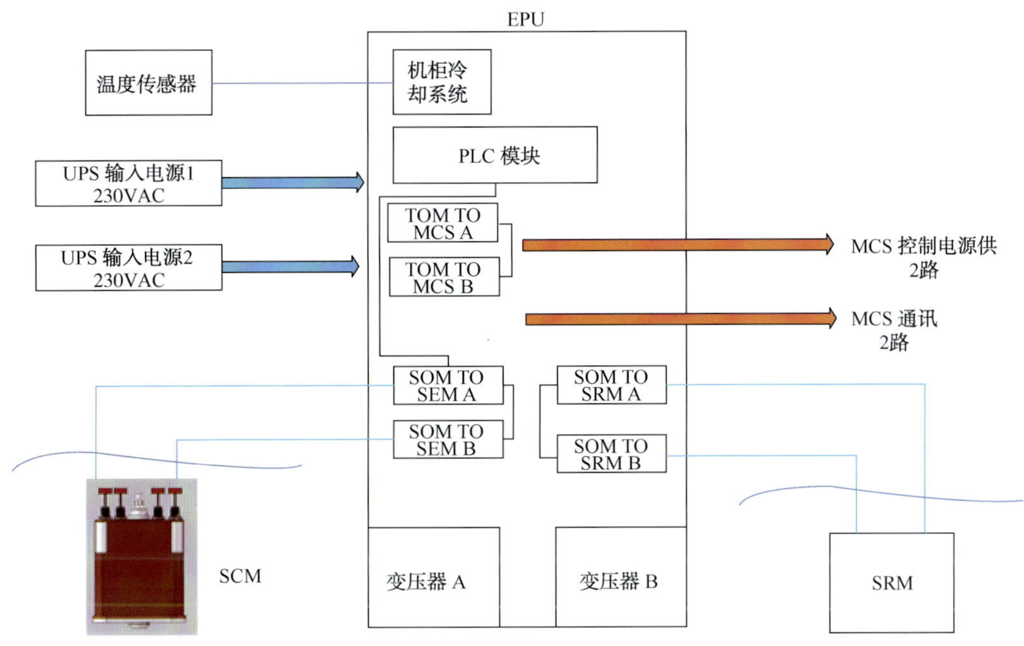

图 5-2 EPU 系统组成架构图

5.1.2 研制依据的主要标准

研制依据的主要标准见表 5-1。

表 5-1 参考标准

标准文件	文件描述
API STD 17F-2017	水下生产控制系统标准
ISO 13628-6	水下生产控制系统设计与操作
ISO 13628-8	水下生产系统上的 ROV 接口
IEC 61508	电气/电子/可编程电子安全系统的功能安全
IEC 61511	过程工业安全仪表系统的功能安全
API RP17A	水下生产系统设计和操作的推荐做法
GB/T 22239—2019	网络安全等级保护基本要求
GB/T 20438—2017	电气/电子/可编程电子安全相关系统的功能安全
GB/T 11634—2000	船用交流低压配电板通用技术条件
GB/T 3783—1994	船用低压电器基本要求
GB 50054—95	低压配电设计规范

5.2 工程化设计技术

本套 EPU 的设计结合气田开发生产的实际情况，以及对水下采油树的监测与控制需求，通过对水上设施 MCS、水下设施 SRM/SCM 的实际工况进行深入分析与计算，根据深水脐带缆和水下控制系统的特性，兼顾水下生产控制系统的电源参数要求、安全保护要求和系统响应特性，完成水下生产控制系统电力单元 EPU 的设计开发和产品制造。

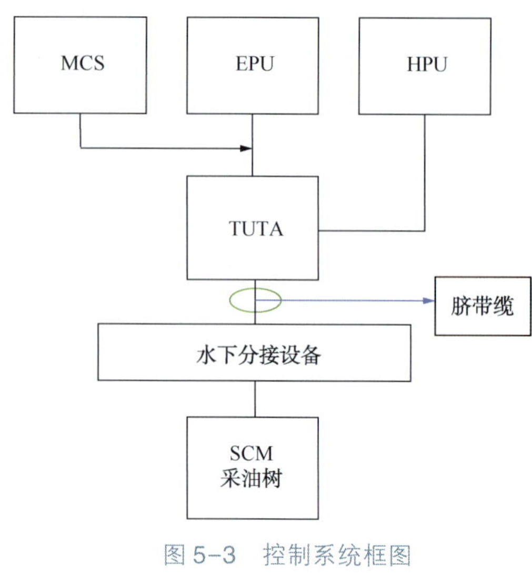

图 5-3　控制系统框图

5.2.1　设计基础

采用水下控制系统实现对气田水下生产系统的监控。该水下控制系统由位于待建的平台的上部控制设备及水下控制设备两部分组成，控制信号、控制用电、液压液以及化学药剂均由电液复合脐带缆从平台上传输至水下，采用电缆通信方式实现上部控制系统与水下控制模块间的通信。控制系统框图见图 5-3。

水下生产系统的监控和管理由安装在海上平台上新增的水下控制系统完成，控制系统主要包括水上和水下两部分，水上部分有：主控制站（MCS）、电力单元（EPU）、液压动力单元（HPU）、脐带缆上部终端（TUTA）等；水下部分有：水下脐带缆终端（SDU）以及安装在水下管汇上的水下控制模块（SCM）、水下路由模块（SRM）等。

通过调研确认目标油气田设施供电与电力监控需求，分析国外主要厂家的电力单元设计特点，在自主设计同时分析借鉴国外产品成熟设计理念，完成总体设计方案，并提交第三方认证单位和总院专家评审。

5.2.2　设计参数

参考国外 EPU 系统集成的技术参数，并结合水下生产系统的需求，定义了如表 5-2 所示的技术参数。

表 5-2　EPU 技术参数

序号	类　　型	规格参数
1	EPU 类型	适用电液复合式水下生产控制系统
2	设计寿命	20 年
3	电源输入	两路 230VAC(±5%)50Hz(±1%)6.5kV・A
4	电源系统监测	直流开关电源冗余、通风自动控制及监测
5	水下 SCM 供应电源输出	230~580V 可调(±5%)50Hz(±1)、电源装置模块化，容量 1.5kV・A
6	水下 SCM 供电回路状态监控	断路器状态、供电故障、输出电流值显示、可调节输出电压值显示、过载保护、带卸流功能、RS485 接口
7	水下 SRM 供应电源输出	230~580V 可调(±5%)　50Hz(±1)、电源装置模块化，容量 3kV・A
8	水下 SRM 供电回路状态监控	断路器状态、供电故障、输出电流值显示、可调节输出电压值显示、过载保护、带卸流功能

续表

序号	类　型	规格参数
9	水上供应输出	230VAC(±5%)50Hz(±1)
10	水上供电回路状态监控	断路器状态、输出电压值显示、线路绝缘监控、过压跳闸报警
11	输入谐波保护响应时间	≤10ms
12	电力载波通信处理单元配置	双路电力载波，89~500kHz 模块化
13	与 MCS 通信方式	双路以太网通信
14	机柜防护等级	IP43
15	运行环境	安装区域：安全区温度：5~40℃湿度：≤90%
16	可用性和可维护性	模块化设计，易更换及维修，抗震设计
17	控制器配置	双路非冗余

5.2.3 设计关键点分析

EPU 系统实现水下控制系统的供电与电力监控功能，具体包括以下部分：

(1) EPU 的供电功能。EPU 由 UPS 供电，给水上 MCS 供电，并通过脐带缆给水下 SCM、SRM 提供电源。

(2) EPU 的网关功能。EPU 配置水下电力载波通信接口，与水下组成通信单元。通信单元包括调制解调器、滤波器，集成在 SOM 模块里。

网关装置既可与 MCS 相连，装置使用多宽带调制解调模式给 MCS 提供通信链路。同时配置通用的 TCP 及 RS485 接口，保证通信协议数据安全传输。

(3) EPU 的监测功能。EPU 系统除供应电源外，内部 PLC 将对系统的供电状态进行数据读取、报警触连锁保护，并上传至 MCS 监控。包含但不限于：

-EPU 运行状态；

-EPU 控制器主备运行状态；

-网络通信速率及通信状态监测；

-系统输入输出模块电流、电压、功耗等电力参数监控；

-线路绝缘监测数据读取；

-过压过流报警；

-控制系统环境状态监控监测。

在 EPU 系统的设计中，难点主要包括配电系统在线绝缘监测保护设计、系统设备的故障检测以及供电可靠性设计。

5.2.4 FMECA 可靠性分析

EPU 系统内部包括很多关键部件，任何一个部件的故障和失效都会对整个单元设备及系统的功能完整性和可靠性带来挑战，这就需要对各个功能部件的失效模式与失效后果进行全面分析，尤其是在海洋环境下的全生命周期的设备失效模式进行分析。因此，在 EPU 系统详细设计过程中，需开展 EPU 可靠性分析，由第三方认证机构对设计进行 FMECA(失效模式影响和关键性分析)评审。

本次 EPU 的 FMECA 分析主要对 EPU 系统的外部供电输入及监测模块、内部供电与监控、MCS 供电模块、SCM 输出模块、与水下 SCM 载波通信模块、SRM 输出模块和机柜结构的设计进行分析论证，识别关键的元件和失效模式，根据现有的重要控制措施，提出设计改进和风险降低措施，提高设备的可靠性。

5.2.5 可靠性设计

EPU 系统关键组件包括变压器、电流变送器、电压变送器、绝缘监测保护装置、过电压及电流保护装置、低压回路电气组件、监测控制器、控制电源、网络交换机等，本次设计中采用 RBD 或 FTA 等故障树分析工具，以验证系统可靠性(图 5-4)。

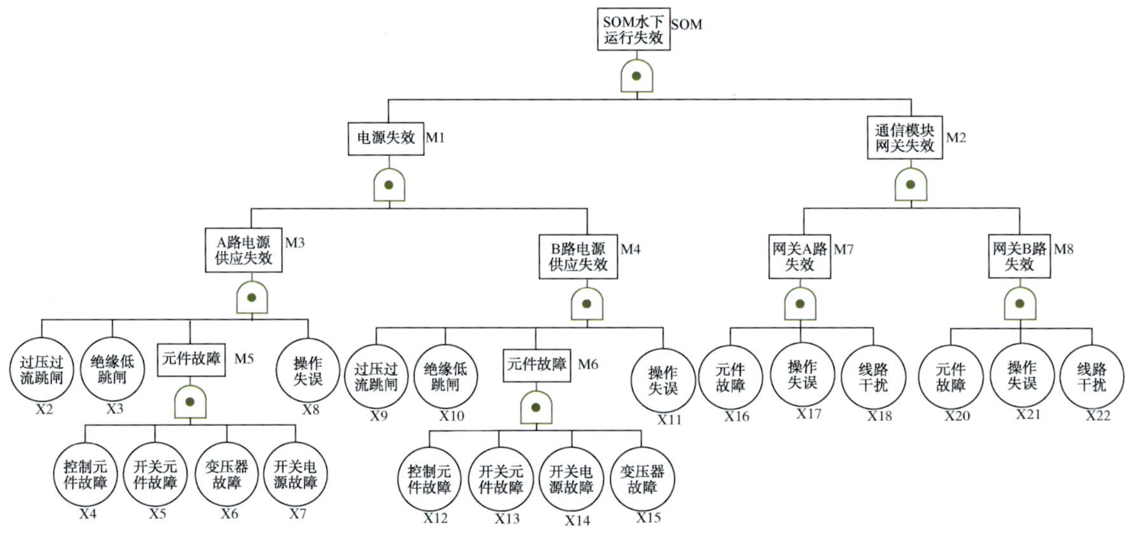

图 5-4 EPU 系统失效性分析树状图

对 EPU 系统及组件的平均故障间隔时间 MTBF 和平均维修时间 MTTR 等可靠性参数指标进行计算和分析，来选定高可靠性的产品，如：PLC、变压器、通信模块、电源模块监测传感器等，采用和借鉴同类器件相关失效数据库并结合 EPU 实际功能要求和系统架构，选用行业高可靠性产品，增加设备诊断覆盖率，回避共因故障，对 PLC、电源输出模块、调制解调器、变压器等设备进行合理布置，配置可靠的散热冷却系统保证系统运行。输出模块可通过优化安装方式提高整个系统的可靠性。

EPU 系统关键组件的选型原则：选择行业中可靠性高的产品，主控制器 PLC 通过 DNV 等认证，其他设备也均有 CE 或 3C 等国家认可的质量证书。通信设备从信息安全角度考虑，选择国产优质品牌。PLC、交换机、开关电源、触摸屏，散热风扇等 MTBF 指标最低均大于 50000h，再考虑系统为双路系统，故设备可靠性能满足整个 EPU 设计使用寿命的需求。

1. 双路电源可靠性设计

EPU 系统的作用是为 MCS、SCM 提供稳定质量的电能，因此，保证电源的可靠性输出是整个系统最重要的环节。

EPU 的电源来自 UPS，从 UPS 中引入两路相互独立的电源进入 EPU 系统，通过两个滤波器向下游设备独立供电，保证下游设备的电能稳定。

双路电源不采用电源切换装置的切换，这种设计方式将避免电源供应受切换装置故障及寿命的制约。采用独立供应的方式，对下游系统进行单独供电，正常情况下，每路电源负责一半的负载。采取此设计方式基于以下考虑：当双路系统中某一路出现故障时，可以断开该路的电源进行维护，同时，另一路保持正常状态，下游设备仍能正常通电，持续工作。对于水下 SCM 的供电，在监测到某一路供电出现故障时，通过报警的方式提示操作人员，必要时操作人员可以直接抽取出故障部分的机箱，更换新的机箱，快速恢复系统，保证水下设备的运行正常。电源分配的原理图如图 5-5 所示。

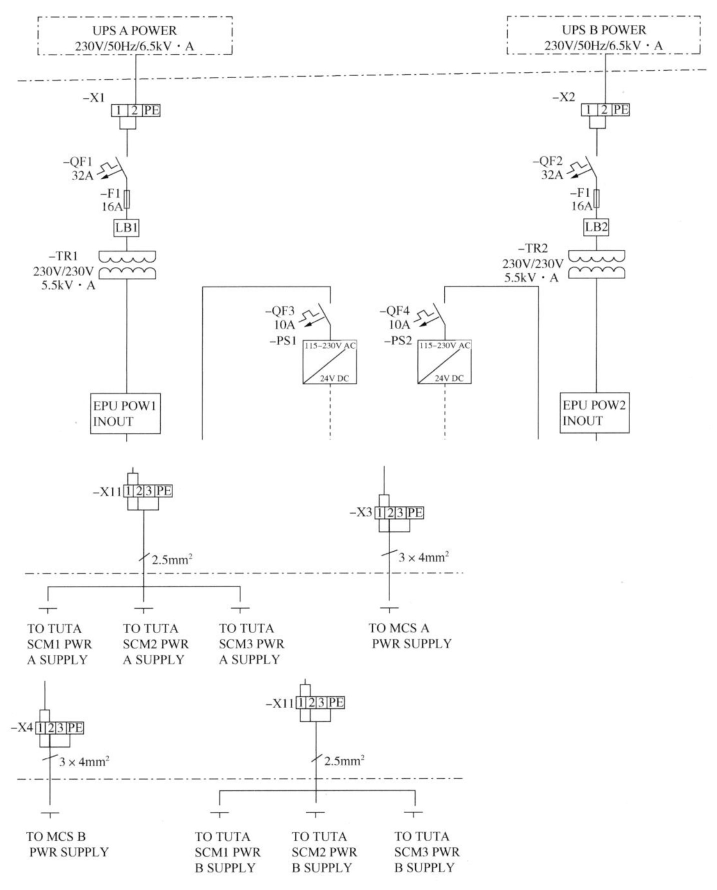

图 5-5 EPU 系统电源分配图

2. 通信冗余可靠性设计

EPU 系统的主 PLC 采用双独立网口的 CPU，支持通用的通信协议。交换机采用导轨式网管型交换机，这类交换机具有体积小、易安装的特点，同时也具备环网功能。将两台 PLC 的 1 个网口分别接入到两台交换机中，两台交换机相互连接之后再接入 MCS 的交换机，形成冗余环网，可提高系统通信的可靠性，如图 5-6 所示。

整个水下控制系统的通信架构图如图 5-7 所示。

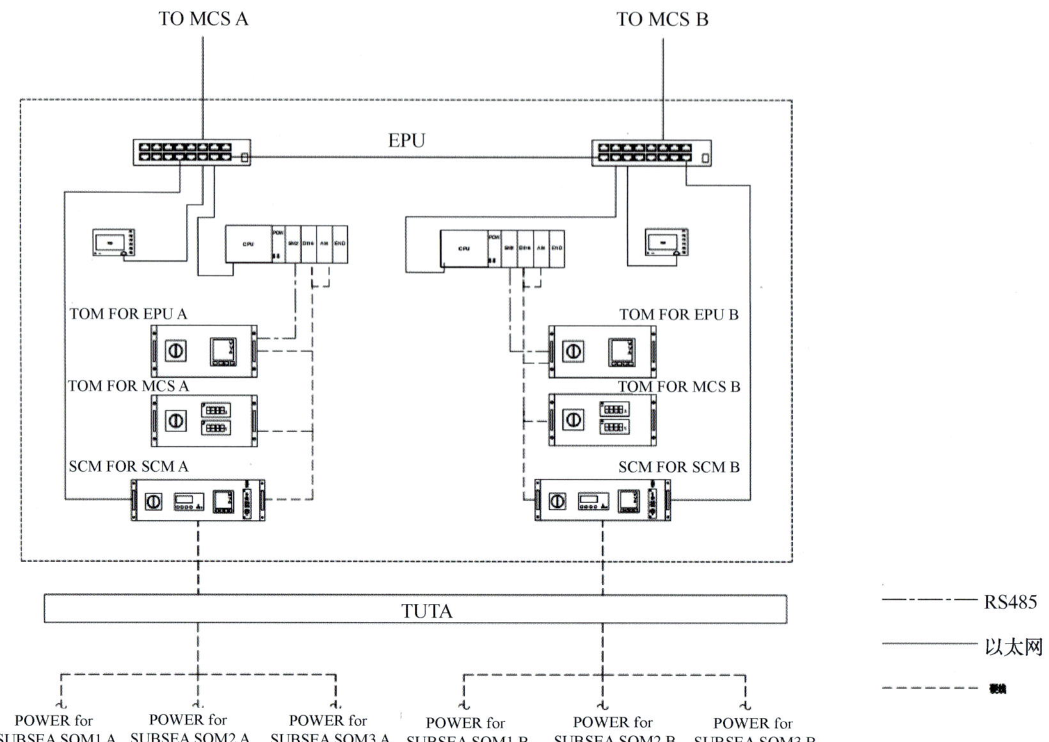

图 5-6 EPU 系统架构图

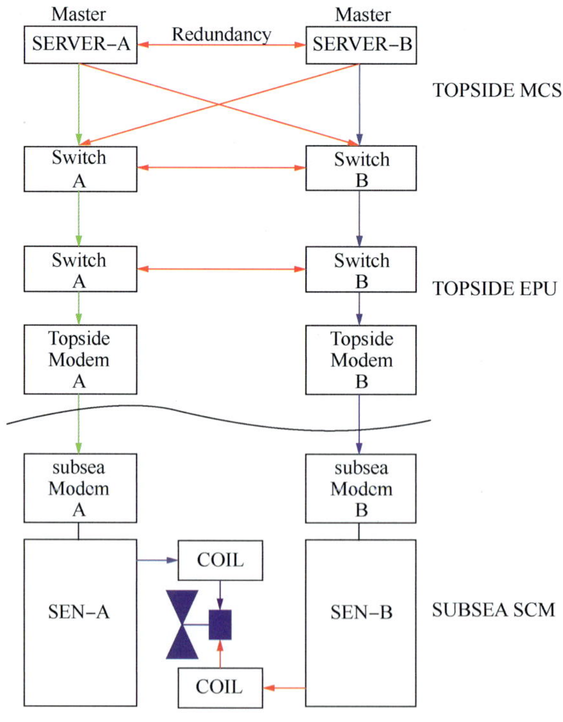

图 5-7 水下控制系统通信架构图

3. 模块结构可靠性设计

EPU 根据功能划分，按独立、可拆卸、模块化的设计原则，将 SCM 供电模块、SRM 供电模块外形设计为一体化机箱。机箱背部用带导向销的浮动插接件引线连接线，达到避免因震动导致插接位置产生偏差。另外，模块内的电气模块以及连接单元采用弹簧式连接，方便接线及维护，在船舶及平台上应用也能起到抗震效果，保证端子接线的稳定性。采用此方式的设计，当某一个模块出现故障时，能够从机柜中将此模块抽取出来，进行维修或更换，此时与之对应的模块仍能正常工作，保证系统的稳定运行，提高可靠性(图 5-8)。

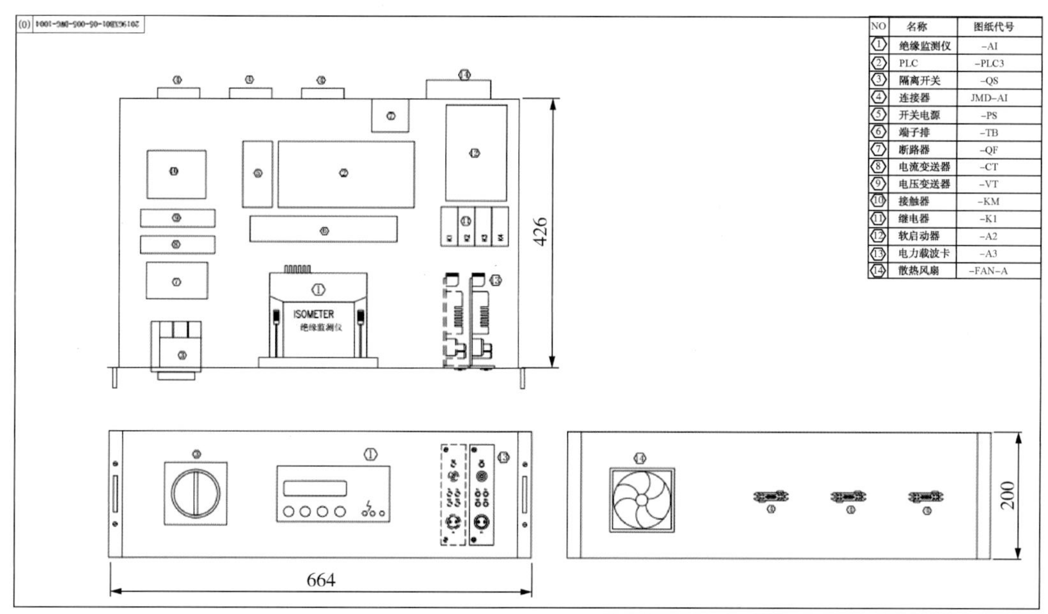

NO	名称	图纸代号
1	绝缘监测仪	-AI
2	PLC	-PLC3
3	隔离开关	-QS
4	连接器	JMD-AI
5	开关电源	-PS
6	端子排	-TB
7	断路器	-QF
8	电流变送器	-CT
9	电压变送器	-VT
10	接触器	-KM
11	继电器	-K1
12	软启动器	-A2
13	电力载波卡	-A3
14	散热风扇	-FAN-A

图 5-8 水下 SCM 供电模块示意图

4. 搭建仿真模型验证可靠性设计

为验证 EPU 对水下系统供电的可靠性，根据实际应用工况及设备链路条件对电力载波通信电路建立等效模型，采用 EPU 电压极值分析方法，主要仿真分析在 SEM 最大负荷、最小负荷水平下 EPU 与 SEM 的电压变化关系，根据 SEM 的电压限值计算出 EPU 电压极值，验证设计的可靠性。

建立等效仿真电路图如图 5-9 所示。

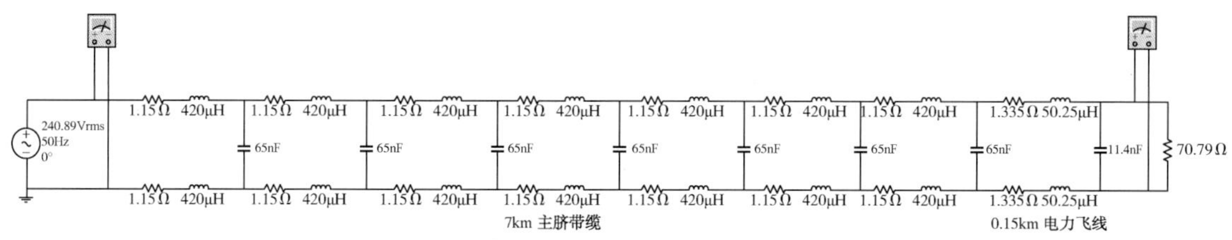

图 5-9 电压极值分析仿真电路示意图

5. 在线绝缘监测

为提高 EPU 对水下设备供电可靠性，及时发现早期故障，对脐带缆中对 SCM 供电缆的绝缘状况进行实时检测与诊断。通过信号检测→特征提取→状态识别→诊断决策过程，监测并保护受电设备，当系统对地的绝缘阻值降至安全值以下时，绝缘监测仪输出报警信号并由系统完成保护动作，原理图如图 5-10 所示。

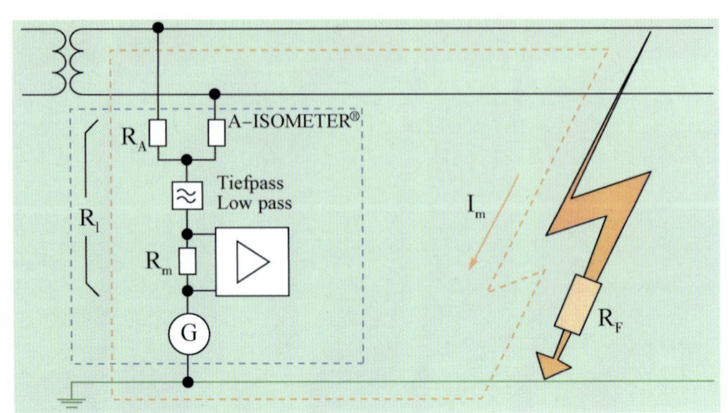

图 5-10　水下供电单元 EPU 绝缘监测原理(示意)

5.3　工程化制造技术

EPU 系统研制过程中，开展了产品集成制造技术的研究。

5.3.1　EPU 控制柜制造工艺要求

根据生产制作工艺与安全规范，设定了如下要求：

序号	名　　称	描　　述
1	柜内元器件布局	美观、易散热
2	柜内布线	信号线与电源分开、不要有弯曲
3	元器件标识	标识清晰、不褪色、稳固、
4	线号	标识清晰、不褪色、稳固、
5	柜内照明	有、门开自动点亮
6	仪表接地	有、稳固
7	安全接地	有、稳固
8	柜子接地	有、稳固
9	柜体散热	风扇风向向外、过滤网
10	柜内 MCT 密封	有

5.3.2　EPU 机柜集成

EPU 机柜安装于控制室内，根据 IP 43 等标准，集成 PLC 控制器、MCS 电源模块、水下 SCM 供电模块、水下 SRM 供电模块、电力载波通信模组、工业管理型交换机、变压器。EPU 装置装配图如图 5-11 所示。

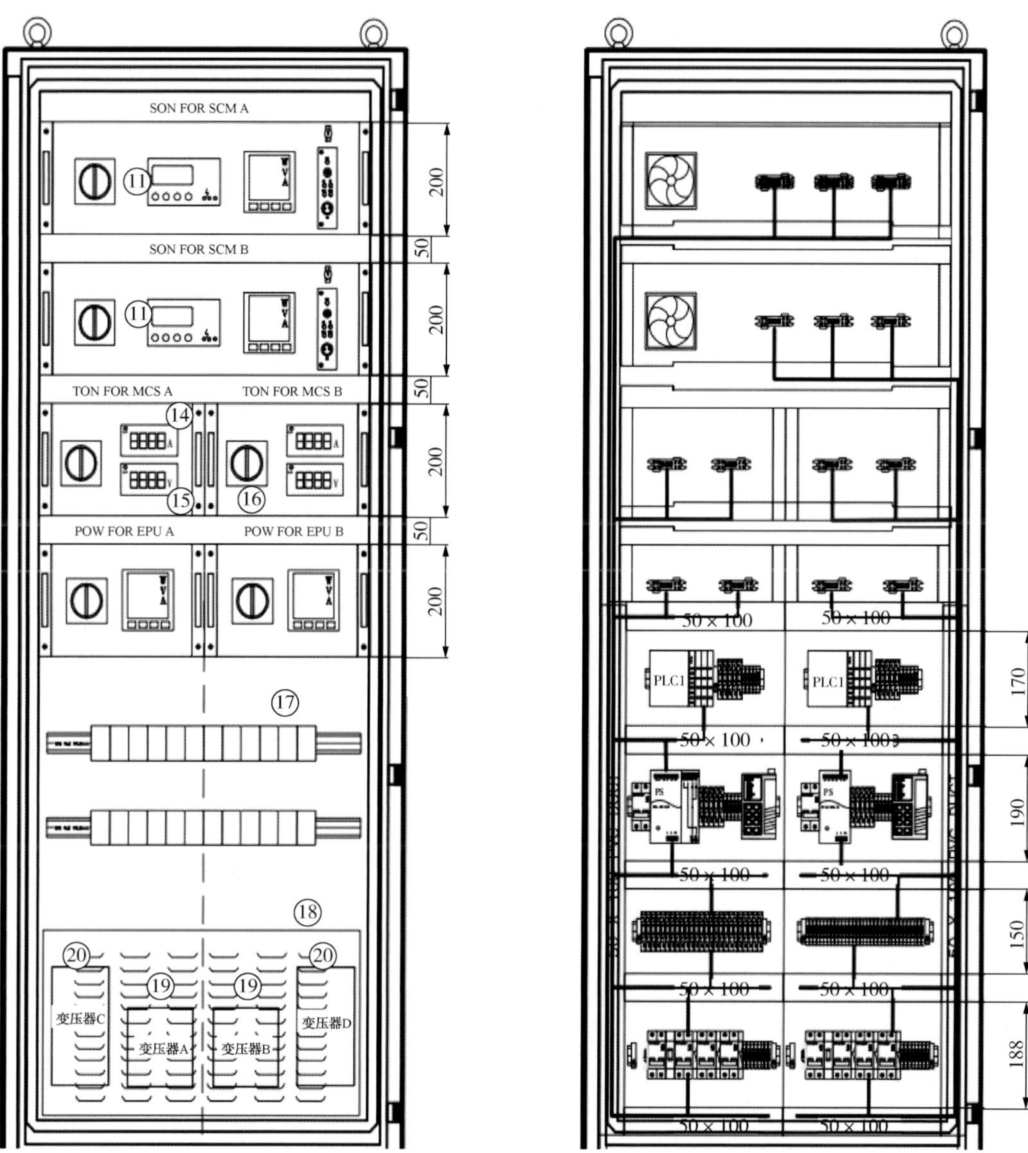

图 5-11　EPU 系统装配图

从图 5-11 可以看出，正面图中最上方的两个机箱为 SCM 供电机箱，分为 A、B 两路。下方三层共 6 个机箱，分为左右两部分，左侧 3 台机箱为 A 路，右侧 3 台机箱为 B 路。在机柜背面的安装板同样用隔板分为左右两部分，左侧为 A 路系统，右侧为 B 路系统。A，B 系统的电线分别走左右两边的线槽，便于维护。

5.3.3 EPU 调试

EPU 制造过程中，需要对安装的电气部件进行调试检查。提供此表是为了允许操作员对可能出现的故障执行基本级别的故障查找。如果需要进一步的协助，操作员应与制造厂家专业工程师联系。

故障类型	可能的原因及解决办法
柜内照明灯不亮	• 检查照明灯断路器是否闭合 • 更换照明灯泡 • 机柜 220V 电源指示灯关闭
柜内温度过高	• 温度调节器设置太高 • 顶装风扇有故障-调节风扇转速控制器以测试 • 门装风扇有故障-确保所有风扇正常运行 • 门风扇开关有故障-检查开关是否处于正确位置 • 顶装风扇断路器断开-检查交流配电回路
EPU 画面数据丢失	• PLC 断电-检查供电回路是否异常 • PLC 未处于运行模式-将钥匙开关旋转置于 RUN 位 • PLC 有故障 • EPU 通信错误 • EPU 通信错误 • EPURIO 出现故障
水下通信丢失	• 调制解调器掉电检查-调制解调器部件中的直流电源是否已打开 • SCM 通信错误-检查 EPU 和 MCS 中所有光纤和以太网交换机是否均已通电。检查是否可以 ping EPU 光纤交换机和 DIGI 端口服务器 • SCM 断电-检查 EPU 是否为海底供电 • SCM 控制器不在扫描范围 • 海底管线控制器断开 • 调制解调器正在发送(Tx)但未接收(Rx)

5.4 测试内容及要求

本节说明了电力单元 EPU 出厂测试过程，说明了进行测试所需的所有测试装置和测试设备。测试的目的是验证 EPU 设备装配和功能的完整性。

5.4.1 测试前准备

1. 机柜外观及装配工艺检查

序号	检查项要求
1	外形尺寸符合柜体图纸要求
2	喷塑颜色符合图纸设计要求，附着均匀，牢固无脱落
3	柜体表面平整美观，无外伤及变形，无不良焊接机毛刺
4	柜体开关门转动灵活无异声，密封条粘贴牢固无脱落
5	柜内安装的线槽、导轨水平无倾斜
6	柜内设备零器件安装螺丝齐全，扭动螺丝无滑丝及损坏
7	电气设备布局合理，散热良好
8	电器设备合格证齐全，外壳无明显的裂纹缺陷及损坏

续表

序号	检查项要求
9	电器件装配规格符合图纸要求(按钮触点按压正常)
10	柜内设备布局合理，易于从正面接近和维修，需要常规操作的和维修的器件，留有足够空间易于使电缆和导线安装其上
11	柜内设备及电器件的均贴上相应标识，序号与设计图纸一致
12	供电回路的主干线线径符合设计图纸要求
13	常规配线线色符合图纸设计要求(颜色及线径)
14	配线端子采用专用压线钳压接，线芯压接牢固无松动
15	柜内的导线原则上均走线槽，不入线槽的导线均有相应缠绕管保护及固定
16	柜内所有保险丝规格符合设计图纸要求并安装到位
17	柜内清洁卫生，干燥，无明显灰尘，无有害物质

2. 测试工具与设备配备

序号	工具与设备	序号	工具与设备
1	测试电脑	5	钳表
2	绝缘监测装置	6	信号发生器
3	耐压测试装置	7	测试用变压器
4	万用表	8	热风枪

5.4.2 一般性测试

1. 接地连续性测试

检查所有门、侧壁、柜顶、旋转框架是否与机柜框架一起接地并且导通性是否小于 1Ω。

2. 绝缘测试

序号	所需检查项	序号	所需检查项
1	确保所有保险丝均已打开	3	测量以下位置绝缘电阻(测试电压：500V)：模块插件间绝缘读数应>1GΩ
2	确保所有主开关都处于 ON 位置		

3. 耐压测试

对 EPU 做耐压测试时需脱开回路上的用电设备。耐压测试时只测主回路，包括电线、开关、端子、连接器。按船舶电气要求，测试电压需为 1000V+额定电压×2，例如项目 EPU 单元。

4. 温升测试

关闭柜门，合上两路主电源，操作开关 TOMFOREPUA 对系统 A 路供电、操作开关 TOMFOREPUB 对系统 B 路供电、操作开关 TOMFORMCSA 对 MCSA 路供电，开启 EPU 监控 PLC 系统，操作开关 SOMFORSCMA 对 SCMA 路供电、操作开关 SOMFORSCMB 对 SCMB 路供电。开启排风扇，运行 4h，记录温度，每小时不上升 1℃。

5. 接地测试

序号	检查项	序号	检查项
1	接地电阻参考值为：<1Ω 导轨与接地铜排 读数应<1Ω	2	门板与接地铜排 读数应<1Ω

6. 机箱内电源模块测试

EPU 机箱内电源输入输出模块分为 EPU 电源输入模块、MCS 电源输出模块、SRM 电源输出模块和 SCM 电源输出模块，每个电源输入输出模块均采取冗余配置。

对每个电源模块箱进行单独测试。

序号	检查项
1	根据电气原理图，检查模块内各个组件的规格（断路器、隔离开关、接触器、继电器、开关电源、电流变送器、电压变送器、电流互感器、泄放电阻等）
2	合上断路器 QF 和隔离开关 QS，用万用表分别测量相应连接器的接线端电阻，读数应为无穷大
3	在 QF 和 QS 合上的状态下，用万用表蜂鸣档测量相应连接器的接线端电阻，阻值应接近 0
4	观察电压表读数，用万用表交流电压挡，测量电压变送器输入端电压值，电压表读数与万用表读数一致（偏差<3%）（如适用）
5	对 EPU 的控制器 IO 模块通道测试，观察相应通道状态需正确接入控制器监控点

在接下来的测试中，电力单元 EPU 内部的电气设备将处于带电状态下。必须确保按照电路图以正确的方式接通所有保险丝。请勿触摸模块的电源部件。

7. 机柜测试

EPU 机柜测试主要检测 EPU 柜内灯、风扇、温湿度仪表、24V 直流电源、MCS 供电回路、SRM 供电回路和 SCM 供电回路功能的连续性和完整性，测试主 PLC IO 通道和 SRM/SCM 变压器温度开关的正常运行。

5.4.3 EPU 系统功能逻辑测试

EPU 系统功能逻辑测试包括电力载波通信测试、EPU 与 MCS 通信测试、ESD 信号测试、给水下供电输出回路绝缘报警测试、给水下供电输出过压过流报警测试和主 PLC 功能测试。

在测试开始前，应确保 EPU 所有机箱的开关及断路器均处于“ON”状态，所有机箱均安装到机柜上且推合到位。

1. 电力载波通信测试

通过 PC 连接 EPU 柜内的载波通信的输出接口，PING 水下 SEM 的 IP，时延不应高于 150ms，错误率不应低于 0.1%。

2. EPU 与 MCS 通信测试

MCS 可通过两路的通信读取 EPU 的运行状态数据，以确保水下的电力稳定供应及及时发现异常，并保证信息的可靠。例如如下的状态数据：

标签名	数据类型	读写类型	描　述
EPU_POW1	BOOL	READ	EPU 输入电源开关状态
MCS_A_BRK	BOOL	READ	MCS 输出电源开关状态
DC1_FL	BOOL	READ	直流 24V 电源状态
FAN_FL	BOOL	READ	机柜风扇控制器报警状态
SCM_A_BRK	BOOL	READ	SCM 输出电源开关状态
SRM_A_BRK	BOOL	READ	SRM 输出电源开关状态
FAN_A_FL	BOOL	READ	SCM 模块风扇故障状态
DC_UNB	BOOL	READ	直流 24V 电源不平衡报警状态
DC_RED	BOOL	READ	直流 24V 电源冗余故障状态
MCS_A_LIM	BOOL	READ	MCS 路绝缘低报警
SRM_A_LIM1	BOOL	READ	SRM 路绝缘低报警(仪表硬点报警)
SRM_A_LIM2	BOOL	READ	SRM 路绝缘低低报警(仪表硬点报警)
SRM_A_TEMP	BOOL	READ	SRM 输出变压器温度高报警
SRM_A_SEBRK	BOOL	READ	SRM 输出模块内部断路器状态
EPU_U_H_ALA	BOOL	READ	EPU 输出电压高报警
EPU_U_L_ALA	BOOL	READ	EPU 输出电压低报警
EPU_I_H_ALA	BOOL	READ	EPU 输出电流高报警
MCS_U_H_ALA	BOOL	READ	MCS 输出电压高报警
MCS_U_L_ALA	BOOL	READ	MCS 输出电压低报警
MCS_I_H_ALA	BOOL	READ	MCS 输出电流高报警
SRM_U_H_ALA	BOOL	READ	SRM 输出电压高报警
SRM_U_L_ALA	BOOL	READ	SRM 输出电压低报警
SRM_I_H_ALA	BOOL	READ	SRM 输出电流高报警
SRM_IR_L_ALA	BOOL	READ	SRM 回路绝缘低报警(模拟量判断)
SRM_IR_LL_ALA	BOOL	READ	SRM 回路绝缘低低报警(模拟量判断)
SRM_A_PROT	BOOL	READ	SRMA 电源输出保护(1=正常，0=切断保护)
SRM_A_STANDBY	BOOL	READ/WRITE	SRMA 绝缘监测状态(1=监测，0=非监测状态)
IR_TEST	BOOL	READ/WRITE	绝缘检测仪允许进入自检模式(1 为允许，0 为不允许)
EPU_U_H_SET	WORD	READ/WRITE	EPU 输出电压高设定值
EPU_U_L_SET	WORD	READ/WRITE	EPU 输出电压低设定值
EPU_I_H_SET	REAL	READ/WRITE	EPU 输出电流高设定值
MCS_U_H_SET	WORD	READ/WRITE	MCS 输出电压高设定值
MCS_U_L_SET	WORD	READ/WRITE	MCS 输出电压低设定值
MCS_I_H_SET	REAL	READ/WRITE	MCS 输出电流高设定值
SRM_U_H_SET	WORD	READ/WRITE	SRM 输出电压高设定值
SRM_U_L_SET	WORD	READ/WRITE	SRM 输出电压低设定值
SRM_I_H_SET	REAL	READ/WRITE	SRM 输出电流高设定值
SRM_IR_L_SET	WORD	READ/WRITE	SRM 回路绝缘低设定值(模拟量判断)
SRM_IR_LL_SET	WORD	READ/WRITE	SRM 回路绝缘低低设定值(模拟量判断)

续表

标签名	数据类型	读写类型	描　　述
iVAR	WORD	READ/WRITE	SCM 输出电压挡选择
COM_STATUS	WORD	READ	SCMPLC 通信状态标志
EPU_Vol	REAL	READ	EPU 输入电压
EPU_Curr	REAL	READ	EPU 输入电流
MCS_Vol	REAL	READ	MCS 输出电压
MCS_Curr	REAL	READ	MCS 输出电流
SRM_Vol	REAL	READ	SRM 输出电压
SRM_Curr	REAL	READ	SRM 输出电流
SRM_IR	REAL	READ	SRM 输出绝缘值
TEM	REAL	READ	机柜温度值

SCM 供电的参数系统的关键，对 SCM 的供电水上部分应有充分的状态数据及保护措施，参考如下的数据需求及设定点，并完成功能测试。

标签名	数据类型	读写类型	描　　述
SCM_A_SEBRK	BOOL	READ	SCM 输出模块内部断路器状态
SCM_A_TEMP	BOOL	READ	SCM 输出变压器温度高报警
SCM_A_LIM1	BOOL	READ	SCM 路绝缘低报警(仪表硬点报警)
SCM_A_LIM2	BOOL	READ	SCM 路绝缘低低报警(仪表硬点报警)
SCM_A_PROT	BOOL	READ	SCM 电源输出保护(1=正常，0=切断保护)
SCM_A_STANDBY	BOOL	READ/WRITE	SCM 绝缘监测状态(1=监测，0=非监测状态)
SCM_A_START	BOOL	READ/WRITE	SCM 软启动器启动(1=启动，0=停止)
SCM_U_H_ALA	BOOL	READ	SCM 输出电压高报警
SCM_U_L_ALA	BOOL	READ	SCM 输出电压低报警
SCM_I_H_ALA	BOOL	READ	SCM 输出电流高报警
SCM_IR_L_ALA	BOOL	READ	SCM 绝缘低报警
SCM_IR_LL_ALA	BOOL	READ	SCM 绝缘低低报警
SCM_IR_TEST	BOOL	READ/WRITE	绝缘检测仪允许进入自检模式(1 为允许，0 为不允许)
SCM_U_H_Set	WORD	READ/WRITE	SCM 输出电压高设定点
SCM_U_L_Set	WORD	READ/WRITE	SCM 输出电压低设定点
SCM_I_H_Set	REAL	READ/WRITE	SCM 输出电流高设定点
SCM_IR_L_Set	WORD	READ/WRITE	SCM 绝缘低设定点
SCM_IR_LL_Set	WORD	READ/WRITE	SCM 绝缘低低设定点
iVAR	WORD	READ/WRITE	SCM 输出电压挡选择
COM_STATUS	WORD	READ	SCM PLC 通信状态标志
SCM_Vol	REAL	READ	SCM 输出电压
SCM_Curr	REAL	READ	SCM 输出电流
SCM_IR	REAL	READ	SCM 输出绝缘值

3. SRM/SCM 供电回路报警测试

SRM/SCM 供电回路报警测试包括：

-供电回路绝缘值低低(ALARM2)报警测试；

-电流过高报警测试；

-电压过高报警测试；

-电压过低报警测试。

5.5 产品认证及测试

EPU 系统研制过程中，开展了产品测试和认证技术的研究。由第三方认证机构对 EPU 产品的设计、制造和测试过程进行验证，通过对产品的相关设计文件进行审核，对设备关键组件的质量文件进行审核，对产品的出厂测试等进行验证与认证，完成产品的测试与认证。

5.5.1 设计审核

第三方认证机构对产品研制总体方案、设计图纸、分析计算说明书等详细设计文件进行审核。并开展 FMECA 分析，评估产品设计的可靠性，对设备的设计提供建议和指导，从而为设备的可靠性及可用性提供保障。

5.5.2 产品建造质量管理体系评估

第三方认证机构对制造商产品建造场地的质量管理体系进行评估，确保产品建造质量。第三方认证机构审核的要素如下：

1	质量管理体系内审及管理评审	8	人员资质及工艺文件
2	质量计划及 QA/QC 文件书	9	制造过程控制
3	顾客满意度、反馈抱怨记录	10	不合格品管理
4	设计过程的质量控制	11	进料检验、过程控制及最终检验
5	采购过程控制	12	QC 文件管控
6	分包商控制	13	其他相关要素
7	检验试验能力及设备检定		

5.5.3 制造过程的验证与认证

EPU 的第三方认证机构对如下制造过程检验与试验程序文件，按照不同的审核深度进行审核，并实施现场检验和验证。R1：审核设计基本原则和方法论；R2：设计文件详细审查。

序号	检验与试验程序文件	审核深度	序号	检验与试验程序文件	审核深度
1	人员资质、生产工艺文件、设备状态等	R1	4	功能检测试验	R2
2	材料、结构、集成工艺检查	R2	5	其他	R2
3	上电测试	R2			

5.5.4 产品型式验证

EPU 集成制造并调试完成，需第三方认证机构对产品的型式进行核对与查验：
-按系统组成清单及设备证书等核对已组装的元件型号、数量、外观；
-检查制作工艺；
-验证系统组成；
-验证架构配置；
-检查元件性能符合性认证及证书；
-检查相关设计文件、厂家提供的自检测试文件、产品认证证明材料。

5.5.5 产品出厂测试(FAT)验证与认证

根据制造厂家提供的 FAT 程序，对出厂测试全过程进行见证与验证，并出具第三方认证证书(图 5-12)。

图 5-12 EPU 出厂测试

5.6 工程化产品简介

本套 EPU 是首个深水工程化产品，设计水深 1500m，设计寿命 20 年，通常由所依托的水上设施 UPS 系统提供两路冗余供电，经内部分配、交直流转换、电源电压转换后给水下控制系统各用电单元供电，内部需配置安全保护设备以确保在电力故障或操作失误情况下对人员及设备的保护。将应用于南海水域，是水下控制系统的关键组成设备(图5-13)。

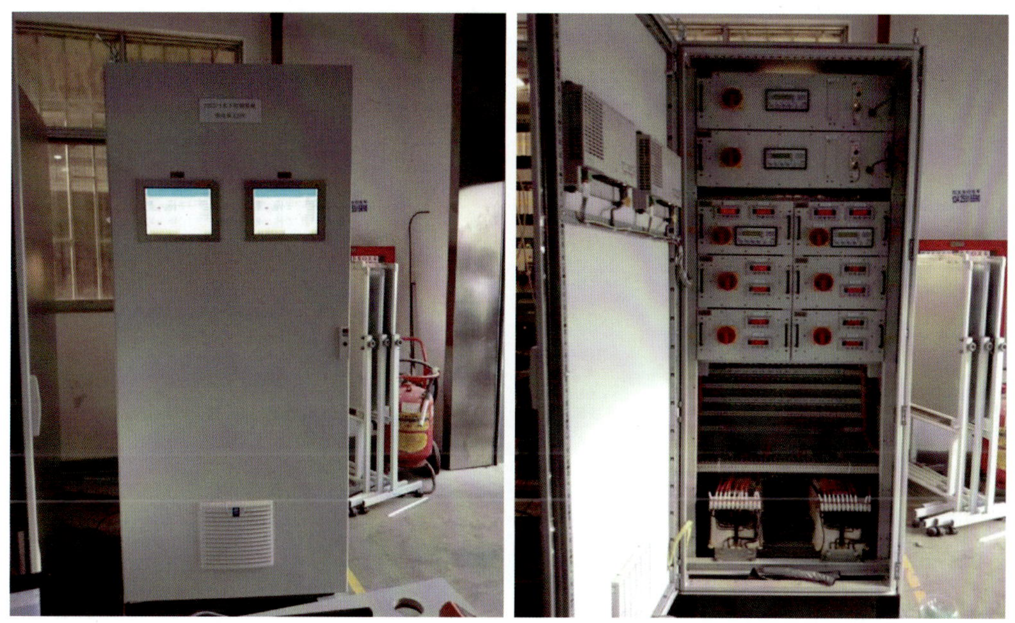

图5-13 EPU产品示意图

第6章

水下控制模块工程化研制

水下控制模块(SCM，Subsea Control Module)是水下控制系统的关键部件，它通过接收水上设施主控站 MCS 控制信号来控制 SCM 内部 DCV 的开闭，来实现对安装于采油树及流程中各种功能阀的开闭，同时将分布于采油树及流程中的各种传感信号集中处理后传输到水上设施主控站 MCS 中。各种信号包括井下温度压力，采油树中的压力温度、油嘴开度、化学试剂的流量，管汇温度压力、多相流量信息等。为了保证系统的可靠性，除了采用性能可靠的元件外，冗余设计也是水下控制模块设计的一个特点。根据项目需要，水下控制模块可能还将承担其他水下装置信号的监测与传输功能。

本章先简要介绍电液复合式 SCM 的组成，按照研制过程顺序，对研制的用于水下采油树及水下管汇研发的电液复合式 SCM 产品进行介绍，并对产品测试内容及要求进行了阐述。本章下文中所述 SCM 均指电液复合式 SCM。

6.1 概述

目前国际上主流的水下控制系统生产厂家有 Onesubsea、TechnipFMC，Aker Solutions、GE 等。其产品涵盖了电液复合式以及全电式。其中电液复合式 SCM 已经在国际水下工程项目普遍使用，全电式 SCM 则处于工程试用阶段，还未大规模普及应用。

相比国外，国内水下控制系统起步较晚，从“十一五”开始前期技术研究。在“十二五”期间开展了电液复合式 SCM 原理样机及全电式水下控制模块原理样机的研制。经过“十三五”期间的攻关，完成了电液复合式水下控制模块工程样机研制。“十四五”期间正在将研制产品在渤海浅水油气田和南海深水油气田分别开展工程试用。

水下控制模块是水下生产系统的水下控制中心，一方面接收主控站的命令，另一方面采集水下传感器数据和执行控制命令，由以下主要部分组成。

(1) 外壳。外壳保护内部的液压阀组、低压蓄能器、返回补偿器、电子模块和内部仪表。它的底部通过法兰与基板连接，液压阀组通过螺栓与基板连接，电子模块位于液压阀组之上。

(2) 基板。它位于 SCM 底部。液压耦合器、电气连接器、锁紧机构等与 SCMMB(SCM Mounting Base)的连接界面位于基板上。

(3) 锁紧机构。它位于基板中心，包括螺杆(螺杆穿过 SCM 中心到达 API 17D 锁紧桶)。锁紧机构由 ROV 扭矩工具进行操作。

(4) 水下控制模块基座。水下控制模块基座安装在采油树或管汇上，为水下电液分配系统和 SCM 的连接提供界面。

(5) 液压系统。包括液压阀组、高低压过滤器、低压蓄能器、返回补偿器、高低压流量计、压力变送器。

(6) 水下电子模块。水下电子模块包括硬件和软件。为了获取高的可靠性和灵活性，硬件包括多个微处理器和电力供给单元。配置两个独立的防水隔离；为了未来扩展需要，SEM 应有一定的备用内存容量。应遵循国际标准，减少 SEM 与传感器、换向阀的接口形式。SEM 采用标准化设计，保证互换性。

SEM模块硬件由内部板卡和外部板卡组成。外部板卡负责通信信号的转换。它主要由电源滤波器、动力单元、调制解调器组成。内部板卡负责处理信号，控制水下设备。它主要由中央处理单元、模拟输入、数字输出、串行输入/输出等组成。内部板卡：中央处理单元负责接收处理信号和发送水下设备控制命令。模拟输入单元主要是将外部传感器的数据转换为数字信号(温度压力变送器、液位传感器、两个流量计、一个电动调节阀、变频器控制信号)。数字输出单元主要提供脉冲控制电磁阀组，进而控制水下阀门。串行输入/输出负责SCM内部传感器和流量计信号的传输。

为实现对水下钻完井系统和水下生产系统控制和监测，采油树或管汇上必须设置SCM。在采油树上的SCM，收到MCS的指令后，驱动水面控制井下安全阀(SCSSV)、生产主阀(PMV)、生产翼阀(PMV)、环空主阀(PWV)、环空翼阀(AMV)、连通阀(XOV)、生产油嘴阀(PCV)、海管隔离阀、井下化学药剂注入阀、化学药剂注入阀(CIV)等，并反馈这些阀门的位置信息。

井下、生产通道、环空通道的温度和压力数据被传感器采集后，发送到SCM，最终数据显示在MCS。通过电液跨接线，设置在采油树上的SCM可以控制跨接管和管汇的仪表或阀门。

SCM设计的主要依据有：

① API STD 17F Standard for subsea production control systems

② ISO 13628-6 Petroleum and natural gas industries-design and operation of subsea production systems-Part 6：subsea production control systems

③ IEC 61892-3Mobile and fixed offshore units-electrical installations-Part 3：equipment

④ IEC 60533 Electrical and electronic installations in ships-electromagnetic compatibility (EMC)-Ships with a metallic hull

⑤ IEC 61000-2 Electromagnetic compatibility(EMC)-Part 2：Environment

⑥ IEC 60068-2-1 Environmental testing-Part 2-1：Tests-Test A：Cold

⑦ IEC 60068-2-2 Environmental testing-Part 2-2：Tests-Test B：Dry heat

⑧ IEC 60068-2-27 Environmental testing-Part 2-27：Tests-Test Ea and guidance：Shock

⑨ IEC 60068-2-34 Environmental testing-Part 2-34：Tests-Test Fd：Random vibration wide band-General requirements

⑩ IEC 60068-2-34 Environmental testing-Part 2-34：Tests-Test Fh：Vibration，broadband random and guidance

⑪ IEC 60068-2-47 Environmental testing-Part 2-47：Tests-Mounting of specimens for vibration impact and similar dynamic tests

⑫ IEC 61000-4-16 Electromagnetic compatibility(EMC)-Part 4-16：Testing and measurement techniques-Test for immunity to conducted，common mode disturbances in the frequency range 0 Hz to 150 kHz

⑬ IEC61000-4-6 Electromagnetic compatibility(EMC)-Part4-6：testing and measurement techniques-immunity to conducted disturbances，induced by radio-frequency fields

⑭ IEC 61000-4-5 Electromagnetic compatibility(EMC)-Part4-5：testing and measurement techniques-surge immunity test

⑮ SAE AS 4059 Aerospace Fluid Power-Cleanliness Classification for Hydraulic Fluids

如图 6-1 所示，OneSubsea(Cameron)公司的 SCM 整体采用方形结构，单锁形式，液压蓄能器及水深补偿装置安放在 SCM 壳体外部。ROV 水下插拔电接头采用水平安放形式。

如图 6-2 所示，Aker Solutions 公司单锁 SCM 外形为圆筒状，高低压蓄能器、水深补偿器置于圆筒内部，回流补偿装置液放置在 SCM 圆筒内。单锁结构顶部锁紧机构配有 ROV 扭矩扳手接口。最多可安放 6 个 ROV 插拔电接头。电接头采用垂直安放形式；SCM 底板/SCMMB 最多可安放 12 个电接头。

图 6-1　OneSubsea 公司 SCM 外形图

图 6-2　Aker Solutions 公司 SCM 外形图

如图 6-3 所示，FMC 公司 SCM 的总体形式和 Aker Solutions 相似，FMC 也采用圆筒形状，蓄能器、回流补偿装置皆在 SCM 圆筒内。也采用单锁结构。最多可安放 5 个 ROV 插拔电接头。电接头采用垂直安放形式，SCM 底板/SCMMB 最多可安放电接头数量未知。

图 6-3　FMC 公司 SCM 外形图

如图 6-4 所示，GE 维高公司 SCM 的外形为方形筒状，液压蓄能器在 SCM 圆筒内。单锁结构，锁紧轴杆上部有六方扭矩扳手接口，其顶部是类似于 ISO 13628-8 A 型的提升接口，用于同水下安装回收工具的栓接。ROV 插拔电接头在 SCM 圆筒顶部，采用垂直安放形式。

如图 6-5 所示，Aker Solutions 公司双锁 SCM 的整体形式类似于 OneSubsea 公司的 SCM，外形为长方形。液压蓄能器、水深及液压回流补偿装置皆安放在 SCM 壳体外部。SCM 同 SCMMB 的锁紧采用双锁结构，放置于 SCM 的两侧，以平衡来自液压接头的分离力。SCM 中部有 ISO 13628-8 A 型蘑菇状芯轴接口，用于同水下安装回收工具的栓接。

ROV 插拔电接头为水平放置；SCM 底板/SCMMB 最多可安放 4 个电接头。

SCM 产品包括 SCM 本体、SCM 基座以及 SCM 安装工具，其研发的关键技术环节包括：总体方案设计技术、机械结构设计技术、液压系统设计技术、电气系统设计技术、关键核心部件设计及制造技术、密封设计技术、装配连接技术、测试装备研制技术、测试及认证技术等。其中每个环节中又存在若干关键技术点。

图 6-4　GE 公司 SCM 外形图

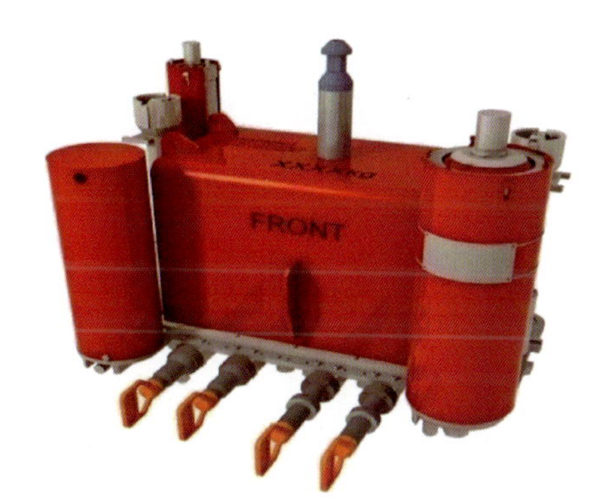

图 6-5　Aker Solutions 公司双锁 SCM 外形图

6.2　测试内容及要求

6.2.1　性能鉴定测试

1. 液压系统组件性能测试

水下控制模块的液压系统性能鉴定测试内容，根据实际使用情况包括静水压测试、液压控制回路内部泄漏测试和功能连续性测试。

(1) 内部静水压测试。此项测试目的是为了验证水下控制模块内部各液压组件集成后的压力性能完整性。液压高压回路和低压回路分别进行测试。

测试压力值与设计压力值相关，如表 6-1 所示，如设计压力为 1500psi，则测试压力值为 2225psi。

表 6-1　设计压力值与净水压测试值关系表

典型设计压力值			静水压测试压力值		
MPa	bar	psi	MPa	bar	psi
10.3	103	1500	15.5	155	2250
20.7	207	3000	31.1	311	4500
34.5	345	5000	51.8	518	7500

续表

典型设计压力值			静水压测试压力值		
MPa	bar	psi	MPa	bar	psi
51.7	517	7500	77.6	776	11250
69.0	690	10000	103.5	1035	15000
103.5	1035	15000	155.0	1550	22500
137.9	1379	20000	172.5	1725	25000
172.4	1724	25000	215.5	2155	31250

为了避免在净水压测试中损坏系统中的敏感性压力元件(如蓄能器、过滤器)，这些元件可以在压力测试前从液压系统中予以拆除。但所拆除的压力敏感性元件必须在产品出厂前已做过相关压力测试，压力测试值要不小于水下控制模块液压系统所确定的净水压力测试压力值。

水下控制模块完成液压系统的静水压测试后，在进行液压控制回路内部泄漏测试前，这些敏感性压力元件需重新安装到系统中。

内部静水压测试通过标准：持续时间最小 10min；测试过程中，系统各管、阀等部件外部无可见漏液。

测试过程中压力值的记录，可人工定时记录压力值并填写记录表，也可以采用自动压力读取并绘制压力值曲线。测试整个过程中，实际压力值不能低于设定压力值，同时实际压力值的升高比率，每小时不能超过设定值的 3%。

(2) 外部静水压测试。此项测试的目的是验证水下控制模块的结构完整性，即验证水下控制模块在水下运行的水压补偿系统组件的性能及整体密封的可靠性。

外部水压测试的设置压力值为水下控制模块设计水深压力值的 1.1 倍。

根据水下控制模块设计在水中实施下放、回收的速率(最小 12bar/min)。模拟测试升压安全系数设定为 2，降压安全系数设定为 3，即设置升压速率值最小 24bar/min，设置降压速率值最小 36bar/min。

外压测试要至少做 3 个循环，每个循环从环境压力开始，升压到测试压力，再从测试压力降压到环境压力结束。测试过程中，升压到测试压力后保持压力的累积时间要不小于 6h。

外部静水压测试通过标准：水下控制模块出舱后外观检测结构无形变损坏、无漏液；排油过程中前、中、后各取样一次，做含水量检测，含水量不超过规定值；水下控制模块开盖后，外观检测内部各功能部件无形变损坏、无漏液。

(3) 静水压内部泄漏测试。此项测试的目的是验证水下控制模块液压系统内部泄漏率。

测试压力值为控制系统设计压力值，被测试的液压系统回路从水下控制模块输入液压接头，到每路 DCV 阀的输出口所连接液压接头(DCV 阀关闭状态)或到每路 DCV 阀的回流口所连接液压接头(DCV 阀开阀导通状态)。

在液压回路的输入端加恒定的压力至少 10min，恒压过程中在液压回路的输出端采集漏液，并量测。

也可以锁定液压源，实时监控水下控制模块输入端压力衰减并记录，利用测试设备采集压力数据，在专用软件上实时显示压力衰减值，并能清楚直观地看到压力损失值与泄漏量值。

静水压内部泄漏测试通过标准：每个阀每分钟内所采集的漏液量小于0.2mL。

(4) 功能连续性测试。此项测试目的是检测液压系统相关组件是否有因加工、安装集成缺陷所引起的功能失效，以及是否有因设计缺陷所引起的功能失效。

此项测试主要内容即在水下控制模块加压到设计压力值后，操作DCV阀，测试水下控制模块液压输出控制功能，并实时监测系统输入压力、DCV阀出口压力、系统回流压力，以及液压回路流量值(如安装有流量计则监测)。可在静水压外压测试和内部泄漏测试阶段完成此项测试内容。

测试中如发现故障问题，需记录分析，根据不同原因，或进行设计完善，或更换部件，或重新加工部件，系统重新装配后再次测试验证。

(5) 最小和最大设计温度测试。水下控制模块的内部液压系统各功能部件的允许工作温度范围，需涵盖水下控制模块的设计温度范围，且原厂家需提供相关温度测试记录或质量证明文件。

2. 水下光、电设备性能测试

此项测试目的是验证设备在运输、装卸、安装过程中，及在运行环境中，设备整体结构能够坚固可靠。验证通过相应的环境应力测试，被测设备没有损坏，且没有功能性指标的降低。

水下控制模块内关键设备水下电子模块(SEM)要依据API-17F标准中所明确的Q2等级完成相应的冲击和振动测试。

SEM需要在通电且能持续对其进行监控的状态下完成随机振动测试和温度测试。

需要配置与实际应用所类似的辅助测试设备接入SEM的I/O通道，同时运行与其配套的专用软件实时监控SEM的各项状态参数并记录，如SEM处理器温度值、IO卡件状态、处理器内存利用率值、SEM通信状态、所采集的模拟量值、所采集的模拟水下仪表参数值等。

通过测试过程中所持续记录的各参数信息，验证是否存在间歇性短时间发生的故障情况。

(1) 冲击测试。SEM在测试台安装固定时，SEM的安装状态应与其在水下控制模块中的状态相同，测试用夹具固定SEM的方式应与其在水下控制模块中固定的方式类似。

冲击测试要在3个轴向六个方向进行，每个方向做4次冲击测试。3个轴向互相垂直，其中一个轴向要尽量与SEM内控制卡件电路板的板面垂直。

冲击测试的设定参数为Q2：10g加速度，11ms半正弦。

冲击测试通过标准：测试后SEM外观检测没有损坏及扭曲变形；SEM上电测试各项功能正常。

(2) 温度测试。依据水下控制模块的设计温度，被测设备需分别完成温度最高值和温度最低值环境下的连续48h测试，以及最低值和最高值之间最少10次循环温度环境下的测试。

测试过程中被测设备需一直上电，并模拟实际运行情况加载负荷。

对于被测设备所具有的功能，需持续测试，如通信、数据采集、控制输出等。过程中如发现有功能缺陷，则测试中止，故障排除后重新测试。

在每次测试开始和结束前，需对被测设备进行一次断电/上电的操作，以模拟被测设备可以在不同温度环境下的冷启动能力。

每次热循环试验过程要求如下：

① 环境温度从最低设计温度值，每分钟最少 5℃递增加温，一直到设计温度最大值。

② 环境温度保持在最高设计温度最少 30min。

③ 环境温度从最高设计温度值，每分钟最少 5℃递减降温，一直到设计温度最小值。

④ 环境温度保持在最低设计温度最少 30min。

（3）振动测试。SEM 在测试台安装固定时，SEM 的安装状态应与其在水下控制模块中的状态相同，测试用夹具固定 SEM 的方式应与其在水下控制模块中固定的方式类似。

冲击测试要在 3 个轴向六个方向进行，每个方向做 4 次冲击测试。3 个轴向互相垂直，其中一个轴向要尽量与 SEM 内控制卡件电路板的板面垂直。

要分别配置振动传感器安装在振动台和 SEM 上，安装在 SEM 外表面的传感器只用于监测，不能用于控制。

扫频参数设置如下，也可参考图 6-6 扫频加速度与机械振动频率：

-5~25Hz，限定位移正负 2mm；

-25~150Hz，5g 加速度。

扫频速率不能超过每分钟 1 倍频程。

扫频振动测试通过标准：测试后 SEM 外观检测没有损坏及扭曲变形；SEM 各项监控功能测试正常；在扫频 5Hz 到 150Hz 过程中，不能有超过机械放大系数 10 的共振发生。

扫频测试通过后，再选取一个轴向进行随机振动耐久性振动测试，测试时间持续 2h。

扫频参数设置如下，也可参考图 6-7 随机振动加速度频谱密度：

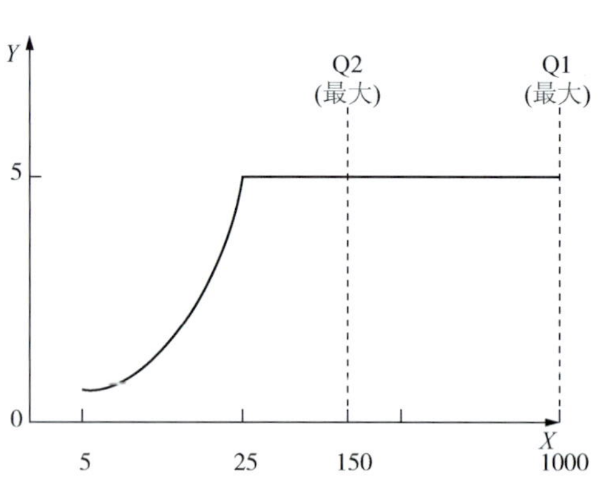

图 6-6　扫频加速度与机械振动频率

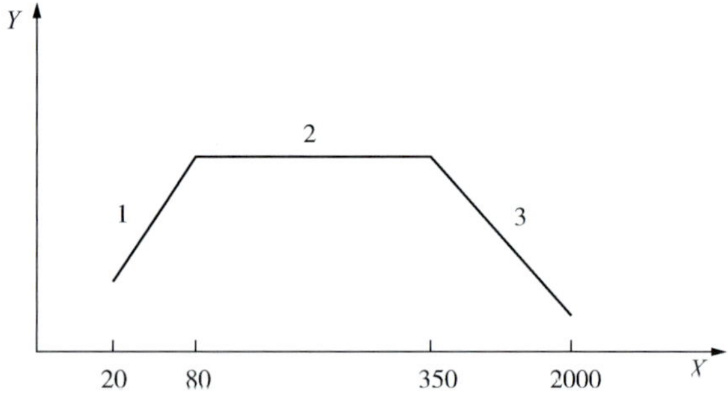

图 6-7　随机振动加速度频谱密度

-20~80Hz，每倍频程上升 3dB；

-80~350Hz，0.04g^2/Hz；

-350~2000Hz，每倍频程程衰减 3dB；

-复合励磁水平应为 6g rms。

随机振动测试通过标准：测试后 SEM 外观检测没有损坏及扭曲变形；SEM 各项监控功能测试正常。

（4）供电与通信系统灵敏度测试。依据被测设备所能输入的电源电压范围，利用相应测试设备，设置输出电压从最大值到最小值，接入 SEM，确认 SEM 工作状态并记录。

通信系统测试分几部分，包括 SEM 与水面电力载波通信、SEM 与水面光纤通信、SEM 与水下仪表设备通信、SEM 与水下控制模块内部仪表通信。

根据厂家 SEM 的通信接口规格参数，进行各项测试，尤其是对宽值范围的参数，测试过程要覆盖整个范围。

（5）外部静水压测试。参照水下控制模块的外部静水压测试要求进行测试，可独立测试，也可以包含在水下控制模块的外部静水压测试中。

（6）电磁兼容（EMC）测试。电磁兼容（EMC）测试需要在被测设备供电和持续工作的条件下进行。需连接必要线缆到专用测试设备，在上位监控界面监控并记录相应数据用于验证被测设备工作持续性，实现有效监测。

各项 EMC 测试内容完成后，被测设备性能验证标准有以下两种级别：

A 功能不丢失，存储数据不丢失，状态不改变。特别的，这意味着不能违反功能安全要求的未经允许的动作。性能的降低不得超过规定的公差。特别是，通信性能不应该降低到超出指定的容差，不应该促进任何自动操作来维护通信功能。

B 存储数据不丢失或状态不改变。特别的，这意味着不能违反功能安全要求的未经允许的动作，性能的降低应限于通信功能的暂时损失和超出规格容限的暂时性能下降，在事后无须用户干预即可恢复。

水下电气电子设备需完成以下 7 项测试内容：

（1）静电放电测试：

依据最新标准 IEC 61000-4-2。

测试要求：①接触电压放电为 4kV；②空气电压放电 8kV。

测试后满足 B 级。

（2）电快速瞬变脉冲群抗扰度：

依据最新标准 IEC 61000-4-2。

测试要求：①信号线 1kV；②电源线 2kV，重复频率 5kHz。

测试后满足 B 级。

（3）射频场感应的传导骚扰抗扰度：

依据最新标准 IEC 61000-4-6。

测试要求：信号线、电源线 3V，频率 0.15~30MHz。

测试后满足 A 级。

（4）传导发射

依据最新标准 CISPR 22(EN55022)。

测试要求：电源段和电信段端 0.15~30MHz。

测试后满足 A 级。

（5）浪涌抗扰度

依据最新标准 IEC 61000-4-5。

测试要求：电源和信号端 IEC 61000-6-2。

测试后满足 B 级

（6）电压暂降、电压变化及短时中断抗扰度

依据最新标准 IEC 61000-4-11。

测试要求：①交流电源系统；②电压检测要求见表 6-2。

表 6-2　电压检测要求

检测要求		
类　别	B 类	
实验电压 U_T/%	持续时间(周期)	实验次数
电压暂降：>95%	0.5	3
电压暂降：>40%	5	3
电压暂降：>70%	25	3
电压中断：>95%	5	3

测试后满足 B 级。

（7）电力谐波抗扰度：

依据最新标准 IEC 61000-4-13。

测试要求：电源端口，交流电源系统。

测试后满足 B 级。

6.2.2　出厂接收测试(FAT)

水下控制模块发货前需完成出厂验收测试，需准备可执行的、测试步骤和目的及验证标准明确的程序文件。

要记录测试过程中的各项数据值，对于过程中发现的不符合项要逐一记录，在 FAT 结束前完成整改。

所有的 DCV 阀，要确保在 FAT 结束前各自累计动作不小于 100 次，其中至少一半的动作次数是在安装集成到 SCM 后完成的。

完整的出厂接收测试内容要包含，并不限于以下内容：

-电液 DCV 表现与泄漏率；

-IO 卡件通道接口敏感度；

-通信系统功能；

-电源输入敏感度；
-所有管、阀和液压组件的压力测试；
-蓄能器预充压力；
-卸荷阀压力设置(如适用)；
-液压系统清洁；
-控制模块压力测试；
-电液接头等连接验证；
-电气回路绝缘与接触电阻；
-液压功能部件泄漏测试；
-保护性阳极的连续性。

水下控制模块内部所有独立密封容器设备需在测试结束前完成压力测试或密封测试。

1. 内部静水压测试

此项测试目的是为了验证水下控制模块内部各液压组件集成后的压力性能完整性。液压高压回路和低压回路分别进行测试。

测试压力值与设计压力值相关，按照表6-1所示执行。

为了避免在净水压测试中损坏系统中的敏感性压力元件(如蓄能器、过滤器等)，这些元件可以在压力测试前从液压系统中予以拆除。但所拆除的压力敏感性元件必须是在产品出厂前已做过相关压力测试，压力测试值要不小于水下控制模块液压系统所确定的净水压力测试压力值。

水下控制模块液压系统的静水压测试完成，这些敏感性压力元件需重新安装到系统中以后，需对水下控制模块完整的液压系统再进行一次内部静水压测试，测试压力值为1.1倍的设计压力值。

内部静水压测试通过标准：持续时间最小10min；测试过程中，系统各管、阀等部件外部无可见漏液。

测试过程中压力值的记录，可人工定时记录压力值并填写记录表，也可以采用自动压力读取并绘制压力值曲线。测试整个过程中，实际压力值不能低于设定压力值，同时实际压力值的升高比率，每小时不能超过设定值的3%。

2. 外部静水压测试

此项测试的目的是验证水下控制模块水深补偿能力，及其内部SEM等电气电子功能部件的耐压能力。

外部水压测试的设置压力值为水下控制模块设计水深压力值的1.1倍。

根据水下控制模块设计在水中实施下放、回收的速率(最小12bar/min)。模拟测试升压安全系数设定为1.5，降压安全系数设定为2，即设置升压速率值最小18bar/min，设置降压速率值最小24bar/min。

从环境压力开始，升压到测试压力，再从测试压力降压到环境压力结束。测试过程中，升压到测试压力后保持压力的累积时间要不小于10min。

外部静水压测试通过标准：水下控制模块出舱后外观检测结构无形变损坏、无漏液；

外压测试过程中测试验证 SCM 各项功能正常。

3. 静水压内部泄漏测试

此项测试的目的是验证水下控制模块液压系统内部泄漏率。

测试压力值为控制系统设计压力值，被测试的液压系统回路从水下控制模块输入液压接头，到每路 DCV 阀的输出口所连接液压接头(DCV 阀关闭状态)或到每路 DCV 阀的回流口所连接液压接头(DCV 阀开阀导通状态)。

在液压回路的输入端加恒定的压力至少 10min，恒压过程中在液压回路的输出端采集漏液，并量测。

也可以锁定液压源，实时监控水下控制模块输入端压力衰减并记录，利用测试设备采集压力数据，在专用软件上实时显示压力衰减值，并能清楚直观地看到压力损失值与泄漏量值。

静水压内部泄漏测试通过标准：每个阀每分钟内所采集的漏液量小于 0.2mL。

4. 功能连续性测试

此项测试目的是验证水下控制模块的功能与可操作性。每一个通信、电气、液压回路都要测试。

测试中如发现故障问题，需记录分析，根据不同原因，或进行设计完善，或更换部件，或重新加工部件，系统重新装配后再次测试验证。

5. 安全和可操作性查验

此项测为验证产品的各项参数与设计规格书、数据表的一致性。

6. 液压系统流体冲洗

此项内容是要把水下控制模块液压系统中，在集成制造过程中潜在产生的污染物进行清洁。

冲洗前需确保液压系统组装前，各组件是清洁的。

冲洗所用流体可以不是设计指定的液压液，但需具备与指定液压液和液压组件的兼容性证明。

7. 水下电气设备环境应力测试(ESS)

ESS 测试目的是筛查发现水下产品由于工艺或部件缺陷所造成的潜在故障。对于 SEM 部件需完成温度测试(温度循环和老化)和随机振动测试两项内容。

SEM 需要在通电且能持续对其进行监控的状态下完成随机振动测试和温度测试。

需要配置与实际应用所类似的辅助测试设备接入 SEM 的 I/O 通道，同时运行与其配套的专用软件实时监控 SEM 的各项状态参数并记录，如 SEM 处理器温度值、IO 卡件状态、处理器内存利用率值、SEM 通信状态、所采集的模拟量值、所采集的模拟水下仪表参数值等。

通过测试过程中所持续记录的各参数信息，验证是否存在间歇性短时间发生的故障情况。

(1) ESS 温度测试。ESS 温度测试要依据标准对水下电气电子部件的温度值要求(-18~70℃)进行测试，先进行高低温循环测试，再进行连续 48h 的高温老化测试。温度测试要早于 ESS 振动测试。

最低值和最高值之间最少 10 次循环的温度交变环境测试。

测试过程中被测设备需一直上电，并模拟实际运行情况加载负荷。

对于被测设备所具有的所有功能，需持续测试，如通信、数据采集、控制输出等。过程中如发现有功能缺陷，则测试中止，故障排除后重新测试。

在每次测试开始和结束前，需对被测设备进行一次断电、上电的操作，以模拟被测设备可以在不同温度环境下的冷启动能力。

每次热循环试验过程要求如下：

① 环境温度从最低设计温度值，每分钟最少 5℃递增加温，一直到设计温度最大值。

② 环境温度保持在最高设计温度最少 30min。

③ 环境温度从最高设计温度值，每分钟最少 5℃递减降温，一直到设计温度最小值。

④ 环境温度保持在最低设计温度最少 30min。

(2) ESS 振动测试。SEM 在测试台安装固定时，SEM 的安装状态应与其在水下控制模块中的状态相同，测试用夹具固定 SEM 的方式应与其在水下控制模块中固定的方式类似。

随机振动测试只需选取一个轴向进行，要尽量与 SEM 内控制卡件电路板的板面垂直。

随机振动测试时间不少于 10min，扫频参数设置如下，也可参考图 6-2 随机振动加速度频谱密度：

-20~80Hz，每倍频程上升 3dB；

-80~350Hz，0.04g^2/Hz；

-350~2000Hz，每倍频程衰减 3dB；

-复合励磁水平应为 6g rms。

随机振动测试通过标准：测试后 SEM 外观检测没有损坏及扭曲变形；SEM 各项监控功能测试正常。

8. 通信系统测试

此项测试时，水下控制模块要尽量安装实际的对外电连接器，或规格特性类似的连接器。

与水面方向通信测试及对水下仪表设备通信测试，可采用与实际设备通信接口类型、通信协议相同的模拟设备。

或者在水下控制系统联调时完成此项内容。

6.3 水下采油树控制模块工程化研制技术

水下采油树控制模块安装在水下采油树上，可在 ROV 或潜水员的协助下实现水下安装和回收。该水下控制模块为当前主流的电液复合式水下控制模块，其主要功能：一是实现水下采油树阀门开启/关闭控制；二是对水下采油树状态进行监测；三是提供水面设施和水下仪表之间的有效通信(图 6-8)。

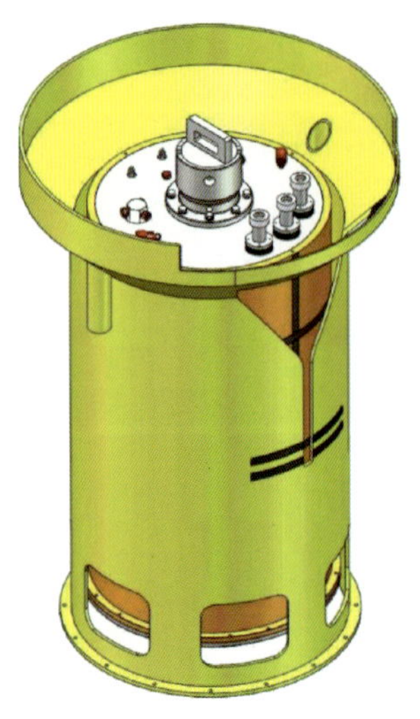
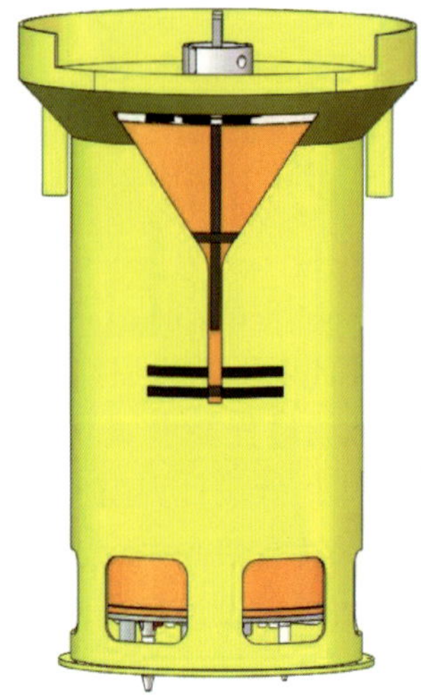

图 6-8　水下采油树控制模块

6.3.1　工程化设计技术

水下采油树控制模块主要由壳体、水下电子模块 SEM、压力变送器、流量计、蓄能器、液压管汇、DCV 阀、压力补偿器、液压接头、湿式连接器、干式水密电接头、安装锁紧机构、底盘基座以及安装导向装置等组成。

水下采油树控制模块的设计可分为三部分，即液压系统设计、电气系统设计和机械结构设计。

1. 水下采油树控制模块液压设计

水下采油树控制模块液压原理简图如图 6-9 所示。冗余通路的液压通过梭阀二选一流入水下控制模块，到达水下换向控制阀 DCV 的入口，沿路配置有压力变送器、过滤器和流量计。当 DCV 收到开启阀门指令后，DCV 入口和出口导通，液压进入水下采油树阀门驱动器腔体，进而推动采油树阀门驱动器弹簧压缩，采油树阀门开启。当 DCV 收到关闭阀门指令后，DCV 出口和回油口导通，水下采油树阀门驱动器腔体液压油从回油口排出，采油树阀门驱动器弹簧恢复，采油树阀门关闭。

(1) 压力平衡系统设计。水下采油树控制模块为开式、且可回收设备，其液压系统在水下工作、下放和回收时不可避免会受水下压力环境影响。水下控制模块液压系统与海水直接接触、受水压影响的就属液压接头，该接头为单向密封元件，可以防止液压油从内部液压管线流出。但在水下压力环境下，水深的反向压力会造成海水进入液压系统。因此，在液压回油路配置压力补偿器，用于消除水下环境压力对液压系统的影响。

压力补偿器选用皮囊式的，一方面用以避免回油支路形成真空，另一方面使得回油管路与外部海水压力进行平衡，防止海水进入。下水前补偿器充满补偿液，补偿器的一端与海水连通，另一端与液压系统回油路连通。在下放或回收水下控制模块时，外部水压作用于补偿器皮囊外壁，皮囊的可伸缩性将压力传递到液压系统内，使液压系统与外部海水压力平衡。

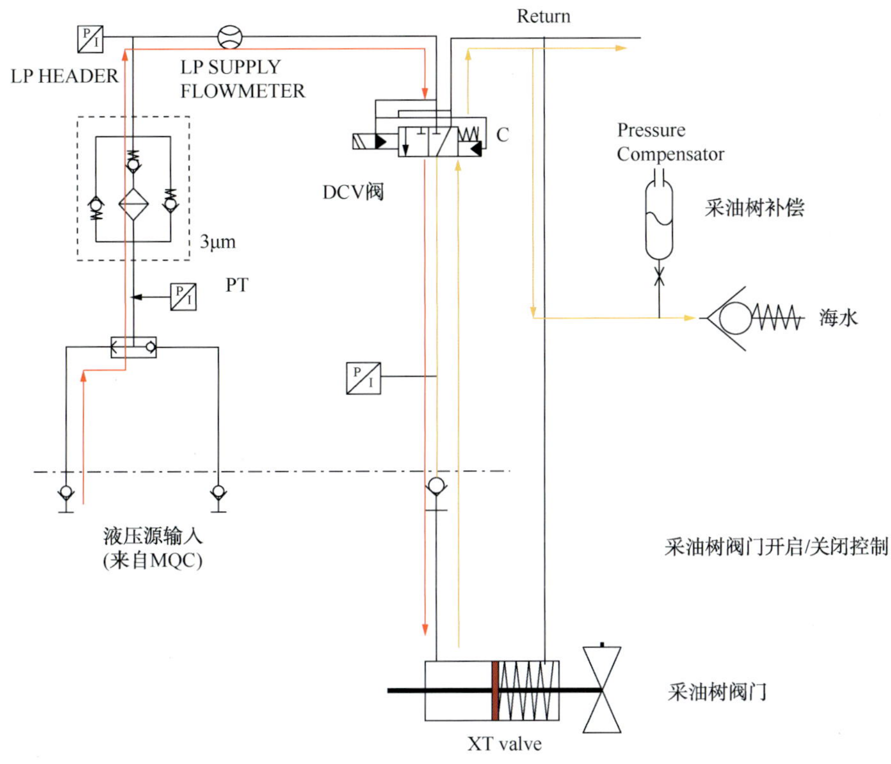

图 6-9　水下采油树控制模块液压原理简图

水下采油树控制模块的液压压力平衡系统与水下采油树阀门的压力平衡系统连通，可以对水下采油树阀门补偿器的液压油进行实时补充，简化了该系统的水下维护。水下压力平衡系统压力平衡用补偿器的选型原则为 1.25 倍的补偿容积。

(2) 液压系统仿真。本部分仿真参数来源水下控制模块、IWOCS 和水下采油树的相关部件参数。使用 Simulation X 软件对系统进行仿真分析，模拟蓄能器和 DCV 阀的工作过程，分析水下采油树阀门之间的相互影响以及计算阀门开启和关闭时间。仿真模型如图 6-10 所示。

模型图中，gatevalve 1 对应采油树大尺寸 PMV 阀，gatevalve 2 对应于采油树大尺寸 PWV 阀，gatevalve 3 对应于采油树小阀门 XOV、AMV、AWV 等。在仿真过程中，gatevalve 1 先开启，gatevalve 2 后开启，gatevalve 3 最后开启。

仿真结果显示，水下阀门 1PMV 阀开启执行时间约为 16s，关闭时间约为 17s；水下阀门 2 PWV 阀开启执行时间约为 16s，关闭时间约为 17s；水下阀门 3 AMV 开启执行时间约为 3s，关闭时间约为 2s。且各阀门之间的开启/关闭无相互影响。系统各参数配置符合要求。

2. 水下采油树控制模块电气设计

水下采油树控制模块电气系统主要包括 SEM、SCM 仪表和电气连接器。SEM 是 SCM 的核心部件，主要功能体现在三个方面：一是接收来自 MCS 的控制指令，并执行输出，如图 6-11 所示；二是采集并监测各仪表数据、信息，如图 6-12 所示；三是实现远距离通信。

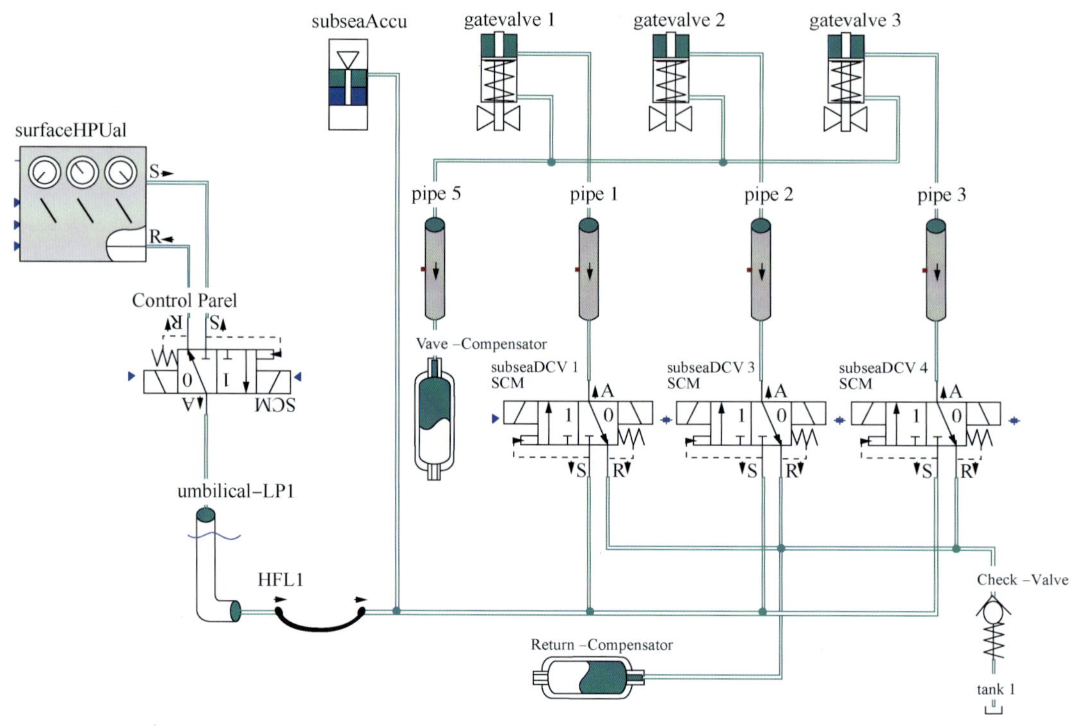

图 6-10　液压系统仿真模型

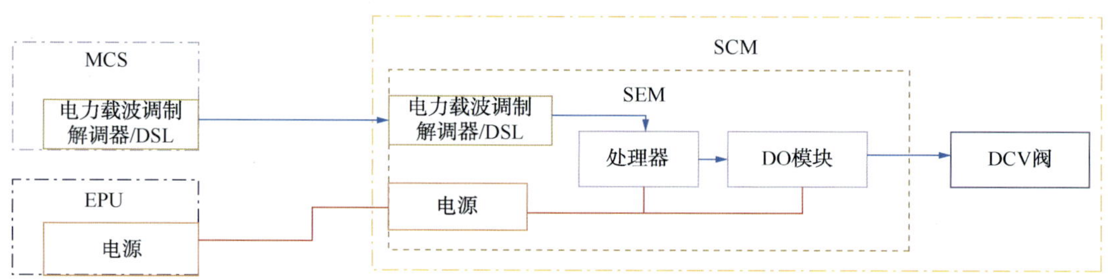

图 6-11　控制功能框图

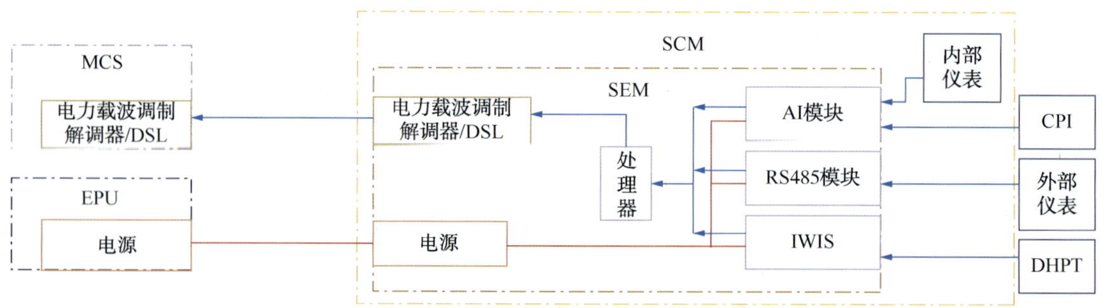

图 6-12　数据采集框图

（1）SEM冗余故障切换设计。水下采油树控制模块内部有两个SEM，这两个SEM互为冗余。SEM A和SEM B的组成及功能完全一致。SEM A的处理器可以访问SEM B内的AI、DO、RS485模块，SEM B的处理器能访问SEM A的AI、DO、RS485模块。如图6-13所示。

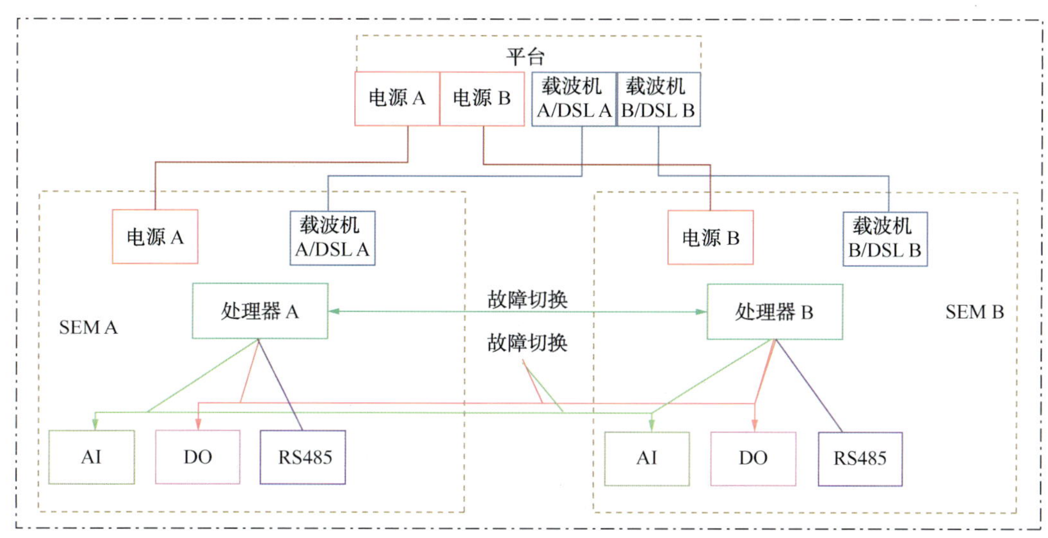

图6-13 故障切换模式

（2）电力载波通信分析。根据目标油田平台至UTH脐带缆长度为9.2km，内部16mm²电力线，UTH到SCM电飞线长度约50m，截面积取接近的1.5mm²。用Multisim软件搭建模型仿真，通过对电力载波线路衰减分析，指导电力载波机选型。模型如图6-14所示。

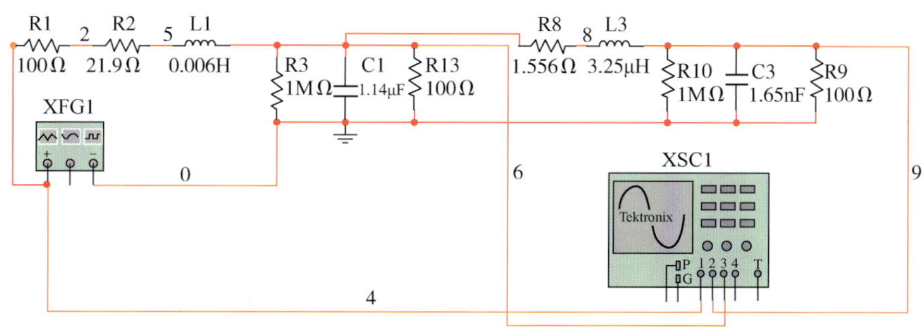

图6-14 载波通信仿真模型

将不同频率信号加载至发送端，观察频率变化和信号衰减情况，分析结果见表6-3。

表6-3 9.2km+50m缆不同频率通信衰减对比

发射频率/kHz	平台发射幅度/V	终端接收幅度/mV	计算衰减量/dB
10	47.6	1600	29.47
20	47.3	416	41.12
40	47.7	106	53.15
60	47.9	46.9	60.18
75	47.4	30.1	63.94

续表

发射频率/kHz	平台发射幅度/V	终端接收幅度/mV	计算衰减量/dB
100	47.9	17	68.9
200	47.5	4.29	80.9
300	48	1.92	87.96
400	47.0	1.06	92.9
500	47.7	0.687	116.8

从表 6-3 中可看出，随频率增加，信号的衰减增大，载波机的选型应兼顾频率和衰减，根据各厂家现有产品系列，载波机应选择频率段覆盖 10~100kHz，动态范围优于 70dB，接收灵敏度小于 1mV 的产品。

3. 水下采油树控制模块结构设计

为方便水下采油树布局和安装，水下采油树控制模块外形设计成圆柱形，在内部布置有蓄能器、阀块、SEM、锁紧机构、压力平衡装置等。同时，在底部布置与外部设备连接的液压接口、与采油树仪表连接的电气接口、超压泄放口和液体排放口，在顶部布置有供电/通信接口、蓄能器充氮接口、可回收电气接口和用于水下控制模块安装回收的吊装接口。

（1）结构设计考虑因素。水下采油树控制模块使用工况包括四种情况：一是陆地或平台测试，运输吊装工况；二是水下下放或回收工况；三是海底长期工作工况；四是性能测试静压试验工况。因此，水下采油树控制模块结构设计需考虑运输振动、吊装、海水冲击、海水腐蚀、设计水深水压强度等因素。使用应变能法中的弹性应力分析方法对关键结构件进行强度分析，验证水下采油树控制模块设计符合要求。

（2）水下导向对中结构设计。水下采油树控制模块正常情况与水下采油树一起下水，但在设计上控制模块考虑为可回收下放模块。水下采油树控制模块在水中下放安装由两部分结构实现。如图 6-15 和图 6-16 所示，下放过程首先由喇叭口进行粗导向，在即将与采油树上 SCMMB 对接时，底部的两个导向柱实现精导向，从而确保水下安装导向精准对中。

图 6-15　对中用导向桶

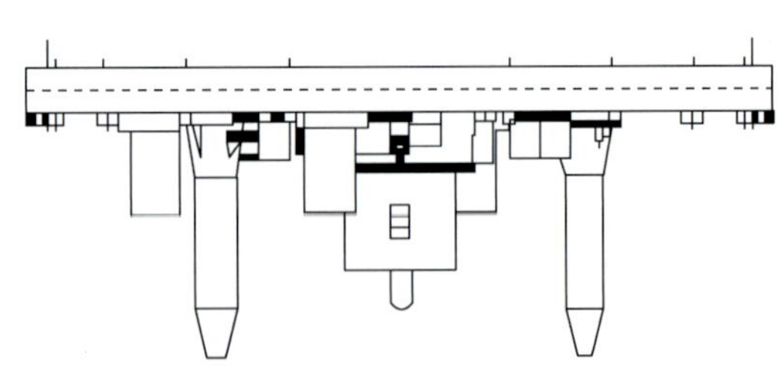

图 6-16　对中用导向柱

（3）防腐设计。水下采油树控制模块接触海水部件需考虑防腐设计，主要组件包括吊装接口、顶盖、外壳和地盘。其中吊装接口和外壳采用涂层防腐，顶盖和底盘采用超双材料，依靠材料本身防腐。同时水下采油树控制模块与采油树上阴极保护系统连接，借助采油树阳极块进一步达到防腐目的。

6.3.2 工程化制造技术

1. 水下采油树控制模块制造

水下采油树控制模块制造的关键件为锻件产品，比如管汇阀块、底盘等。锻件产品的加工制造路线如图 6-17 所示。

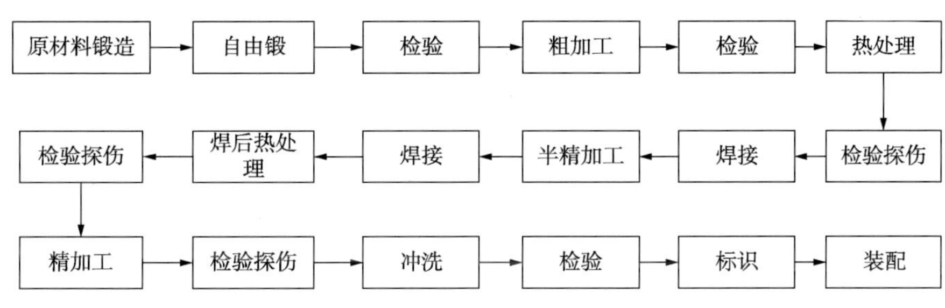

图 6-17 锻件加工制造路线图

（1）锻件质量控制。本节以关键部件管汇阀块介绍锻件制造过程质量控制。管汇阀块是水下采油树控制模块内部的核心加工件，其主要功能：一是提供所有的 DCV 阀板式安装界面；二是在阀块内部设计加工很多流道，取代连接的管线。

管汇阀块制造过程关键控制点包括：①热处理后材料化学成分检测；②热处理后机械性能检测；③热处理后无损检测；④精加工后尺寸检测和无损检测；⑤焊接后无损检测；⑥冲洗清洁度检测。

（2）防腐质量控制。水下采油树控制模块的防腐控制一是采用涂层方式，主要用于外壳、吊装接口和补偿器外壳等直接与海水接触部件；二是选用超级双相不锈钢耐腐蚀材料，主要是底盘和顶盖等，虽直接接触海水，但材料本身防腐，未用涂层保护。

无论是采用涂层形式还是直接选用防腐材料，都应进行腐蚀测试验证。对于涂层产品，需对涂层工艺进行评定，并取样进行耐阴极剥离试验、人工海水浸泡试验和附着力等测试。对于所选材料原本是防腐的材料，也需要对其进行腐蚀测试，比如取样底盘和顶盖材料进行点腐蚀试验，试验后用放大镜放大观察其是否有点蚀。

2. 水下采油树控制模块装调

水下采油树控制模块装配应按装配作业指导书要求进行。对管阀件，在装配前后都应进行冲洗，确保液压管路清洁度满足 Class 6B-F 要求；对 SEM 电子仓，装配完成后应进行氮气置换，确保 SEM 内部环境无氧且干燥，适合电子器件长期工作；水下控制模块外壳装配完成后，往壳体内部充绝缘油，绝缘油从底部灌入，顶部排空气，需确保内部充满绝缘油。

6.3.3 产品认证及测试

水下采油树控制模块的测试分为质量鉴定测试和出厂测试两部分，质量鉴定试验针对的是首台套产品。

1. 水下采油树控制模块质量鉴定测试

(1) 质量鉴定测试内容概要。水下采油树控制模块质量鉴定试验参考 API 17F 标准要求，表 6-4 为根据标准要求梳理的测试内容。

表 6-4 水下采油树控制模块质量鉴定测试

类　　别	项　　目	测试内容
1. SEM 卡件性能测试 (参考 API 17F Q1 要求)	1) 冲击试验	脉冲形式：11ms 半正弦波 激励：30g 加速度
	2) 扫频试验	扫描速度：每分钟 1 个倍频程， 激励：5~25Hz±2mm 位移； 25~1000Hz　5g 加速度
	3) 振动试验	随机振动参数： 20~80Hz 以 3dB 每倍频程增加； 80~350Hz 0.04g^2/Hz； 350~2000Hz 以 3dB 每倍频程减少。 时间：2h
	4) 温度试验	温度等级： 高温：70℃，低温-18℃ 持续时间：高温：48h， 低温：48h 温度循环： 1)高温设定值：70℃ 2)低温设定值：-18℃ 3)低温保持时间：30min 4)高温保持时间：30min 5)循环次数：10 次
2. SEM 系统性能测试 (参考 API 17F Q2 要求)	1) 冲击试验	脉冲形式：11ms 半正弦波 激励：10g 加速度
	2) 振动(扫频)	扫描速度：每分钟 1 个倍频程； 激励：5~25Hz　±2mm 位移； 25~150Hz　5g 加速度
	3) 振动(随机)	随机振动参数： 20~80Hz 以 3dB 每倍频程增加； 80~350Hz 0.04g^2/Hz； 350~2000Hz 以 3dB 每倍频程减少。 时间：2h
	4) 温度试验	高温 70℃，保温 48h 低温-18℃，保温 48h 温度循环： 高温设定值：70℃

续表

类　别	项　目	测试内容
2. SEM 系统性能测试（参考 API 17F Q2 要求）	4）温度试验	低温设定值：-18℃ 低温保持时间：30min 高温保持时间：30min 循环次数：10 次
	5）电源通信测试	通信时延、丢包率测试
	6）SEM 外壳静压测试	SEM 壳体外压测试，测试压力为 1.1 倍设计压力，测试时间：6h，3 个压力循环
	7）电磁兼容	电磁兼容测试包含以下 7 项： ① 基于 IEC 61000-4-2 的静电放电抗扰度； ② 基于 IEC 61000-4-4 的电快速瞬变脉冲群抗扰度； ③ 基于 IEC61000-4-5 的浪涌抗扰度； ④ 基于 IEC 61000-4-6 的射频场感应的传导骚扰抗扰度； ⑤ 基于 IEC61000-4-11 的电压暂降和短时中断抗扰度； ⑥ 基于 IEC61000-4-13 的交流电源端口谐波、谐间波及电网信号的低频抗扰度； ⑦ 基于 CISPR-22 的传导骚扰。
3	DCV 性能测试	测试 DCV 阀污染液测试、温度循环测试和开关次数测试
4	液压系统静压测试	① 管线内部静压测试，10min，1.5 倍设计压力，无可见泄漏； ② 外部静压测试，1.1 倍设计水深压力，6h，3 个压力循环。
5	内漏测试	测试 SCM 液压管道内部泄漏情况，可接受条件，每分钟每个阀的泄漏量应低压 0.2mL
6	功能和连续性测试	对整个设备进行全功能测试，包括液压部分和电气部分

（2）质量鉴定测试。水下采油树控制模块质量鉴定测试结果如图 6-18～图 6-25 所示。

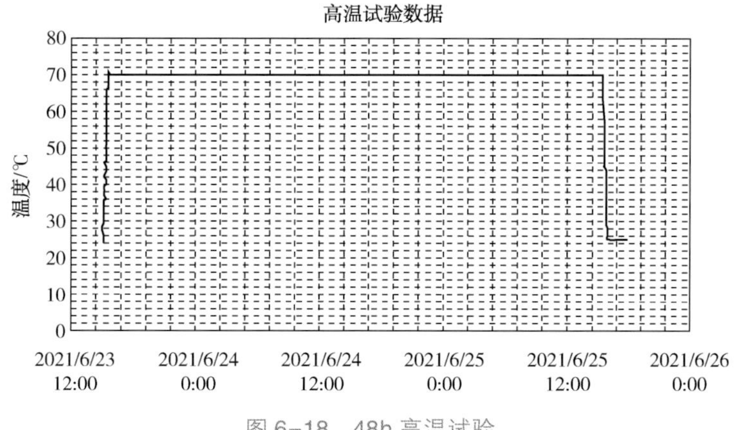

图 6-18　48h 高温试验

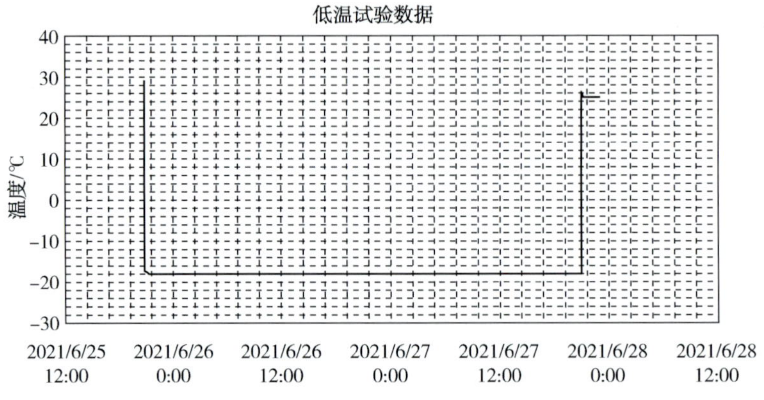

图 6-19　48h 低温试验

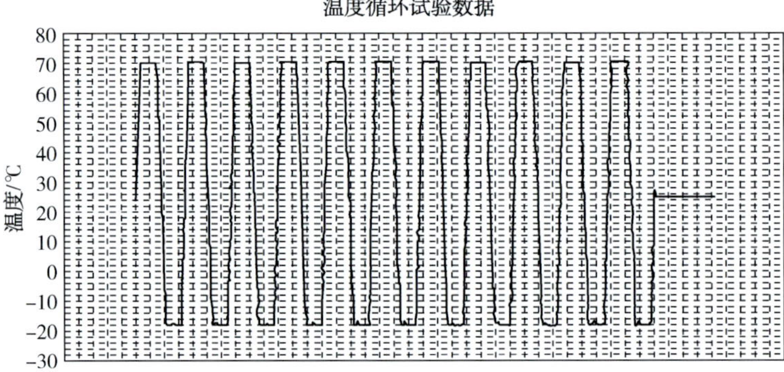

图 6-20　10 次温度循环试验

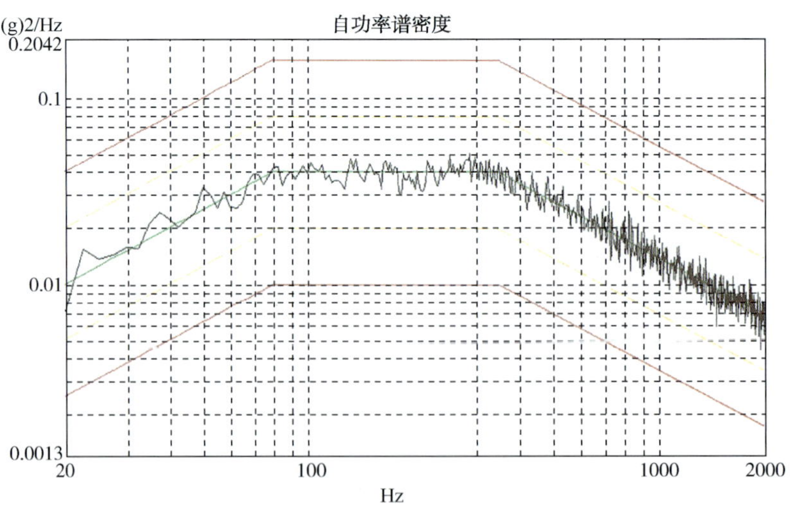

图 6-21　随机振动试验

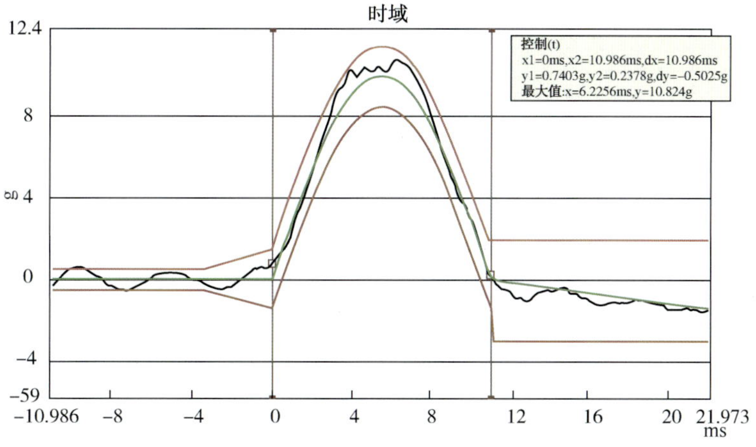

图 6-22 冲击试验

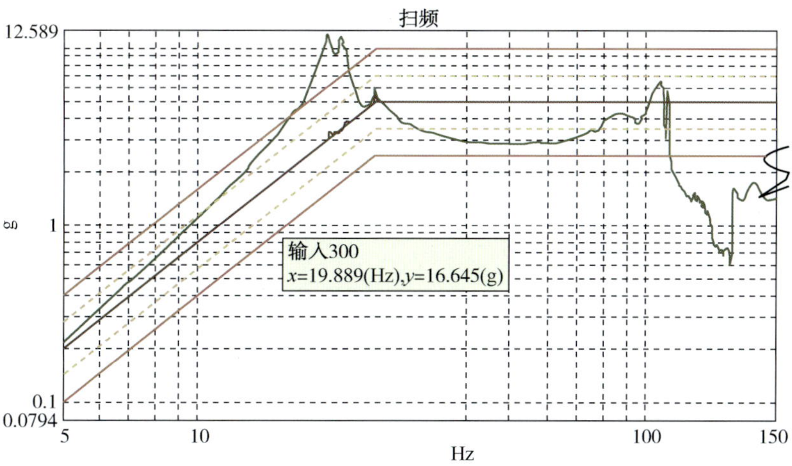

图 6-23 振动扫频试验

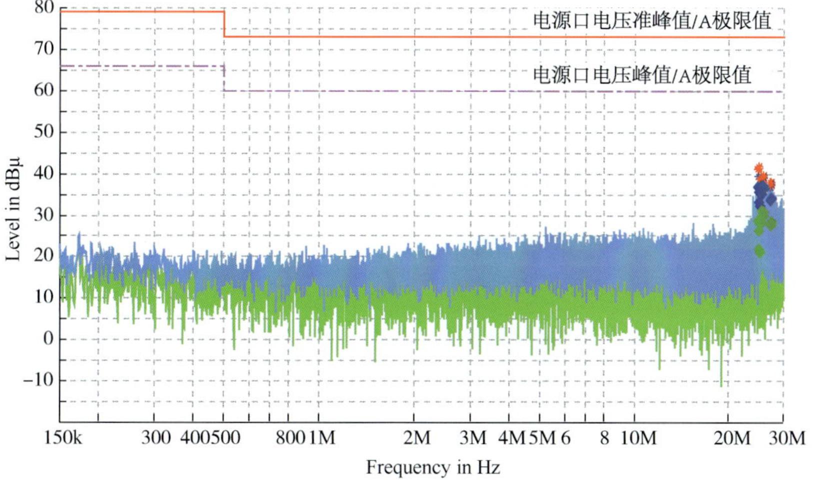

图 6-24 电磁兼容(传导)试验

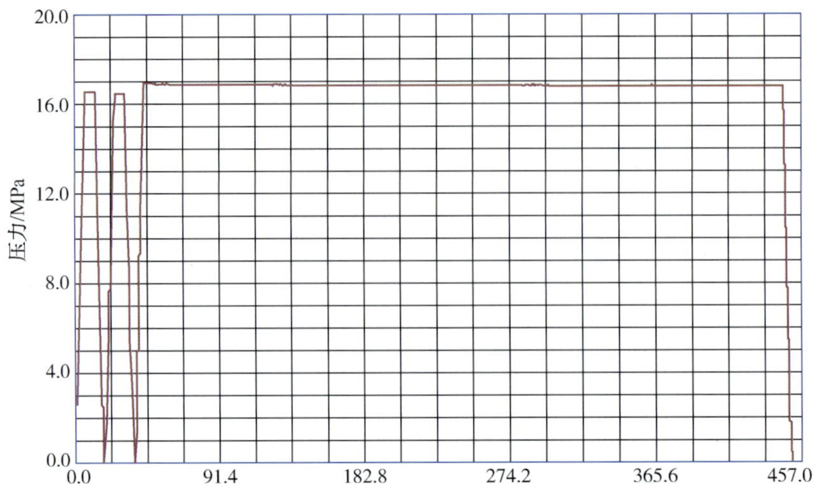

图 6-25　16. 5MPa 外部静压测试

2. 水下采油树控制模块出厂测试

水下采油树控制模块的出厂测试主要包括压力测试、DCV 阀开启/关闭测试、压力变送器读数测试、流量计读数测试、采油树上仪表读数测试、机械接口测试、清洁度测试等。

(1) 水下采油树控制模块出厂测试所需测试设备。水下采油树控制模块出厂测试连接图如 6-26 所示，需要用到的主要仪器仪表主要包括：

① 测试用 SCMMB，模拟水下采油树的 SCMMB，用于与水下控制模块对接；

② 测试用仪表单元，与 SCMMB 连接，用于模拟采油树阀门的开关；

③ 测试液压动力单元，模拟生产用 HPU，给水下控制模块提供液压动力源，该设备要求清洁度等级满足 SAE AS4059 CLASS 6B-F；

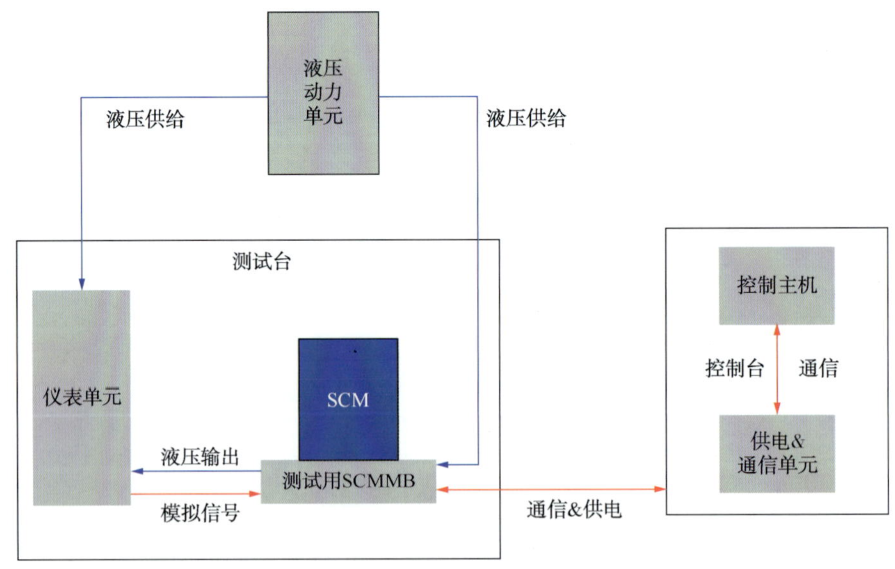

图 6-26　出厂测试连接示意图

④ 测试用控制台，模拟主控制 MCS 及 EPU，用于控制水下控制模块、监测水下控制模块数据，以及为水下控制模块提供电源、通信；

⑤ 测试用线缆、软管等辅料，用于连接各设备；

⑥ 清洁度测试仪，检测各液压设备、管路的油液清洁度。

（2）水下采油树控制模块出厂测试内容见表 6-5。

表 6-5 水下采油树控制模块出厂测试内容

类别	项目	测试内容
1. SEM FAT 测试	随机振动	20～80Hz 以 3dB/oct 增加，80～350Hz 功率谱密度为 0.04g^2/Hz，350～2000Hz 以 3dB/oct 减少，随机振动持续时间为 10min。激励源等级应维持 6g rms。
	温度试验	高温 70℃，保温 48h 温度循环：10 次 高温设定值：70℃ 低温设定值：-18℃ 低温保持时间：30min 高温保持时间：30min
	功能测试	供电测试
		通信测试
		控制输出功能测试
		信息采集功能测试
		自检及系统参数
2. SCM 出厂测试	蓄能器预充	蓄能器预充氮气
	安装锁紧	安装锁紧、解锁，测试扭矩和圈数
	液压冲洗（清洁度测试）	冲洗后 SCM 内部液压管道清洁度满足 SAE AS4059 6B-F
	压力变送器测试	读取压力变送器值
	外部传感器信号测试	测试外部采油树仪表的模拟信号，包括采油树压力温度传感器、节流阀阀位信号、井下压力计信号
	液压管道静压测试	测试液压回路保压检查有无泄漏
	液压功能测试	两个 SEM，单、双分别控制 DCV 阀开启和关闭
	供电、通信失效测试	供电、通信失效后阀门状态不变
	液压源失效测试	梭阀功能测试、失去液压源所有阀门关阀测试
	液压内泄漏测试	液压管道内部泄露测试
	壳体密封检测	壳体气密检查
	高压舱测试	1.1 倍设计水深压力，测试 10min
	绝缘测试	检查电气接口针脚与地的绝缘性
	电连续性测试	确保与采油树阳极块连通

(3) 测试结果。水下采油树控制模块数据采集包括 SEM 电压、电流、温度、模块状态、管路压力、流量等参数，阀门功能测试分别用 SEM A、SEM B 开启/关闭各阀门。图 6-27 所示为 SCM 测试系统中控制台界面，图中参数为所有阀门开启状态参数，包括高压阀 SCSSV，低压阀 PMV、PWV、AMV、AWV、XOV、CIV 1、CIV 2、CIV 3。

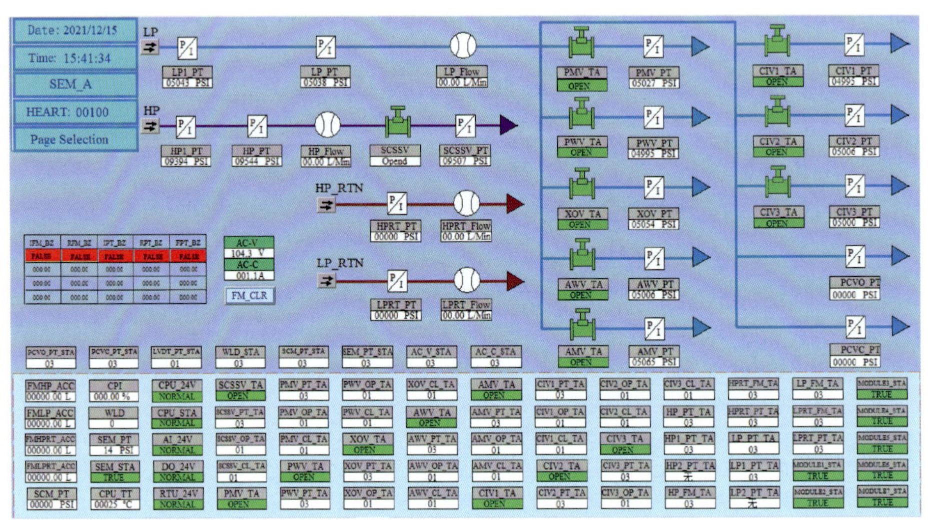

图 6-27 数据采集及阀门功能测试

水下采油树控制模块外部仪表数据采集如图 6-28 所示。包括节流阀前端 PPTT 1、节流阀后端 PPTT 2、环空 APT、井下压力计 DHPT 和节流阀开度的数据的采集。

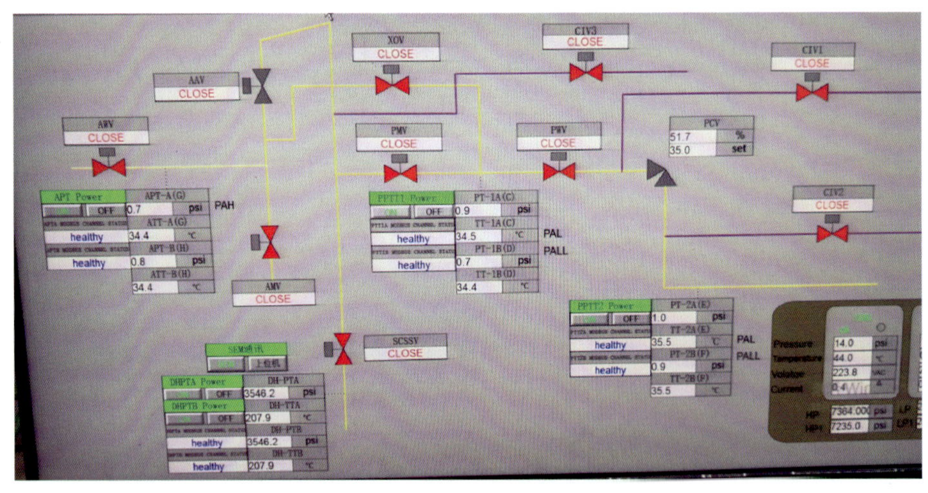

图 6-28 外部仪表数据测试

水下采油树控制模块液压回路清洁度测试，按照要求需满足 SAE AS4059 6B-F，如图 6-29 所示，SCSSV、PMV、AMV 管路清洁度等级为 6 级，AWV 管路清洁度等级为 4 级，PWV 清洁度等级为 3 级。

水下采油树控制模块出厂测试中高压舱测试如图 6-30 所示，高压舱压力为 16.5MPa，如图 6-30(a)所示高压舱压力持续时间 30min(超过要求的 10min)。

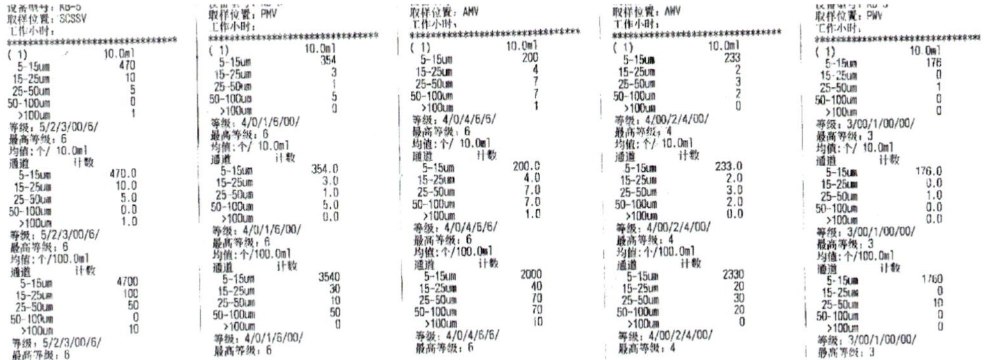

图 6-29 清洁度测试

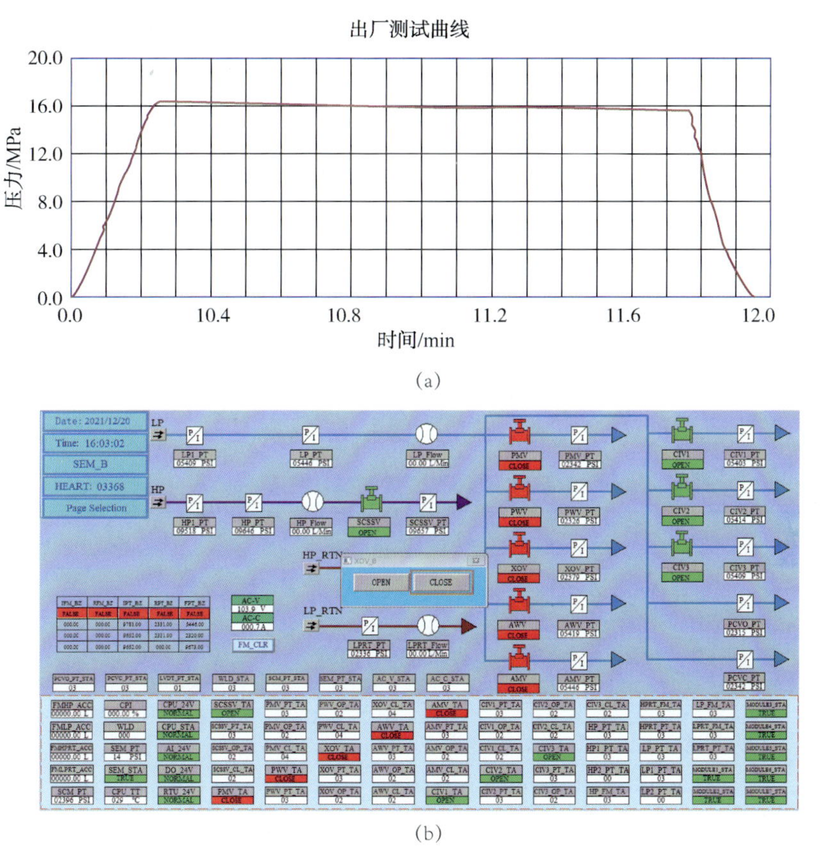

(a)

(b)

图 6-30 高压舱测试

图 6-30(b)所示为高压舱压力持续段内对水下控制模块各阀门进行开启、关闭测试，先用 SEM A 将各阀门依次开启，然后切换至 SEM B，用 SEM B 依次将阀门关闭，再依次开启各阀门，切换至 SEM A，再用 SEM A 依次关闭各阀门。图中所示为 SEM B 依次关闭各阀门，还剩余 SCSSV、CIV 1、CIV 2、CIV 3 未关闭。

3. 水下采油树控制模块认证

水下采油树控制模块认证包含了三个阶段：一是设计审查，若是首台产品，设计阶段应增加 FMECA 分析；二是关键工艺评定，制造过程见证；三是测试程序审查及见证。

(1) 水下采油树控制模块 FMECA 分析。水下采油树控制模块的 FMECA 分析是根据 IEC 60812 标准，DNVGL-RP-A203 以及 DNV 水下系统完整性推荐做法进行的。分析将水下采油树控制模块划分为 10 个子系统，分析了 219 个失效模式/失效机理。通过 FMECA 分析，识别了关键的元件和失效模式，评价现有的重要控制措施，提出设计改进和风险降低措施，提高了设备的可靠性。

(2) 水下采油树控制模块认证。水下采油树控制模块认证内容包括：设计审查、建造程序和测试程序审查、建造检验、设计确认试验见证、测试见证和完工检验。审查文件包括不限于：技术规格书、方案报告、设计清单、材料规范、计算书、验证报告、检验计划、检验试验程序、总装/部件图、原理图、装配作业指导书、建造工艺文件、安装维护程序等。

(3) 测试程序审查及见证。水下采油树控制模块测试程序审查包括质量鉴定程序审查和出厂测试程序审查。其中质量鉴定程序的编制依据 API 17F 第 4 版 9.2 的要求，出厂测试程序的编制依据 API 17F 第 4 版 9.3 的要求。在测试程序实施前文件必须首先通过第三方的审查，审查意见关闭后，第三方会按照终版测试程序要求对所有测试现场见证。

6.3.4 工程化产品简介

水下采油树控制模块工程化产品目前已完成质量鉴定测试，FAT 测试，与采油树的 EFAT 测试，与水下采油树、IWOCS 系统的 SIT 测试，与水下采油树海上试验，SCM 通信模块与脐带缆通信测试，与 MCS、EPU、水下采油树系统的 SIT 测试，与水下采油树、井口测试，模拟 1500m 高压舱测试，与管汇 SCM、SRM、SDU、MCS、EPU、中控系统、水听器等控制系统集成测试。下一步将在海上进行示范应用。水下采油树控制模块主要参数见表 6-6。

表 6-6 水下采油树控制模块主要参数表

1	SCM 基本参数	
1.1	设计寿命	20 年
1.2	设计水深	1500m
1.3	尺寸	ϕ860mm×1970mm
1.4	重量	大约 2000kg(空气中)
1.5	压力等级	高压 10000psi，低压 5000psi
1.6	清洁度	SAE AS4059 Class 6B-F
1.7	温度范围	-18~+70℃
1.8	功率	最大 300W(取决于外接仪表个数及功率)
2	SCM 配置	
2.1	控制系统	电液复合式控制系统
2.3	通信方式	电力载波+DSL
2.4	控制路数	16 路输出(本项目使用路数 11 路)
2.5	输入路数	2 路低压，2 路高压
2.6	蓄能器	高压 5L，低压 20L

续表

2	SCM 配置	
2.7	窗口电压	260~550VAC
2.8	SEM 冗余	是
2.9	外部传感器	3 路 Modbus RTU
2.10	节流阀信号监测	有，4~20mA
2.11	节流阀脉冲控制	有
2.12	压力计卡	配置 2 个压力计卡
2.13	可 ROV 回收	是
3	标准规范	
3.1	设计标准	API 17F/ISO 13628-6
3.2	防腐设计	DNV RP B401、Norsok M-501
3.3	ROV 界面接口	API 17H/ISO 13628-8
3.4	液压清洁度	SAE AS 4059
4	界面	
4.1	通信协议	Modbus TCP
4.2	顶部电连接器	Tronic DigTron 4 芯或 12 芯
4.3	底部电连接器	Tronic DigTron 4 芯或 12 芯
4.4	PPTT	要求采集，3 个，12 芯，Modbus RTU
4.5	DHPT	要求采集，4 芯
4.6	CPI	要求采集，4 芯，4~20mA
4.7	PMV	要求液压控制
4.8	PWV	要求液压控制
4.9	AMV	要求液压控制
4.10	AWV	要求液压控制
4.11	AAV	不要求
4.12	XOV	要求液压控制
4.13	CIV1	要求液压控制
4.14	CIV2	要求液压控制
4.15	CIV3	要求液压控制
4.16	PCV	要求液压控制，控制形式为脉冲

6.4 水下管汇控制模块工程化研制技术

6.4.1 工程化设计技术

本套水下管汇控制模块 SCM 的设计结合开发生产的实际情况，对 SCM 的控制功能、可靠性要求、操作性要求、可用性和维护性要求进行深入分析与设计，对 SCM 的液压系统、电气系统、通信接口、密封与防腐、锁紧下放与回收方式等关键问题进行研究，完成水下生产控制系统管汇控制模块 SCM 的设计开发和产品制造。

1. 设计基础

以水下生产系统的需求为基础，参考国外 SCM 系统的研制技术，在自主设计同时分析借鉴国外产品成熟设计理念，确定 SCM 产品设计参数。

2. 设计参数

SCM 技术参数见表 6-7。

表 6-7　SCM 技术参数

设计水深	1500m
设计压力	高压回路 10000psi；低压回路 5000psi；回流回路 3000psi
设计寿命	20 年
SCM 结构型式	方形，蓄能器及压力平衡装置内置
SCM 液压油	水基液压液，清洁度必须满足 SAE AS 4059 class 6 等级要求
SCM 内充液体介质	硅油
SCM 同 SCMMB 锁紧方式	单锁，导向螺纹背拉式
SCM 下放回收方式	专用工具
液压功能数量	具备液压输入：高压 2 路、低压 2 路能力，低压回路设计压力：5000psi，高压回路设计压力：10000psi。液压输出最多可配置 24 路，其中高压可达 6 路。实际使用配置低压输入 2 路、低压输出 1 路
液压接头	单向阀式(底板固定)
电接头数量	顶部最多 4 个(ROV 插拔)，底部 6~9 个(底板固定)。实际使用配置：顶部 3 个(ROV 插拔)，底部 2 个(底板固定)
与水上通信接口	电力载波方式(以太网 MODBUS TCP/IP 冗余)，220V/AC~550V/AC；距离<100km；以太网接至 SRM，转光纤至水面 MCS
与水下通信接口	串口通信(MODBUS RTU)

3. SCM 功能设计

本套 SCM 具备示范项目中管汇所需的所有电液设备仿真监控能力(至少一个井口的监控能力)，SCM 功能包括但不限于以下内容：

-与水面 MCS 通信；

-处理和执行来自 MCS 的指令；

-监视和传送传感器数据；

-监视和传送诊断数据；

-在生产关断时执行来自水上的指令。

(1) 控制功能。应用于目标气田的管汇 SCM 在控制功能设计上，即能执行对管汇水下阀门控制，也具备控制水下采油树阀门的能力(按此做功能测试验证，实际应用只配置控制管汇阀门功能)。按设计控制功能，可控阀门包含如下：

-井下安全阀 SCSSV；

-生产主阀 PMV；

-生产翼阀 PWV；

-环空主阀 AMV；

-环空翼阀 AWV；

-交叉联通阀 XOV；

-化学药剂(甲醇、防垢剂、防腐剂)注入阀；

-节流阀(每个节流阀可能要求两个控制功能)；

-管汇阀门。

(2) 压力和流量监测。SCM 内部的压力传感器，安装位置：

-每个液压输出线路；

-每个液压输入线路；

-每个回流线路；

-SCM 内部(填充液)。

SCM 内部控制流体流量计安装在每个液压输入和回流处(可选配)。

(3) 与外部设备通信。配置专用通信组件及通信卡件，采用国际标准接口和协议。具备与外部设备通信能力，包括水上主控站 MCS、水下多相流量计(串口，Modbus RTU 协议)、管汇双温压变送器(串口，Modbus RTU 协议)。

4. SCM 内组件布置

SCM 内主要液压部件包括电磁控制方向阀 DCV、压力传感器、过滤器、蓄能器、液压供给梭阀、SCM 底板、输出阀块、输入阀块以及液压接头。大部分液压部件与液压管汇阀块连接安装，以减少液压管线的使用。SCM 需要外部提供过滤后的低压动力，通过 SCM 来控制采油树和管汇上的阀门。低压和高压供给都是双路的，在 SCM 内部供给管路前段装有梭阀，由梭阀选择使用哪一路液压供给。

控制阀门、传感器、过滤器等部件安装在箱型壳体内部。壳体内填充液体绝缘介质，并使其内部压力和外围环境压力平衡。尽管在内部有绝缘介质保护，所有的连接导线和电接头都必须适合直接接触海水环境工作。系统内的液压泄漏应当不影响电控系统的正常工作。

SCM 外部形状为方形筒状，锁紧机构放置在 SCM 的几何中心位置。SCM 同 SCMMB 的锁紧为单锁方式。

5. 设计关键点

(1) 接口设计。本套 SCM 是可回收式的。可回收功能要求 SCM 有相应的固定端和可移动回收端，以及相应的电液连接接头，并要求接头安装位置有较高的加工精度。

SCM 与外部的接口主要指 SCM 与水上、水下设施的电液接口，以及 SCM 下放与回收、锁紧与解锁时用于抓取的机械接口。SCM 的液压接口为 SCM 底板上安装的液压接头，与

SCMMB 上的液压接头公头成对配置。SCM 的电气接口为 SCM 外壳顶部安装的 ROV 湿式插拔电接头、SCM 底板安装的干式接头。SCM 与下放回收专用工具、与扭矩工具之间对接接口为锁紧装置顶端六边形蘑菇头。

① 液压接口。对于固定端的液压接头，要求其位置相对于固定端有一定量的径向间隙冗余量，以保证公母接头连接时对中。

结构复杂、可靠性相对低的母接头一端应当通过螺纹安装在 SCM 的可回收端，并采用螺纹同底板安装连接。压力输入和输出液压接头密封形式至少要采取 SAE 形式一级密封。如果需要可增加 O 形圈形式的轴向密封。可靠性相对高的公接头浮动安装于 SCMMB 上。

因 SCM 输出路数多，液压接头名义尺寸一般要小于 3/8in，流量传输性能好，液压分离力低。

② 电气接口。ROV 插拔接头垂直安装在 SCM 上部。本套 SCM 共有 4 个安装位，2 个用于双冗余的供电与载波通信连接，1 个用于 SRM 通信连接，另外 1 个可以用于水下可独立回收的装置的连接，如节流阀位置显示器和水下流量计数据的信号电飞线。供电接头母头应位于供电连接飞线一侧。

和 SCM 上液压接头相似，SCM 底板上和 SCMMB 也装有配对的电接头，用于采油树上游、下游、环空等位置温度压力传感器的连接。母接头通常安装在固定端的 SCM 底板上，可靠性相对高的公接头通常安装在 SCMMB 上。和液压接头相似，SCMMB 上的公接头需要有一定量的径向间隙，使得电接头公头在 SCM 下放过程中能被动地和母接头对中连接。

③ 机械接口。SCM 用于抓取和锁紧的机械接口应具有兼容性，既要满足下放工具栓接机构对 SCM 的接口要求，也要满足扭矩工具对接要求，为此采用扭矩工具适配器来实现两者的兼容。

（2）密封设计。通过压力补偿系统，SCM 内部绝缘介质液体承压和外部环境海水压力相同。尽管如此，SCM 壳体必须采取密封措施，以防止内部绝缘介质液体的泄漏和外界海水的侵入，以保护 SCM 内的机械和电气零部件使其长期稳定地工作。主要密封设计如下：

SCM 的底板和外壳之间的密封采用非标准特制橡胶圈“面-面”密封。

把液压管汇阀块固定在 SCM 底板上的固定螺栓采用复合粘结的“橡胶圈-钢圈”垫圈密封。

外置的压力补偿装置的液压管路密封采用轴向密封圈。

① 密封要求. SCM 的工作环境为水下，对壳体的要求是海水不能侵入 SCM 及 SEM 壳体内，尤其是在深海情况下，海水压力高，不良密封容易造成海水入侵，从而造成 SCM 内精密机械零件或电气元件的损坏，缩短 SCM 的寿命。

如果 SCM 的高压和低压液压管路发生泄漏，液压动力将不能传输到整个液压执行机构，将直接造成 SCM 失效。液压管路容易发生泄漏的部位通常是液压接头处。液压接头必须满足所传输的压力等级要求。

② 密封方式见表 6-8。

表 6-8 SCM 功能部件安装主要密封方式

位置/部件	密封方式	受力类别
外壳和 SCM 底板之间的密封	特制密封圈。外形随同壳体和底板结合处形状设计	补偿压力
外壳上部同中心圆柱套筒之间的密封	端盖轴向和径向各一 O 形圈密封	补偿压力
中心圆柱套筒和底板之间的密封	径向 O 形圈密封，或轴向(如果采用中心圆柱套筒底端螺栓固定到底板上的设计)	补偿压力
液压接头和底板的连接，底板堵头	SAE 螺纹和 O 形圈标准密封	补偿压力
水深补偿装置同 SCM 壳体结构	O 形圈标准密封	补偿压力
溢流阀安装块与 SCM 底板之间	两个径向 O 形密封圈	补偿压力
液压回流底板 Adaptor 接口	两个径向 O 形密封圈	补偿压力
底板上充绝缘介质液体接口，排放泄压接口	一个径向 O 形密封圈	补偿压力
电接头(湿式)	轴向和径向各一个 O 形密封圈	补偿压力

(3) 防腐蚀设计：

① 材料选择要求：

a. 材料选择考虑供应商标准材料和存货数量。标准化能对材料性能有较好的控制，并能保证快速供货。

b. 液压管线材料选择 316L，并按照 ASME 章节 IX 和 ASME B31.3 端头焊接。

c. 接触海水但未受到 CP 保护的金属应自身具备海水防腐性能。

d. 对于含 22%Cr 和 25%Cr 的双相不锈钢的液压管线的设计也要求满足 DNV-RP-F112 的有关要求。

e. 所有供应的锻件应当除氧气以防气泡的形成。

f. 所有的锻件材料(比如 ASTM A694 F60，ASTM A694 F65，AISI8630 和 F22)应当具有足够的柔韧性并满足材料表中给出的冲击性能最低要求。

② 关键零部件材料标准见表 6-9。

表 6-9 SCM 和 SCMMB 主要材料构成和选择标准

零件	材料选择	材料标准	水下标准
SCM/SCMMB 液压接头	主体 Nitronic 50(高强度)或 Nitronic 60	UNSS20910/UNSS21 800	ISO 13628-6
SCM 方向控制阀	阀体：AISI 316L	AISI 316L	ISO 13628-6
SCM/SCMMB 干湿插头	壳体 AISI 316L 或钛 CP Gr2	AISI 316L/Ti-CP Gr2	ISO 13628-6
SCM 外壳	涂漆碳钢	ASTM A36	ISO 13628-6 ISO 13628-4
SCMMB	316L	AISI 316L	ISO 13628-6 ISO13628-4
温度压力传感器主体材料	AISI 316L 或 22% Cr 双相不锈钢(UNS S31803)	AISI 316L/UNSS31803	ISO 10423 PSL3 ASTM A182 F51

③ 外部防腐设计。除了选择耐腐蚀的原材料，SCM 的防腐保护还需要通过涂漆和使用阳极保护共同来保证。

涂漆保护系统：

SCM 外壳涂以高质量环氧树脂涂层，该涂层保护系统满足要求的设计寿命、设计温度，以及其他相关的服务条件。

所有水下设备包括焊接结构均需要涂保护涂层。涂漆需要符合 NORSOK M-501 Rev 5 System 7 标准。按照同样标准，涂漆系统需要适用最高水下温度 50℃。

阳极保护原则：

在海洋工程领域，用于水下的牺牲阳极保护，选材主要有铝基和锌基两种。对基体材料的选择，海洋工程领域阴极保护设计通常参考挪威船级社规范 DNV-RP-B401(2005)，作为常用和公认的指导性设计标准，

本示范工程中 SCM 依靠管汇或采油树的阳极保护系统进行防腐保护。确保 SCM 通过 SCMMB 与 SCM 安装导入框架金属紧密连接，SCM 安装导入框架通过螺栓及焊接固定在管汇上。

(4) 水深补偿设计。水深补偿装置安装在 SCM 外壳中。此装置内填充绝缘介质液体，通过使用补偿胶囊，SCM 内部压力和水下环境压力得以压力平衡。压力补偿系统能在水下安装前、安装过程中和水下安装后，应对温度和水深压力变化产生的影响和效果。SCM 水深补偿系统包括压力释放系统，以防因内部液压泄漏或绝缘介质液体膨胀而引起 SCM 内部压力升高。SCM 内部压力高于外部一定压力情况下，压力释放系统工作。

需在 SCM 水下安装前，检查 SCM 内部绝缘介质液体已正确地填充。

6. FMECA 分析

SCM 系统内部包括很多关键部件，任何一个部件的故障和失效都会对整个单元设备及系统的功能完整性和可靠性带来挑战，这就需要对各个功能部件的失效模式与失效后果进行全面分析，尤其是在海洋环境下的全生命周期的设备失效模式进行分析。因此，为提高产品可靠性，在 SCM 系统详细设计过程中，应组织由第三方认证机构主导对设计进行 FMECA(失效模式影响和关键性分析)评审(图 6-31)。

本次 SCM FMECA 分析主要对 SCM 系统的液压系统、电气系统、功能结构、支撑结构、锁紧机构、SCMMB 及下放工具的设计进行分析论证，识别关键的元件和失效模式，根据现有的重要控制措施，提出设计改进和风险降低措施，提高设备的可靠性。

图 6-31　SCM FMECA 评审

7. 可靠性设计

(1) SCM液压与电气系统冗余设计。SCM液压系统采用双路冗余输入，低压和高压供给都是双路的，通过机械梭阀机械选择使用哪一路液压供给。这样在某一路液压输入故障时，梭阀自动切换到冗余的液压输入回路，保障SCM正常工作。

SCM内部水下电子模块SEM冗余配置，与之对应的SCM顶部电接头也采用冗余配置。冗余的电气系统将SCM的供电与载波通信系统分为A/B两路，任何一路供电或通信故障，仍能保障SCM正常运行。

(2) SCM锁紧机构可靠性设计。SCM下放和回收中，通过锁紧机构实现对SCM与SCMMB的锁紧与解锁，对应液压接头、底部干式电接头的对接与分离。在锁紧机构中设计使用销子作为薄弱环节，确保SCM常规解锁故障时不会破坏传动轴，仍能将SCM回收。

(3) 下放工具可靠性设计。对下放工具丝杠传动系统、栓接机构和下放工具框架进行可靠性设计。

① 丝杠传动系统可靠性设计。下放工具横梁承载SCM的重量上下运动是由扭矩工具驱动丝杠旋转，丝杠带动和横梁固定一体的两端的大螺母上下运动实现的。丝杠在下放工具两侧对称排布，扭矩工具接口在丝杠的上部，两侧各一个。链条齿轮连接两边丝杠使其同步转动，使横梁上下运动始终保持水平，确保SCM下放时顺利对中。

两个驱动丝杠分别置于安装工具框架两侧，上下两端由轴承固定。上部是API 17D Class4标准扭矩扳手接口。ROV扭矩扳手接口和丝杠扳手之间有一公母转换联轴器，用来降低连接直线度要求并传递扭矩。

② 横梁悬挂对中装置可靠性设计。横梁是一焊接结构，用来支撑SCM、缓冲装置及栓接装置的重量负荷。横梁上部安装有栓接工具和SCM中心芯轴的对中装置，对中装置有一定量的纵向和横向间隙，可以用来调整栓接装置和SCM芯轴的对中，以补偿下放工具和SCM对接时的中心偏差。另外，缓冲装置中拉杆端部采用球形螺母连接，允许垂直方向上对中角度偏差调整。

③ 缓冲装置可靠性设计。缓冲装置上部和安装对中装置相连，下部和栓接装置相连。缓冲装置悬挂在对中装置的下方，在横梁向下移动栓接装置碰到SCM芯轴时起缓冲作用。

缓冲装置采用活塞弹簧式的结构。横梁向下运动栓接装置碰到SCM芯轴时，上部弹簧压缩。当弹簧压缩到一定程度，内衬起作用，阻止活塞进一步压缩弹簧，以保护弹簧避免超过屈服极限产生永久变形。

缓冲装置活塞杆顶部有圆球形螺母，允许SCM在垂直方向有一定角度偏差，满足栓接工具和SCM芯轴对中要求。

活塞轴底部采用方形杆和套筒螺母，防止栓接机构在下放工具框架里自由转动。

④ 栓接装置可靠性设计。栓接装置由一个上板和底板组成，中间有不锈钢滑板提供安全提升保障。上板是SCM芯轴顶部蘑菇头的接受器。芯轴顶部是ISO13628-8“A”型蘑菇头形式。抽开滑板，栓接装置下落与SCM芯轴顶部对接时，蘑菇头进入上板接受器内。推入滑板，通过滑板上的凹槽设计将SCM蘑菇头卡住，对SCM进行可靠栓接。本栓接机构的滑

板在承载情况下不能被抽出，且直到滑板抽出才能和 SCM 芯轴完全脱离。这样设计能防止人工误操作造成的解锁，也能防止栓接过程中滑板发生意外滑动，为 SCM 和下放工具提供了一个安全可靠的栓接方式。

⑤ 框架可靠性设计。框架的主要作用是为下放工具的各种功能动作提供支撑，并为 SCM 在水下的下放和回收提供保护。

下放工具主要支撑受力状态：

-横梁所承受弯曲压力以及传递到丝杠导向机构的力；

-下放工具带动 SCM，从海底动态提升受力。

框架上设计 ROV 把手，在 ROV 进行水下操作时提供把持固定装置。ROV 把手采用重型管状，焊接在下放工具框架结构上。

下放工具框架底部设计有安装下放接口，和固定结构接受接口相对应。

下放工具框架上丝杠外侧安装有 ROV 防撞护栏，防止 ROV 水下操作时对丝杆传动系统产生潜在碰撞损坏，以及下放工具和 SCM 在水面上吊装时(下水前和出水前)因大风产生摇摆与船舶上其他物体发生的碰撞损坏。

下放工具框架上应做有标记以利于 ROV 操作，特别是 SCM 蘑菇头拴紧和解锁时悬挂横梁所处位置。

6.4.2 工程化制造技术

1. SCM 制造工艺要求

SCM 制造过程中，需要控制 SCM 关键零部件的机加工质量，对 SCM 及配套安装设备关键加工部件的选材、加工工序及涂装工艺、加工检测等进行控制。SCM 本体主要加工部件包括外壳、底板、液压阀块和锁紧装置，SCM 主要配套安装设备包括安装基座 SCMMB、下放工具和下放安装导入框架。

(1) SCM 外壳。外壳与 SCM 底板密封以保护 SCM 内部结构，并提供上部电接头的安装位。外壳由多种材料焊接拼合而成，主要材质为 Q345B。

原材料检测：对外壳原材料材质证书进行检查与材质复验。

焊工资质：施焊前需检查焊工资质并做焊接工艺评定。

净化处理：采用机械清理，先用有机溶剂(丙酮、松香或汽油)擦拭焊件表面的油污，然后用细铜线刷至表面呈现金属光泽，或者用刮刀清理表面(清理后的焊件应在 4h 内施焊，否则应重新清理)。

垫板：为了保证焊透并使焊件不致焊穿或塌陷，焊前可在接缝下面安放垫板。垫板材料可采用石墨、不锈钢或碳钢，表面开一圆弧形槽，以保证反面焊缝成形。

预热：焊接厚度超过 5mm 的焊件时，为了使接缝附近达到所需要的温度，焊前应对焊件进行预热，预热温度为 100～300℃。

加工检测：钢板表面不允许存在裂纹、气泡、折叠和夹杂等对使用有害的缺陷，配用螺栓需采用达克罗防腐。对外壳焊缝进行 MT 无损探伤。

尺寸检测：对关键加工尺寸进行三坐标检测(图 6-32)。

涂装：喷漆防腐。涂装前应对钢材表面除锈处理。涂防锈底漆的漆种推荐磷酸锌漆、无机硅酸锌漆、环氧漆、铁红环氧脂漆，漆膜厚度(干膜)为15~25μm。中间漆、面漆使用环氧漆，铁红环氧脂漆，颜色RAL2004。

(2) SCM底板。底板与SCM外壳形成密封，用来安装SCM阀块和下部电接头，包含高、低压液压回路。底板材质为316L，采用电子束焊接。

原材料检验：对底板原材料材质证书进行检查与材质复验，并进行UT无损探伤。

焊工资质：施焊前需检查焊工资质并做焊接工艺评定。

净化处理：对材料表面可见杂质油渍进行清洁。

矫形：如果钢材在轧制、运输、装卸和堆放过程中，由于自重、支承不当或装卸条件不良及其他原因，产生弯曲、扭曲、翘曲变形等则需要进行矫形处理。

图6-32 SCM外壳三坐标检测

预热：焊接厚度超过5mm的焊件时，为了使接缝附近达到所需要的温度，焊前应对焊件进行预热，预热温度为100~300℃。

加工检测：对底板焊缝进行PT无损探伤。

尺寸检测：对关键加工尺寸进行三坐标检测(图6-33)。

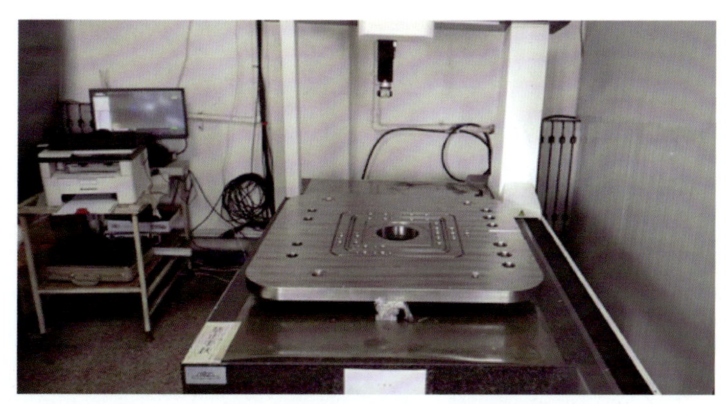

图6-33 SCM底板三坐标检测

(3) SCM液压阀块。液压阀块连接DCV阀，为SCM提供高、低压液压通道。阀块材质为EN 10222-5 X2CrNiMo17-12-2，采用深孔钻与工艺堵头焊接工艺(图6-34)。

原材料检验：对阀块原材料材质证书进行检查与材质复验，并进行UT无损探伤。

焊工资质：施焊前需检查焊工资质并做焊接工艺评定。

净化处理：对材料表面可见杂质油渍进行清洁。

锻造：材料锻造，锻后冷却，并进行超声波探伤，锻件按照NB/T 47010-2010(JB/T 4728)《承压设备用不锈钢和耐热钢锻件》执行。

加工检测：对阀块焊缝进行PT无损探伤。

尺寸检测：对关键加工尺寸进行尺寸检测。

(4) 锁紧装置。锁紧装置用于 SCM 与 SCMMB 的锁紧与解锁，并提供 SCM 吊装接口。锁紧装置由驱动轴、锁定轴、外套筒、外壳、锁定隔套等零部件装配而成，主要材料为 Nibron Special 铜合金和 316L 不锈钢(图 6-35)。

图 6-34 SCM 液压阀块加工

图 6-35 锁紧装置

原材料检验：对锁紧装置原材料材质证书进行检查与材质复验，并进行 UT 无损探伤。

净化处理：对材料表面可见杂质油渍进行清洁。

尺寸检测：对关键加工尺寸进行尺寸检测。

(5) SCMMB。SCMMB 是 SCM 水下安装基座，提供液压接头公头安装孔位。SCMMB 材质为 316L，采用铣削、钻孔等工艺。

原材料检验：对 SCMMB 原材料材质证书进行检查与材质复验，并进行 UT 无损探伤。

净化处理：对材料表面可见杂质油渍进行清洁。

尺寸检测：对关键加工尺寸进行三坐标检测(图 6-36)。

图 6-36 SCMMB 加工与三坐标检测

(6) 下放工具。用于 SCM 的下放安装与回收。下放工具由框架、横梁、丝杠、光杠、丝杠螺母座、丝杠/光杠上下端盖、链轮等多个机加件和焊接件装配而成，主要材料为 Q345E、42CrMo 和 Q345B(图 6-37)。

原材料检验：对下放工具原材料材质证书进行检查与材质复验，对丝杠原材料进行 UT 无损探伤。钢板在焊接前要求平直，需要符合 JB/T 5000.3-2007 中对钢板平面度的要求。

焊前预处理：焊接前应预先清除焊接区域的表面污物，氧化皮，油污等，清理区域为离焊缝边缘不小于20mm。为了保证焊透并使焊件不致焊穿或塌陷，焊前可在接缝下面安放垫板。焊接厚度超过5mm的焊件时，为了使接缝附近达到所需要的温度，焊前应对焊件进行预热，预热温度为100~300℃。

加工检测：对丝杠、丝杠螺母座等进行探伤检测。

尺寸检测：对关键加工尺寸进行尺寸检测。

框架检验：对下放工具框架焊缝进行MT无损探伤，喷漆涂层检测以及载重、跌落试验。

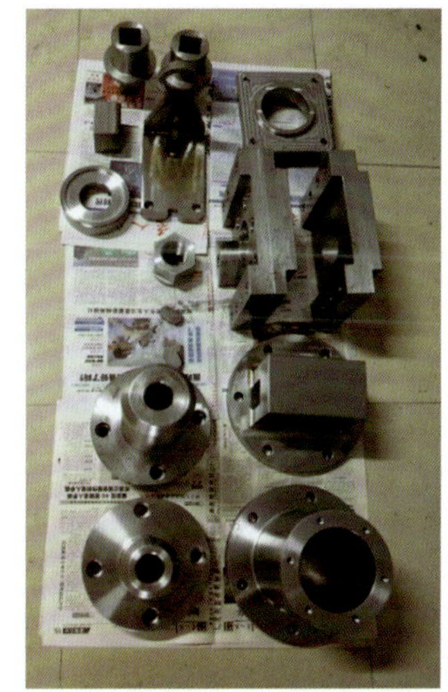

图6-37 下放工具框架焊接及零部件加工

2. SCM装配

SCM的装配按照装配程序指导完成。装配中先安装液压阀块和液压接头，并对底板和阀块流道进行清洗。先安装液压系统零部件，再安装电气系统元器件并布线，最后安装SCM外壳(图6-38)。

图6-38 SCM装配过程

3. SCM 调试

SCM 装配完成后，需上电、通液压，与 SCM 仿真测试平台连接进行调试，检查 SCM 内部水下电子模块 SEM、DCV 电磁阀、液压接头、压力传感器、流量计、水侵传感器、外壳和底板电连接器等组成部件是否正确安装与布线并稳定运行。

4. 下放工具装配与调试

下放工具的装配按照装配程序指导完成。装配中先在下放工具框架上安装丝杠传动系统，包括丝杠、端盖、轴承、光杠、链轮等部件。然后安装悬挂系统，包括 V 型梁、中央梁、悬挂支撑、连接锁等，最后安装传动链。装配完成对传动系统进行调试，手动盘动丝杠，测试两丝杠同步传动的效果，进而调节涨紧链轮，对链条的松边进行调整，调整合适后悬挂重物进行传动测试(图 6-39)。

图 6-39　下放工具装配与调试过程

6.4.3　产品认证及测试

1. 设计审核

第三方认证机构对产品研制总体方案、设计图纸、分析计算说明书等详细设计文件进行审核。并开展 FMECA 分析，评估产品设计的可靠性，对设备的设计提供建议和指导，从而为设备的可靠性及可用性提供保障。

2. 产品建造质量管理体系评估

第三方认证机构对制造商产品建造场地的质量管理体系进行评估，确保产品建造质量。制造质量控制主要包括以下方面：供应商能力评估、工厂入库检查、不合格产品的处理、特殊工艺控制和操作人员取证、总装过程中检查。

3. 制造过程的验证与测试认证

根据产品检验与测试计划 ITP，需第三方认证机构对产品建造测试活动进行验证与认证，包括外购件入库检验、机加件原材料检验、SCM 主要部件加工与检测、SCM 整体集成与质量测试、SCM 下放工具集成与吊装测试、SCM 出厂测试等活动(图 6-40、图 6-41)。

图 6-40 SCM 出厂测试

图 6-41 SCM 高压舱测试

6.4.4 工程化产品简介

本套管汇 SCM 产品设计水深 1500m，设计寿命 20 年。已于 2021 年 12 月取得第三方产品认证，于 2022 年 4 月完成水下系统联调测试。将示范应用于南海水域，是化水下生产控制系统的关键组成设备。管汇 SCM 配套的安装工具专用于 SCM 水下安装与回收(图 6-42)。

图 6-42　SCM 及下放工具产品示意图

参 考 文 献

[1] 郑利军，董旭，张光明，等. 深水管汇 SCM 试验机的设计研究[J]. 中国海洋平台，2015，30(2)：16-19.

[2] 左信，岳元龙，段英尧，等. 水下生产控制系统综述[J]. 海洋工程装备与技术，2016，3(01)：58-66.

[3] 万波，陈斌，陈景皓，等. 基于 FMECA 的水下生产控制系统风险识别[J]. 石油化工设备，2018，47(06)：16-20.

[4] 李文祥，王琨，郭骏，王万旭. 水下油气生产系统控制模块组成及应用[J]. 工业与信息化，2017，2：48-49.

[5] API STANDARD 17F：Standard for subsea production control systems[S]. 2017-11.

[6] ISO 13628-6-2006：Petroleum and natural gas industries-Design and operation of subsea production systems-Part 6：Subsea production control systems[S]. 2006-05-15.

[7] DNV-RP-F112-2008：Design of duplex stainless steel subsea equipment exposed to cathodic protection[S]. 2008-10.

[8] API RECOMMENDED PRACTICE 17A：Design and operation of subsea production systems—General requirements and recommendations[S]. 2017-05.

[9] ASME SectionVIII Division 1：Rules for construction of pressure vessels[S]. 2010-07-01.

[10] NACE MR0175/ISO 15156-1：Petroleum and natural gas industries-Materials for use in H2S-containing environments in oil and gas production-Part 1：General principles for selection of cracking-resistant materials[S]. 2001.

第7章

小型化水下分配单元工程化研制技术

水下分配单元将脐带缆中的液压、电力、信号和化学药剂进行分配，输送到多个水下生产设施(如水下采油树、水下管汇等)中，是水下控制系统的重要组成部分。目前国内外的深水项目中，水下分配单元的结构设计形式多样，应用的油田工况各不相同，国外工程公司对水下分配单元的设计方案已经相对成熟，产品应用水深已超过1500m。我国深水油气开发起步较晚，因此对水下分配单元的深入研究十分必要，有助于我国尽快形成水下分配单元的设计能力，实现工程应用，满足海洋油气田开发的需要。

7.1 概述

7.1.1 水下分配单元组成

水下分配单元(Subsea Distribution Unit)是水下生产控制系统必备的分配装置，它的上游连接水下脐带缆，下游连接水下生产设施，如水下采油树、水下管汇等设备，将脐带缆内的液压、电力、信号和化学药剂集中后进行分配，传输给多个水下设备，是水下控制系统的枢纽(图7-1)。

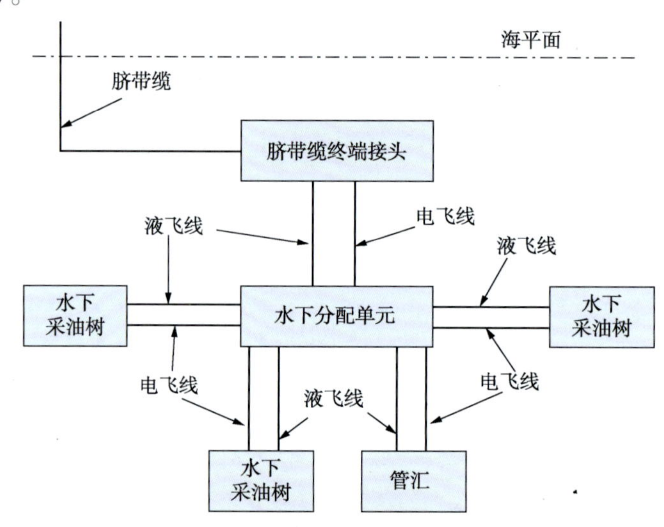

图7-1 水下分配系统示意图

水下分配单元通常由液压分配模块、电气分配模块、下部基础组成。

液压分配模块包括流体分配管线、钢结构框架、吊点等。通过多路快速接头，液压飞线与其他相关设备连接，用于分配液压和化学药剂。

电气分配模块包括水下电气连接箱和线缆、钢结构框架、吊点等。通过水下电接头，电飞线与其他相关设备连接，分配电力和控制信号。

下部基础用于支撑上述水下液压或电气分配模块，安装在海底，通常为防沉板或吸力桩。

水下分配单元根据其结构形式和安装方法，可以分为三种结构形式：单体式、模块式、管汇集成式。三种水下分配单元的电力、信号、液压和化学药剂的分配原理相同，但使用范围、安装和回收的方法有差别。

单体式水下分配单元：

单体式水下分配单元的特点是液压分配模块、电气分配模块集成为一个整体，与水下脐带缆连接。它的外形体积较小，重量轻。由于集成度高，制造工期较短(图7-2)。

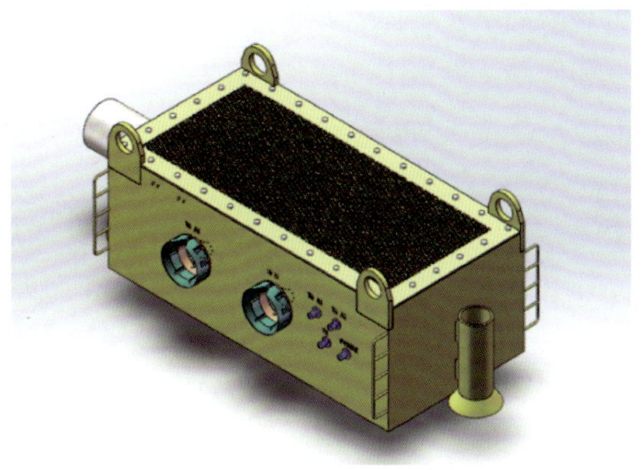

图7-2 单体式水下分配单元示意图

分配模块在安装前与脐带缆进行连接，随脐带缆一起下放，安装在下部基础上。在回收及维修作业时，分配模块要整体一次性回收。由于体积和重量的限制，通常单体式水下分配单元用于分配控制数量相对较少的油田或者对远距离卫星井口的控制。

模块式水下分配单元：

模块式水下分配单元的特点是液压分配模块、电气分配模块、下部基础为独立的单体。两个分配模块采用独立的设计方案，分别与下部基础进行连接。与单体式水下分配单元相比，模块式水下分配单元结构单体数量多，且设计比较复杂，体积大，制造工期长(图7-3)。

模块式水下分配单元在安装时，下部基础和分配模块可分开安装也可在陆地组装好后一起安装，安装方式更加灵活，每个分配模块可以单独回收，对船舶资源的要求更有弹性。由于设计和制造比较复杂，产品尺寸较大，模块式水下分配单元适用于分配数量较多、水下井口相对集中的油气田使用。

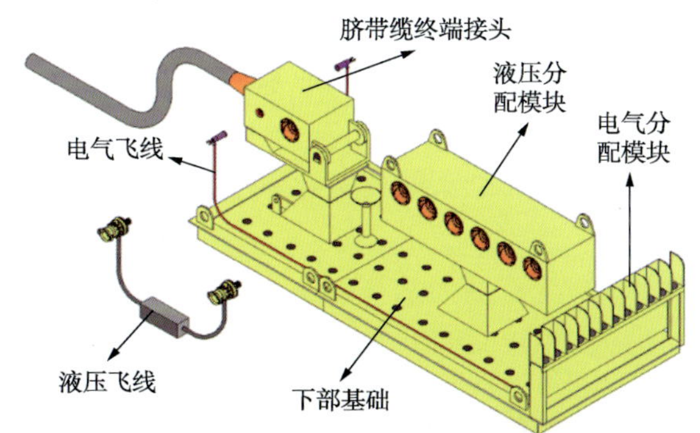

图7-3 海油工程研制的水下分配单元工程样机

管汇集成式水下分配单元：

管汇集成式水下分配单元的特点是水下分配单元的液压分配管线、电气分配线缆与水下管汇的工艺管线布置集成共用一个下部基础。由于与管汇集成在一起，在设计时要防止互相干涉，制造工期最长(图 7-4)。

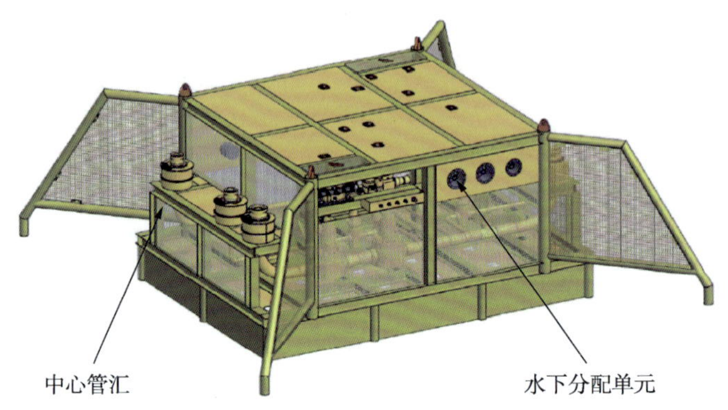

图 7-4 管汇集成式水下分配单元示意图

管汇集成式水下分配单元与单体式和模块式水下分配单元相比，管汇和水下分配单元同时安装，这就减少了水下设备的安装数量，缩短了海上的安装工期，但对安装船舶的能力要求相应提高。管汇集成式水下分配单元，在回收和维护时较为困难，同时也影响了管汇的操作和维护。该种水下分配单元适用于水下采油树集中布置在中心管汇周围的情况。

7.1.2 主要标准

GB/T 21412.1/ISO 13628-1 《石油天然气工业水下生产系统的设计与操作》第 1 部分：一般要求和推荐做法

GB/T 21412.5/ISO 13628-5 《石油天然气工业水下生产系统的设计与操作》第 5 部分：水下脐带缆

GB/T 21412.6/ISO 13628-6 《石油天然气工业水下生产系统的设计与操作》第 6 部分：水下生产控制系统

GB/T 21412.8/ISO 13628-8 《石油天然气工业水下生产系统的设计与操作》第 8 部分：水下生产系统中遥控作业机器人(ROV)接口

7.2 工程化设计技术

液压分配模块用于脐带缆内液压、流体注入的连接和分配。

液压分配模块主要由操作面板、多路快速接头、液压管道、液压管阀件、液压分配模块主结构、液压分配模块支撑底座、导向/定位机构、锁紧/解锁机构、水下机器人(ROV)/潜水员操作把手、管道支架、吊耳、液压接头暂置位(Parking)、防腐涂层和牺牲阳极等组成。

液压分配模块的设计包括总体方案设计、材料设计、接口设计、管道设计、导向/定位机构设计、锁定/解锁机构设计、吊点设计、液压接头暂置位设计、防腐设计、紧固件设计、标识设计等内容。

7.2.1 液压分配模块总体方案设计

应考虑以下因素：

① 是否可回收；

② 操作方式（水下机器人/潜水员操作）。

7.2.2 液压分配模块材料设计

液压分配模块材料应包括管道系统材料和结构材料两部分。材料选择应满足 ISO 13628-1 的要求。

管道系统材料通常采用耐海水环境的不锈钢，一般有奥氏体不锈钢、双相不锈钢或超级双相不锈钢等材料。材料的温度等级应满足使用需求。

7.2.3 液压分配模块接口设计

液压分配模块接口设计，应考虑以下因素：

① 脐带缆终端外形及尺寸；

② 液飞线接头外形及尺寸；

③ 液飞线安装、操作、回收空间需求；

④ ROV/潜水员接近及操作空间要求等。

液压分配模块接口设计至少应包括以下内容：

① 接口数量；

② 接口外形及尺寸；

③ 接口标识设计等。

7.2.4 液压分配模块导向/定位机构设计

液压分配模块通常可以为可回收的形式，因此对导向/定位机构设计至少应满足：

① 避免和除导向机构之外的设备碰撞或干涉；

② 便于安装；

③ 便于 ROV/潜水员观察。

7.2.5 液压分配模块锁定/解锁机构设计

液压分配模块的锁定/解锁机构设计至少应满足：

① 锁定可靠，且操作简单；

② 解锁机构不易失效，且操作简单。

7.2.6 液压分配模块吊点设计

液压分配模块吊点的设计至少应满足：

① 吊点设计应包括所有阶段可能发生的工况；
② 满足强度设计要求；
③ 可按 ISO 13628-4 设计；
④ 吊点的承载力应按 ISO 13628-4 要求标识在吊点上；
⑤ 应进行验证性吊点载荷测试。

7.2.7 液压接头暂置位设计

液压接头暂置位的设计，应考虑以下因素：
① 液飞线的插拔顺序，避免飞线交叉；
② 满足 ROV/潜水员插拔液飞线接头的需求；
③ ROV/潜水员操作的便利性；
④ 与周围设备(如脐带缆，电、液飞线等)的干涉。
液压接头暂置位的设计包括：
① 液压接头暂置位的布置方案(布置在液压分配模块本体上或者所在下部基础结构上)；
② 液压接头暂置位的数量；
③ 液压接头暂置位的接口设计；
④ 液压接头暂置位的支撑设计。

7.2.8 液压分配模块防腐设计

外腐蚀控制应由适当的材料选择、阴极保护和涂层系统来提供，内腐蚀应通过合理选择管道材料等方式进行控制。在设计阶段应规定腐蚀控制程序并与系统设计形成一个整体。腐蚀控制程序应包含测试、监测和已消耗/失效装置的替换。

防腐的设计应符合 ISO 13628-1 及 ISO 13628-4 的相关要求。

阴极保护设计应参考 DNVGL-RP-B401，并满足项目阴极保护规格书中列出的标准和要求。

阳极的结构形式应结合液压分配模块结构形式选择。

涂装系统应满足以下要求：
① 涂装系统配套应满足 NORSOK M501 和 ISO 12944-9 标准的要求；
② 面漆的颜色应满足 ISO 13628-1 附录 B 的要求。

7.2.9 液压分配模块紧固件设计

液压分配模块的机械连接可采用焊接、螺栓/螺钉连接等方案。当采用螺栓/螺钉等紧固件连接时，紧固件应考虑或满足以下要求：
① 所有直径小于或等于 10mm 的螺栓、螺母和垫圈采用不锈钢；
② 所有非不锈钢紧固件，均应进行表面处理或涂敷；
③ 紧固件应接入阴极保护系统，考虑电连续方案。

7.2.10 液压分配模块标识设计

液压分配模块的标识设计至少应满足：

① 标识的尺寸和颜色应满足 ISO 13628-1 的要求；
② 标识位置应便于 ROV/潜水员观察；
③ 标识应有防污措施，避免后期无法观察。

7.2.11 液压分配模块 ROV 干涉分析

应通过计算机辅助设计软件进行水下分配单元所有 ROV 操作点可操作性以及标识信息可观察性的模拟和检查。

电气分配模块用于脐带缆内电力与/或通信服务的连接和分配。

电气分配模块主要由操作面板、电接头、水下分线盒、电气分配模块主结构、电气分配模块支撑底座、导向/定位机构、锁紧/解锁机构、水下机器人(ROV)/潜水员操作把手、吊耳、电接头暂置位(配备长期保护帽)、防腐涂层和牺牲阳极等组成。

电气分配模块的设计包括总体方案设计、材料设计、接口设计、导向/定位机构设计、锁定/解锁机构设计、吊点设计、电接头暂置位设计、防腐设计、紧固件设计、标识设计等内容。

7.2.12 电气分配模块总体方案设计

电气分配模块总体方案设计的内容至少应包括：
① 是否可回收；
② 操作方式(水下机器人/潜水员操作)。

7.2.13 电气分配模块材料设计

① 电气分配模块的材料选择至少应满足 ISO 13628-1 的要求；
② 材料种类尽量少、常用；
③ 满足海洋环境；
④ 通常采用碳钢结构，并涂有适当的防海生物生长涂层和防腐涂层。

7.2.14 电气分配模块接口设计

在进行接口设计时，应考虑以下主要因素：
① 电飞线接头类型、尺寸及重量和操作方式；
② 电飞线接头操作空间需求；
③ ROV 及潜水员的操作需求等。
电飞线接口的设计至少应包括以下内容：
① 电接头排布；
② 电接头间距；
③ 接口标识设计等。
如果电分配模块设计为 ROV 操作方式时，应根据 ROV 的操作要求进行设计，包括：
① ROV 操作要求(包括电飞线插拔操作、锁紧、解锁、安装回收操作等)；
② ROV 接近及操作空间要求；

③ ROV 作业能力。

7.2.15 电气分配模块导向机构设计

电气分配模块通常为可回收的形式，因此对导向/定位机构设计至少应满足：
① 避免和除导向机构之外的设备碰撞或干涉；
② 便于安装；
③ 便于 ROV/潜水员观察。

7.2.16 电气分配模块锁定/解锁机构设计

电气分配模块的锁定/解锁机构设计至少应满足：
① 锁定可靠，且操作简单；
② 解锁机构不易失效，且操作简单。

7.2.17 电气分配模块吊点设计

电气分配模块吊点的设计至少应满足：
① 吊点设计应包括所有阶段可能发生的工况；
② 满足强度设计要求；
③ 可按 ISO 13628-4 设计；
④ 吊点的承载力应按 ISO 13628-4 要求标识在吊点上；
⑤ 应进行验证性吊点载荷测试。

7.2.18 电气接头暂置位设计

电气接头暂置位选型应方便水下机器人（潜水员）操作，并与实际接头共享同一个长期保护帽。

电气接头暂置位的设计，应考虑以下因素：
① 电飞线的插拔顺序，避免飞线交叉；
② 满足 ROV/潜水员插拔电飞线接头的需求；
③ ROV/潜水员操作的便利性。
④ 对周围设备（如脐带缆、电、液飞线等）的干涉。
电气接头暂置位的设计包括：
电气接头暂置位的布置方案（布置在电气模块本体上/所在水下设备上）；

7.2.19 电气分配模块防腐设计

腐蚀控制应由适当的材料选择、阴极保护和涂层系统来提供。在设计阶段应规定腐蚀控制程序并与系统设计形成一个整体。腐蚀控制程序应包含测试、监测和已消耗/失效装置的替换。

防腐的设计应符合 ISO 13628-1 及 ISO 13628-4 的相关要求。

阴极保护设计应参考 DNVGL-RP-B401，并满足项目阴极保护规格书中列出的标准和要求。

阳极的结构形式应结合电气分配模块结构形式选择。

涂装系统应满足以下要求：

① 涂装系统配套应满足 NORSOK M501 和 ISO 12944-9 标准的要求；

② 面漆的颜色应满足 ISO 13628-1 附录 B 的要求。

7.2.20 电气分配模块标识设计

标识的尺寸和颜色应符合 ISO 13628-1 的要求的要求。

电气分配模块标识应包括以下内容：

① 电气分配模块编号；

② 锁紧位标识；

③ 标识布置位置应便于陆地操作人员、ROV 观察。

7.2.21 电气分配模块 ROV 干涉分析

应通过计算机辅助设计软件进行水下分配单元所有 ROV 操作点可操作性以及标识信息可观察性的模拟和检查。

7.3 工程化制造技术(包括制造、装配、调试)

水下分配单元由液压分配模块、电气分配模块两大模块构成，其主要组成包括结构框架、控制管线、多路液压连接器(固定端和逻辑帽)、阳极、水下电分配箱和电接头等。

7.3.1 施工资质

1. 焊接资质

焊工应取得公认标准组织取证，如 IACS UR W32，ISO 9606，ASME BPVC IX or ANSI/AWS D1.1。焊工证书/资格应每六个月(6)按照认证标准进行认证，需要进行相关记录。

焊接检查师应当对所生产部件的焊接工艺、材料和验收标准有充分的经验。

焊接协调员的能力应至少达到 ISO 14731 所界定的全面或具体水平。焊接协调员的任务和职责应按照 ISO 14731 和 ISO 3834-2 进行。

2. 检验资质

实施 NDT(包括目视检查)的人员，应基于 ISO 9712 或美国无损检测学会统一认证规范(ACCP)的认证计划，或基于雇主的资格计划(如 SNT-TC-1A 或 ASNT CP-189)认证计划获得取证。

所有检验施工人员应按照 ASNT-TC-1A 标准或等同标准要求进行资格考试并取得Ⅱ级资质证书(例如 DNVⅡ级，CCSⅡ级，ASNTⅡ级等)，检验审核人员应有相应的Ⅲ级资格证。

7.3.2 结构施工

1. 结构焊接

无特殊说明，结构的焊接和焊接工艺评定按照 AWS D1.1/D1.1M 进行。

所有焊材应严格按照制造商的建议和 AWS D1.1 进行存储、搬运、准备和使用。

所有焊接工艺和焊材均为“低氢”。

2. 结构焊接检验

结构的焊接检验和测试应按照 AWS D1.1 进行。

除非在图纸中另有说明，结构的焊缝应按照表 7-1 和表 7-2 的最低要求进行检验。

表 7-1　吊点和关键位置焊缝

焊缝类型	检验方式	检验比例
全熔透焊缝	UT MPI Visual	100% 100% 100%
部分熔透焊缝	MPI Visual	100% 100%
角焊缝	MPI Visual	100% 100%

表 7-2　其他位置焊缝

焊缝类型	检验方式	检验比例
全熔透焊缝	UT MPI Visual	100% 100% 100%
部分熔透焊缝	MPI Visual	100% 100%
角焊缝	MPI Visual	50% 100%

7.3.3　小直径管线施工

小直径管线焊接程序规范(WPS)应根据 ASME BPVC IX 或 ISO 15609-1 编制，WPS 应基于合格的 WPQR。

1. 评定的基本变素和批准范围

焊接程序应根据 ASME BPVC IX、ISO 15614-1 或 ISO 15614-7 进行资格评定。除了资格标准中规定的批准范围或基本变量范围外，如果超出批准范围，WPS 还需要新的资格认证。

对于不同的材料接头，适用于特定焊接操作中与每个材料相关的基本变素。如果多个变素适用于相同的焊接配置，则适用最严格的要求。

2. 铁素体不锈钢(双相)-附加焊接程序资格测试要求

焊接后，热影响区(HAZ)的硬度除另有约定外，不得超过基材规定的最大硬度，焊缝金属的硬度不得超过应用焊接材料焊缝熔覆沉积规定的最大硬度。

除非对适用的基材和焊材指定其他要求，否则适用以下要求：

For 22 Cr duplex：max. 290HV10 or 28HRC

For 25 Cr duplex：max. 330HV10 or 32HRC

双相不锈钢应进行微观结构检测，测试样品应包括焊接金属、热影响区(HAZ)和基材。微观结构应适当蚀刻和检查400倍至500倍的放大倍数，并应不含晶界硬质合金和沉淀物。焊缝金属和未重新热处理的铁素体含量应按照ASTM E562确定，范围为30%~70%。

3. 小直径管焊缝检验

小直径管焊缝执行100% VT、100% PT和100% RT的NDT检验。

小直径管焊接RT的额外要求：

-RT应采用双壁、双视垂直技术进行。应按60°或120°的步骤进行最少3个曝光，以覆盖100%的焊缝。

-RT应用X射线进行。如果X射线的使用有限，在买方的答应下，Se75源是可以接受的。

-放射成像片应为根据ISO 11699-1的影片系统C2类或C1类。

4. 焊接保护气

保护和净化用气体不得添加氢。

含氮保护和净化气体应用于焊接双相不锈钢。

使用纯氩气(I1根据ISO 14175)作为保护或净化气体应避免用于25Cr双相钢，因为这将导致氮耗竭，并增加焊缝的铁氧体含量，从而增加坑腐蚀的风险。

能够测量背部保护气中含氧量的氧气计，应当用于焊接程序资格认证。生产中可使用任何类型的氧气传感器。氧气水平的内部检查点应位于管道的上象限(例如12点钟位置)中，除非已证明这在技术上是不可能的。小直径仪表管和管道的焊接，应当用可靠的技术对含氧量进行验证或测量。

5. 弯制

小直径管线的弯制应采用冷弯。

采用新弯制设备或首次弯制的规格管道，应进行冷弯试验，试验件应进行NDT检验、硬度测试、拉伸测试和尺寸检查。

7.3.4 涂装施工

涂装根据NORSOK-STANDARD-M-501等标准的规定：

① 水下管汇油漆系统应通过NORSOK-M-501 N0.7B或7C认证；

② 已经安装好的设备、仪表、铭牌、控制阀、控制器、钢印标记等在喷砂喷漆时都要进行保护以免破坏；

③ 在抛丸除锈开始前，油或油脂等污物都应按照SSPC-SP1标准进行清洗；

④ 抛丸除锈后的金属表面不能再用酸或其他溶液和溶剂清洗，包括任何防锈剂的使用；

⑤ 喷砂除锈的表面应符合SSPC-SP 10标准，粗糙度应使用专用纸带依据标准NACE0287

进行测量；

⑥ 每个涂层应该均匀喷涂，保证连续均匀的漆膜，避免产生针孔、漏涂、流挂等漆病。在做面漆前，所有边缘、角落、焊缝和其他不易喷涂的区域都应先刷涂，然后再进行喷涂；

⑦ 喷射清理后，灰尘和磨料等必须从表面去除，表面残存微粒数量和大小不得超过 ISO 8502-3 中等级 2 的规定。清理后表面的可溶性杂质的含量，按 ISO 8502-6 标准用蒸馏水萃取后测试，电导率不得超过相当于依照 ISO 8502-9 测试 20mg/m^2 NaCl 含量时的测试值。

7.3.5 制造总装尺寸公差

1. 结构和机械件公差：

(1) 接长结构公差：

对接接长管的尺寸应符合 AWS D1.1 或 API 2B 的要求。直线度允许偏差为：

任意 3m 管段内为 3mm；

任意 12m 为 10mm；

超过 12m 长的任意管段为 12mm。

(2) 卷制管公差：

卷制管公差应满足 API Spec. 2B 要求；

卷制管纵缝的径向错皮不应超过 3.2mm，环缝的径向错皮应小于 0.2t(其中 t 为母材厚度)和 6mm 中较小值；外周长公差应为±10mm；最大和最小内径之间的差值不得超过 6mm。

(3) 机械加工件公差：

机械加工件应满足 ISO 2768-1 线性尺寸允许的偏差(表 7-3)。

表 7-3 ISO 2768-1 线性尺寸允许的偏差

	公称尺寸范围/mm							
公差等级	0.5~3	3~6	6~30	30~120	120~400	400~1000	1000~2000	2000~4000
F	0.05	0.05	0.1	0.15	0.2	0.3	0.5	—
M	0.1	0.1	0.2	0.3	0.5	0.8	1.2	2
C	0.15	0.2	0.5	0.8	1.2	2	3	4
V	—	0.5	1	1.5	2.5	4	6	8

吊耳孔、销孔及螺栓孔应满足 ISO 2768-1M 要求；

吊耳孔应钻孔/机加工，不得火焰切割；

其他零件应满足 ISO 2768-1C 要求。

焊接结构件尺寸公差应满足《ISO 13920 焊接钢结构总体公差》要求，长度公差按 B 级执行(表 7-4)。

直线度公差、平面度公差和平行度公差按 F 级执行(表 7-5)。

表 7-4 长度尺寸公差

公差等级	公称尺寸范围/mm										
	2~30	30~120	120~400	400~1000	1000~2000	2000~4000	4000~8000	8000~12000	12000~16000	16000~20000	20000以上
	公差 t/mm										
A	±1	±1	±1	±2	±3	±4	±5	±6	±7	±8	±9
B		±2	±2	±3	±4	±6	±8	±10	±12	±14	±16
C		±3	±4	±6	±8	±11	±14	±18	±21	±24	±27
D		±4	±7	±9	±12	±16	±21	±27	±32	±36	±40

表 7-5 直线度公差、平面度公差和平行度公差

公差等级	30~120	120~400	400~1000	1000~2000	2000~4000	4000~8000	8000~12000	12000~16000	16000~20000	20000以上
	公差 t/mm									
E	0.5	1	1.5	2	3	4	5	6	7	8
F	1	1.5	3	4.5	6	8	10	12	14	16
G	1.5	3	5.5	9	11	16	20	22	25	25
H	2.5	5	9	14	18	26	32	36	40	40

7.4 测试内容及要求

7.4.1 水下分配单元出厂测试

液压分配模块出厂测试主要包括：外观和尺寸检查、电连续性测试、吊耳载荷测试、清洁度测试、压力测试、液飞线装配测试、管线路由检查等。

电气分配模块出厂测试主要包括：外观和尺寸检查、电连续性测试、导电测试、绝缘测试、电飞线装配测试、回收配合测试。

7.4.2 水下分配单元扩展测试

水下分配单元完成出厂测试后，还要进行扩展测试，验证连接接口的界面和设备之间是否干涉。

液压分配模块扩展测试包括：液飞线的安装和回收，ROV 工具的接口测试，验证上述水下操作的可行性。可以通过吊机对水下液压分配模块的下放安装和回收进行模拟测试。通过 ROV 的模拟器对 ROV 的操作空间和接口进行干涉检测，对液飞线接头安装和回收进行模拟，验证上述水下操作的可行性。

电气分配模块扩展测试包括：电飞线的安装和回收、ROV 工具的接口测试、验证上述水下操作的可行性。通过 ROV 的模拟器对 ROV 的操作空间和接口进行干涉检测，对电飞线接头安装和回收进行模拟，验证上述水下操作的可行性。

7.5 工程化测试

水下分配单元的测试推荐按图 7-5 流程进行。

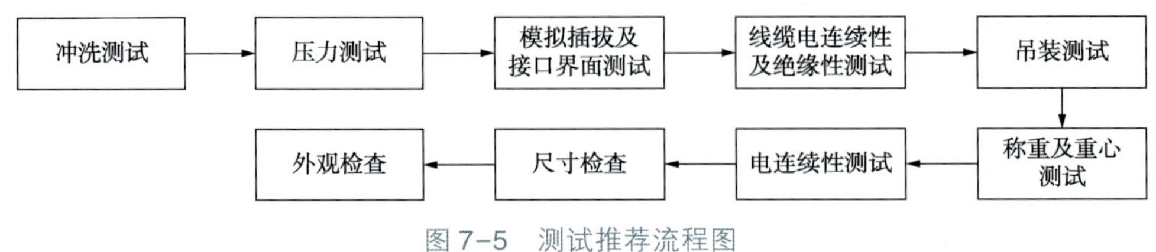

图 7-5 测试推荐流程图

7.5.1 健康、安全、环保

① 人和环境的安全任何时候都要放在第一位；

② 对所有参加施工的人员进行健康、安全、环保的意识教育，并进行施工技术交底，使其熟悉所参加项目的特点和要求；

③ 进入现场必须正确佩戴安全帽、安全鞋、防护眼镜，穿长袖工作服等，高空作业要系好安全带，严禁高空投物；

④ 吊装作业时起重臂下不允许站立，起重指挥人员应当严格按照起重指挥手册进行操作；

⑤ 测试区域用警示带隔离，并在明显位置悬挂警示牌；

⑥ 测试区域干净、整洁；

⑦ 测试区域禁止交叉作业；

⑧ 与测试工作无关的人员一律严禁进入调试现场；

⑨ 施工方应随时记录并定期报告业主项目安全状况，包括所有紧急救助案例，遇险案例，可记录的事故案例及事故损失工时等情况。所有发生事故案例都必须采用简短的描述，在承包商给业主的定期报告中通告。

7.5.2 测试准备

① 确认所有现场使用的文件版本均为最新版本；

② 确认所有涉及安全的文件在现场张贴完成；

③ 确认测试区域警戒线、围挡布置完成；

④ 确认颗粒计数器、压力表等设备经过标定并在有效期内；

⑤ 确认机械完工检查完成并记录；

⑥ 确认技术交底完成；

⑦ 确认 JSA 分析完成；

⑧ 确认管线吹扫完成(干燥压缩空气压力不大于 8bar)；

⑨ 确认液压动力站、扭矩工具、接头、软管等工机具准备完成；

⑩ 确认风、水、电、气资源准备完成；

⑪ 确认施工前测试介质清洁度满足要求；

⑫ 检查所有包括测试接头以及所有密封圈和垫圈的完整情况，以确定是否有划痕和任何其他影响密封性能损伤的迹象；

⑬ 检查软管及接头等的磨损状态，所有高压软管防脱链是否正确连接。

以上准备工作完成后，填写测试准备工作检查表。

7.5.3 测试设备及测试材料

压力传感器、压力温度记录仪和压力表必须有最近(最近6个月内)的校准证书，并且压力表在满刻度下的精度至少为1%~2%，压力温度记录仪的精度至少为1%~2%。

7.5.4 冲洗测试

1. 测试目的

清洁小直径管线管内部，去除异物和碎屑，如机加工碎屑、污垢、焊渣等。

2. 测试工机具及测试材料

主要包括高压冲洗泵、颗粒计数器、便携式温度计、水下多路液压连接器测试帽、软管及接头。

3. 测试步骤

① 液压动力站、软管、接头等冲洗工机具预循环冲洗；

② 检查小直径管线管已经按照图纸要求安装完成，安装路径正确；

③ 确认小直径管线气体吹扫完成；

④ 按照冲洗图将测试设备、软管正确连接到测试回路，安装接头前及拆卸接头后，仔细核对有无划痕影响密封效果；

⑤ 检测取样清洁度，确认小直径管线测试回路满足清洁度要求。

4. 取样要求

取样程序应符合ISO 4021。取样点应不受环境影响，使用前应进行清洁。以下为建议取样步骤：

(1) 取样前应保证管路冲洗时间满足正向冲洗30min，反向15min要求；

(2) 正式取样前应在取样口先泄放500mL测试介质；

(3) 取样瓶在正式使用前，先用冲洗液填充半瓶，冲洗瓶子内表面，然后丢弃冲洗液；注意采集样品时，确保人员使用必要的个人防护装备(清洁的塑料手套、护目镜等)，避免接触冲洗液；

(4) 再次将瓶子装满，直到冲洗液收集到瓶子的四分之三且大于100mL；

(5) 立即盖上瓶盖并关闭取样阀；

(6) 取样后，在取样瓶上贴上标签，并标注如下信息：

① 取样日期及时间；

② 取样人姓名；

③ 取样管路系统号。

需要连续取样三次以检测清洁度；

在干净室内使用颗粒计数器对样品进行清洁度检验；

清洁度检验结果打印条上应标记管线系统、入口、出口、检测日期等信息。

5. 注意事项

① 进行冲洗测试前，完成所有相关的机械检查，并确认所有检查结果完成记录。

② 冲洗最终结果应附现场冲洗照片、清洁度检测结果、测试设备证书，并在业主及第三方验证后注明日期并签字。

③ 连续三次取样检测记录合格后，应在结果打印条上标记管线入口、出口、检测日期等信息。

④ 冲洗结束后，应对测试管线、软管、接头等进行保护，避免杂质进入。

7.5.5 压力测试

1. 测试目的

验证小直径管线在试验压力为 1.5 倍设计压力下的强度是否满足要求以及水下多路液压连接器长期压力帽在 1 倍设计压力下的密封性。

2. 测试工机具及测试材料

测试液压动力站、温度压力记录仪、软管、接头、温度计、压力表、水下多路液压连接器测试帽。

3. 测试步骤

① 确认测试人员完全熟悉工作内容；

② 检查设备状态、软管磨损情况；

③ 所有软管及防脱链正确连接；

④ 确认温度传感器、压力传感器、压力表完成标定并进行连接；

⑤ 连接好各系统试压管路；

⑥ 将试压软管正确连接至水下多路液压连接器测试帽；

⑦ 连接温度压力记录仪，准备工作完成；

⑧ 逐步增压至静水压力测试压力的 25%、50%、75%，最终到 100%，每次增压完成待稳定后再进行下次增压，相邻两次增加间隔不小于 5min；

⑨ 在加压至静水压力测试压力的 100%并确定压力稳定后进行保压 2h，在开始保压、保压 1h、保压 2h 分别拍照 3 张照片作为温压记录仪支持文件；

⑩ 保压完成后，确认管线没有明显可见泄漏，逐步泄放被测管路压力，分步泄放压力值应接近测试压力的 75%、50%、25%、0，导出温度压力记录仪数据；

⑪ 在加压至长期压力帽测试压力的 100%并确定压力稳定后进行保压 15min，在开始保压、保压结束分别拍照 2 张照片作为温压记录仪支持文件；

⑫ 保压完成后，确认管线没有明显可见泄漏，逐步泄放被测管路压力，分步泄放压力值应接近测试压力的 75%、50%、25%、0，导出温度压力记录仪数据；

⑬ 将所有数据记录。

4. 合格标准

在压力测试期间，应保证以下内容：

-保证温度稳定，管线应没有明显可见泄漏发生；

-静水压力测试保压 2h，稳压阶段压降不大于测试压力的 5%。

5. 注意事项

试验过程中如压降过大，应将系统压力降为 0，在高压情况下，不能进行任何连接或紧固操作。试验过程中如温度变化较大，应考虑温度对试压压力的影响。压力记录仪显示的压力数值应大于测试压力，压降不大于测试压力的 5%。

7.5.6 模拟插拔及接口界面测试

1. 测试目的

进行电液接口匹配性测试，电液飞线安装测试，ROV 工具测试，验证各接口满足安装要求，电液飞线安装回收顺畅。

2. 主要工机具

吊机、吊索具、torque tool。

3. 测试步骤

① 检查电、液飞飞线固定端和移动端机械完工状态是否良好；

② 检查电、液飞飞线固定端和移动端接口是否清洁；

③ 将作业工具吊装至 ROV 接口，检查作业工具与 ROV 接口对接良好，有足够的操作空间。工具包括 torque tool 和 ROV 操作所需其他工具

④ 将液飞线移动端吊装至液压分配模块进行装配，检验液飞线固定端和移动端装配是否良好，装配后移除移动端时是否顺利，并记录安装时的紧固圈数和力矩；

⑤ 将电飞线移动端吊装至电气分配模块进行装配，检验电飞线固定端和移动端装配是否良好，装配后移除移动端时是否顺利；

⑥ 在测试记录表格中做好记录。

4. 合格标准

电液接口、ROV 工具接口匹配良好，电液飞线安装、回收顺畅，液飞线安装时紧固圈数和力矩满足设计要求

7.5.7 电气分配模块内线缆电连续性及绝缘性测试

1. 测试目的

检查电气分配模块电路连接、电缆绝缘性能，确保电气分配模块中每个连接端子具有相间绝缘和对地绝缘特性(图 7-6)。

2. 测试工机具

万用表、测试电接头(Pin)、测试电接头(SOCKET)、微欧姆计。

3. 测试步骤

① 检查电气分配模块电路线缆已经按照图纸安装完成；

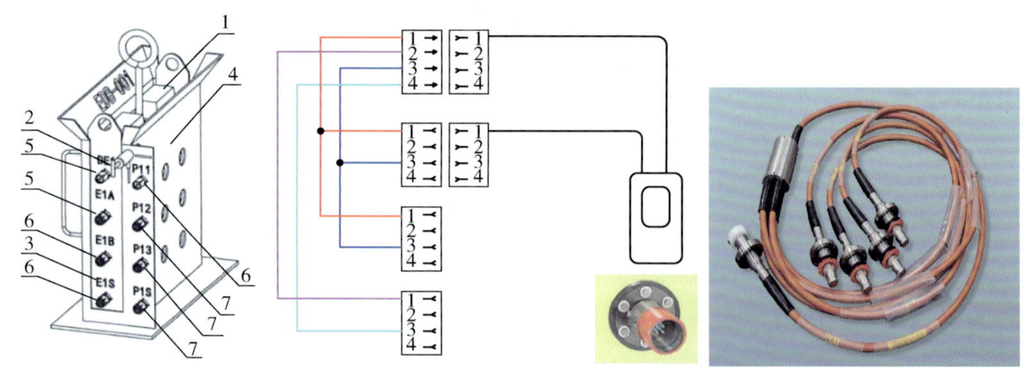

图 7-6　电气分配模块及线路示意图

② 检查电缆绝缘性能满足要求；

③ 确认测试电飞线机械接口匹配、安装位置和方向正确；

④ 将测试电接头与电气分配模块内线缆同一回路的两端相连接，使用微欧姆计，分别连接同一回路的两端的测试电接头，按下微欧姆计的测试按钮进行电连续性测试；

⑤ 将测试电接头与电气分配模块内线缆不同回路的两端连接，使用兆欧表，依次对各个尾线端进行相间绝缘测试。

⑥ 依次对各个尾线端进行对地绝缘测试；

⑦ 在测试记录表格中做好记录。

4. 合格标准

① 电缆绝缘性能满足设计要求。

② 连续性测试合格标准为：各路电缆连续性电阻小于 1.0Ω；

③ 绝缘测试合格标准为：相间和对地绝缘电阻 $R>10\text{G}\Omega$@1000VDC。

7.5.8　吊点载荷测试

1. 测试目的

检查设备、部件安装情况、接口状态，液压分配模块、电气分配模块与安装底座装配情况，锁紧机构功能是否满足设计要求。

2. 测试工机具

吊机、吊索具、模拟水下机器人(Dummy ROV)。

3. 测试步骤

① 使用 ROV 进行吊耳的挂扣/摘扣测试，每个吊耳均能与卸扣顺利安装及拆卸；

② 将液压分配模块吊装至下部基础结构上，检查导向配合是否良好，安装过程中是否有卡阻；

③ 液压分配模块安装在下部基础结构上后，检查锁紧机构在锁紧和解锁时是否顺畅，完成后复原；

④ 电分配模块吊装滑入电分配模块外结构，检查配合是否良好，安装过程中是否有卡阻；

⑤ 进行电气分配模块的锁紧，检查锁紧机构在锁紧和解锁时是否顺畅，完成后复原；

⑥ 在测试记录表格中做好记录。

4. 合格标准

设备、部件按图纸要求完成安装、接口匹配良好，可回收部件安装和拆卸过程顺利、无卡阻。

7.5.9 称重测试

1. 测试目的

测量液压分配模块及电气分配模块重量，并记录吊装过程中的水平度。

2. 测试工机具

5t 板式拉力计、吊索具、电子水平尺。

3. 测试步骤

① 检查液压分配模块及电气分配模块所有部件已按照图纸要求安装完成；

② 检查吊索具和卸扣外观；

③ 连接称重传感器与液压分配模块间吊索具，并将称重传感器连接在吊钩下方；

④ 提升索具离开地面，称重传感器置零；

⑤ 检查卸扣、索具安装情况，保证卸扣与吊点配合良好；

⑥ 缓慢提升液压分配模块完全脱离垫墩；

⑦ 读取称重传感器数据并记录；

⑧ 记录液压分配模块的 XY 水平度，降落液压分配模块至垫墩；

⑨ 回收吊索具，恢复现场；

⑩ 根据记录数据，计算重量；

⑪ 参考上述步骤进行电气分配模块重量及重心测量。

4. 合格标准

① 称重三次，任意两个称重结果偏差≤1%，实际重量与理论重量偏差在 5%之内，取三个结果的平均值作为最终称重结果。

② 重心位置偏差在吊点间距离的 2.5%之内，如有差别需得到业主的批准。

5. 注意事项

① 尽可能使用海上安装用吊索具进行液压分配模块及电气分配模块的吊装；

② 完成称重后，将重量信息反馈给项目组。

7.5.10 电连续性测试

1. 测试目的

测量检查所有机械连接元件之间的电连续性。

2. 测试工机具

微欧姆计。

3. 测试步骤

① 测试欧姆表导线的电阻，该部分电阻要从测量结果中去除；

② 将欧姆表调到合适的档位，主要测量所有机械连接部位的电连续性，包括但不限于：

-液压分配模块与底座间；

-液压分配模块上盖板与结构间；

-液压分配模块后盖板与结构间；

-液压分配模块盖板螺栓与结构间；

-固定锁销与底座间；

-水下多路液压连接器外壳与结构间；

-水下多路液压连接器管路与结构间；

-水下多路液压连接器固定螺栓与结构间；

-管夹上盖板与管支架间；

-电气分配模块外壳与结构间；

-电气分配模块电飞线停靠部件固定螺栓与结构间。

4. 合格标准

电连续性测量电阻≤0.1Ω

5. 注意事项

如果机械连接部件间电阻大于0.1Ω，应采用增加电导线等方式进行解决。

7.5.11 尺寸检查

1. 测试目的

校核设备总体尺寸，验证与安装相关的关键尺寸是否满足要求。

2. 测试工机具

全站仪、米尺、水平仪。

3. 测试步骤

① 尺寸控制报告已经完成并完成签署；

② 全站仪应经过标定，并在有效期之内；

③ 应测量结构所有线性和角度尺寸，并与制造图纸进行比较，包括液压分配模块的长、宽、高，导向筒位置尺寸，锁销位置及尺寸，液压分配模块底座导向柱位置及尺寸；电气分配模块的长、宽、高，电气分配模块锁销位置及尺寸，电气分配模块底板平面度等。

4. 合格标准

吊耳孔、插销孔、螺栓孔应机加工，尺寸公差满足项目要求。

7.5.12 外观检查

1. 测试目的

检查设备安装、外观、标识及位置是否正确。

2. 测试工机具

相机

3. 测试步骤

① 检查外观、各接头表面有无损坏或划痕；

② 检查标签和标识是否与图纸相符，吊眼和 ROV 抓手涂有橙色涂层；

③ 检查阳极位置、类型、数量等；

④ 检查 ROV 把手、吊耳、小直径管线管等布置有无干涉；

⑤ 确认管道与总装的任何其他金属部件无接触；

⑥ 验证锁紧机构已按照图纸正确装配。

4. 合格标准

① 所有的涂层已完成修复，文字的标识符合图纸的要求；

② 各部件安装正确、无干涉。

7.6 工程化产品简介

本次研制的小型化水下分配单元，含一台独立可回收式液压分配模块和两台可回收式电气分配模块，在多功能管汇中进行集成，共用底座。小型化水下分配单元设计寿命 20 年，设计水深 1500m，内部分配管线的最高压力可达 10000psi，同时具备电液分配，能为两个水下设备提供电力、信号、液压和化学药剂的分配功能。同时水下分配单元上设置了逻辑帽，方便对分配管线进行逻辑功能的变换。小型化分配单元在设计、制造和测试中遵循了国际主流技术标准，取得 DNV GL 和 CCS 第三方的符合性证书。

图 7-7 小型化液压分配模块

液压分配模块(可回收部分)的主要接口包括：脐带缆 UTH 接入口、水下采油树液飞线(HFL)接口、逻辑帽、管汇控制模块(SCM)液飞线(HFL)接口、吊点、锁紧耳板、导向机构、ROV 抓手(表 7-6、图 7-7)。

表 7-6 液压分配模块主要技术参数

设计寿命	20 年
设计水深	1500m
接口数量	3 个，脐带缆 UTH 接入口，水下采油树液飞线(HFL)接口，逻辑帽，管汇 SCM 液飞线(HFL)接口，
设计压力	低压 5000psi，高压 10000psi
工作介质	水基液压油/化学药剂/放空管线
液压分配模块(可回收)	长×宽×高：4.5×1.5×2.2(m) 4.1t(空气中重量)
液压分配模块底座(不可回收)	长×宽×高：4.5×1.5×3.2(m) 1.2t(空气中重量)

电气分配模块(可回收部分)的主要接口包括：脐带缆 UTH 电接口(输入)、水下采油树电飞线(EFL)接口(输出 1)、管汇 SCM 电飞线(EFL)接口(输出 2)、备用接口(输出 3)、吊点、锁紧机构、导向槽、ROV 抓手(表 7-7、图 7-8)。

表 7-7 电气分配模块主要技术参数

设计寿命	20 年
设计水深	1500m
接口数量	脐带缆 UTH 电接口(输入)，水下采油树电飞线(EFL)接口(输出 1)，管汇 SCM 电飞线(EFL)接口(输出 2)
设计电压等级	0.6/1kV
电分配模块(可回收)	长×宽×高：1.02×0.25×1.26(m) 0.138t(空气中重量)
电分配模块底座(不可回收)	长×宽×高：1.4×1.3×1.988(m) 1.2t(空气中重量)

图 7-8 电气分配模块

第 8 章

水下液压飞线工程化研制技术

8.1 概述

水下液飞线(Hydraulic Flying Lead)是水下生产设施中的重要组成部分，一般用于两个水下设施之间的液压/化学药剂等的连接，是关系到水下油气生产正常运行的重要“生命线”。随着深海油气田开发，尤其是代表未来趋势的水下系统越来越复杂，液飞线的应用前景广阔。

水下液飞线通常将水下脐带缆终端装置(SUTU)或水下分配装置(SDU)与水下采油树或水下管汇上的水下控制模块(SCM)直接相连，传输液压油及化学药剂以实现对采油树和管汇的控制。

液飞线的设计制造技术在国外已走向成熟。在国外，生产和制造液飞线的公司主要包括：FMC Technologies、Oceaneering、Siemens、Aker Solutions 等。目前，这些公司的产品正在向着新材料、新(密封)技术以及更高的可靠性和稳定性方向发展。对液飞线的研究十分有必要，避免对国外技术的依赖和技术“卡脖子”。

液飞线的结构组成如图 8-1 所示。液飞线分成三个部分：

-液压管束(Hydraulic Tubing/Hose Bundle)；

-终端集成支架(Steel Bracket Assembly)；

-终端连接接头(Connection Plate)。

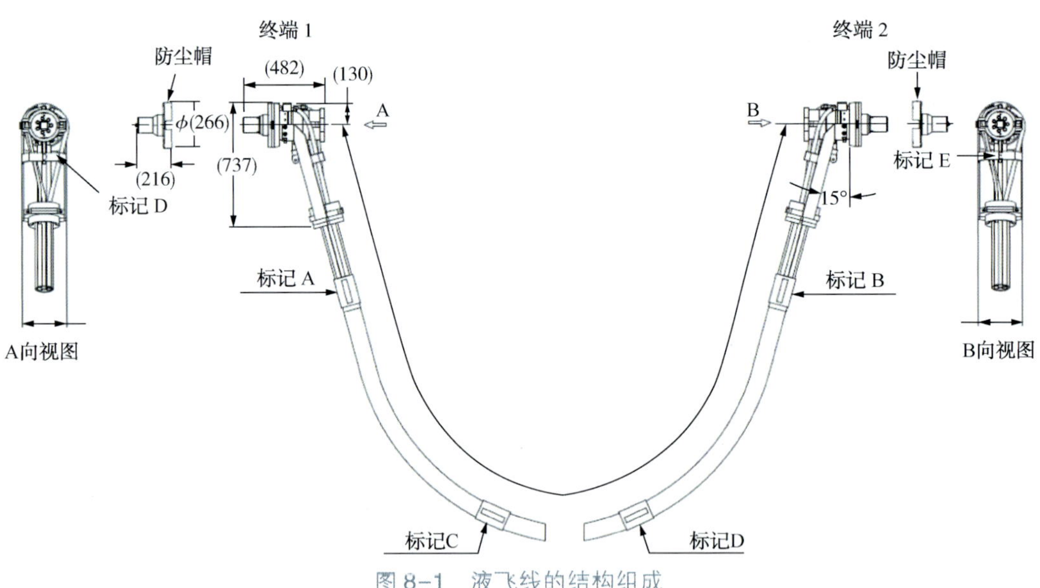

图 8-1 液飞线的结构组成

1. 液压管束

液飞线的主体部分是由一条或多条液压管组成的管束及外护套构成。管束的排布形式与脐带缆的设计概念近似。液压管的类型可分为液压软管和液压钢管两种。在选择液压管材质时应考虑造价、交货期、耐腐蚀性、使用寿命、安装方式、水深等方面。液压钢管做成的液飞线的单位长度重量和弯曲刚度都大于热塑性塑料液压软管做成的液飞线。重量和刚度也影响终端集成支架的设计以及液飞线的安装方式。

在液压管束的末端靠近终端集成支架的部分有限弯装置，防止安装和使用过程中产生过度弯曲形成断裂。有些液飞线会在管束中添加钢丝绳，钢丝绳两端连接在终端集成支架上，目的是将液飞线的大部分受力通过钢丝绳传递到集成支架上，从而提高液飞线的安全性。

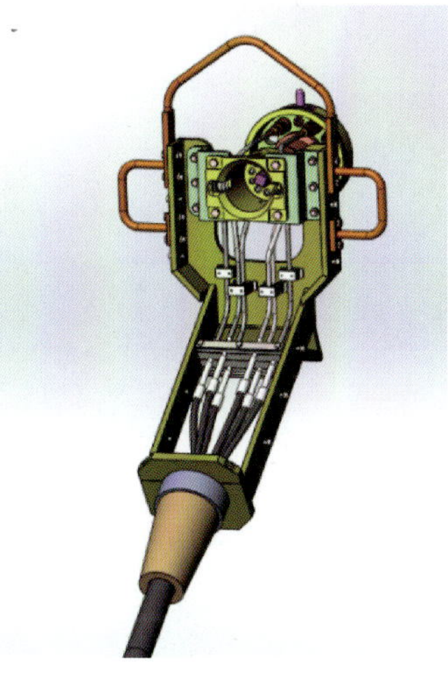

图 8-2 液压管束在终端集成支架上的连接

2. 终端集成支架

终端集成支架的主要用途是连接液压管束与终端连接接头。在终端集成支架上，液压管束中的液压管将由螺旋排布变成分散排布，并与终端连接接头上相对应的接头连接(图 8-2)。

根据结构强度的需要，液飞线的终端集成支架可以有多种设计形式。大致可以分为轻型支架和眼镜蛇头(Cobra Head)形式支架两种。

如图 8-3 所示，轻型支架结构较为简单，适合尺寸、重量较小的液飞线。多用于由热塑性塑料液压软管构成的液飞线。

眼镜蛇头支架结构强度更高，通常用于尺寸、弯曲刚度和重量较大的、管路较多的、由液压钢管束构成的液飞线。眼镜蛇头支架也常被用于脐带缆的末端连接(图 8-4)。

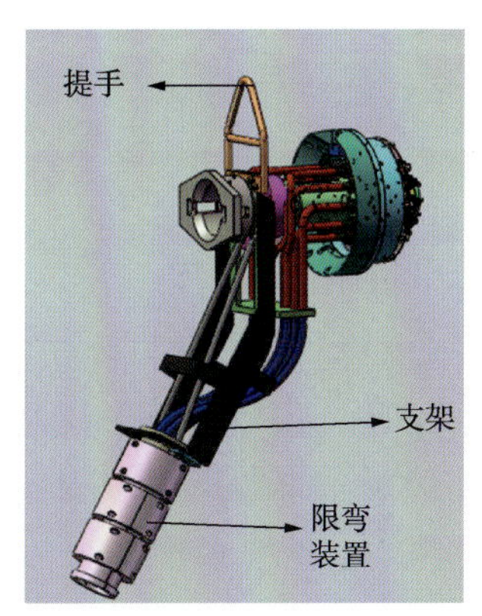

图 8-3 轻型支架

图 8-4 眼镜蛇头支架

轻型支架和眼镜蛇头支架上通常设计有提手，用于水下连接时辅助就位或连接浮筒时使用。

3. 终端连接接头

根据液飞线中液压管的数量，终端连接接头可以分为单一接头和水下多路液压连接器(MQC)两种。

单一接头的形式较为简单，与 ROV 水下液压交换常用的热插拔(Hot Stab)接头类似，仅能连接一条液压油路。热插拔(Hot Stab)通常尾部有 T-Bar，ROV 可以通过机械手直接连接(图 8-5)。

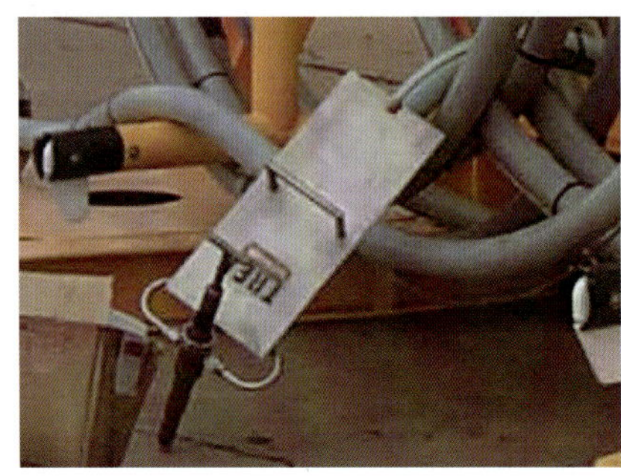
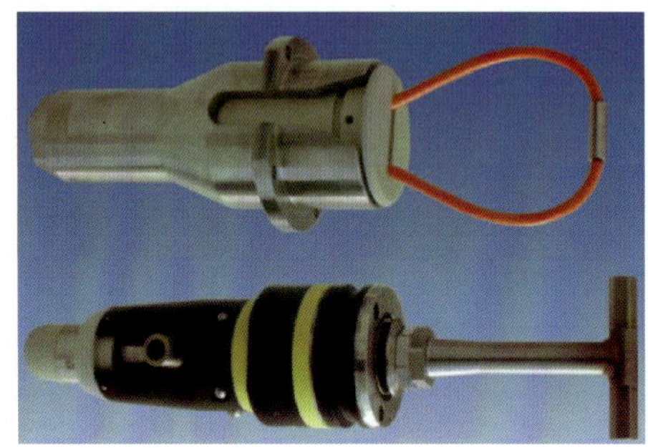

图 8-5　单一液飞线接头

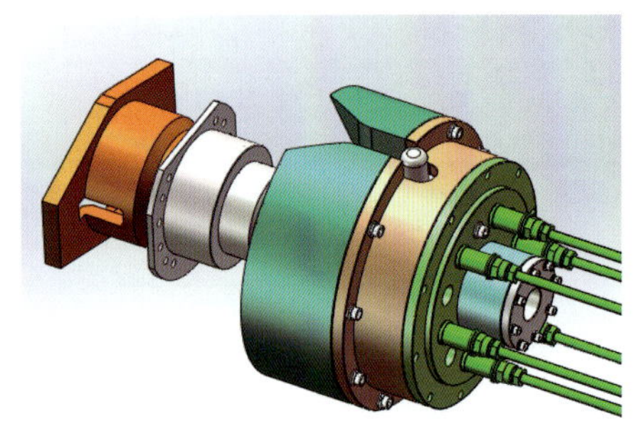

图 8-6　MQC 接头

若液飞线由多条液压管构成，终端连接接头是水下多路液压连接器(MQC：Multi Quick Connector)形式。MQC 接头上可以有多个液压接头(Coupler)。液飞线中的每一根液压管都对应 MQC 接头上的一个液压接头。MQC 上不被使用的液压接头需要用专用的封堵头堵住。不同液飞线所需液压接头的数量不同，选择的 MQC 接头上的液压接头的排布也可能不同(图 8-6)。

MQC 接头移动端(飞线端)与固定端(设备端)的连接及固定通常要借助 ROV 扭矩工具(Torque Tool)来完成。MQC 母接头与公接头之间的连接需能够承受飞线中全部液压管充压带来的张力。

水下多路液压连接器(MQC，Multi Quick Connector)，主要用于水下采油树、水下管汇以及水下分配单元之间的高压注醇管线、化学药剂管线，以及液压控制管线的连接，是水下油气田开发、运行过程必不可少的核心装备之一。

根据需要，上面一般可安装多个各种不同的水下接头，MQC 需要对接头的正确连接提供轴向和旋转方向的导向，并提供足够大的锁紧力以抵抗在连接过程中，由于管道中的液体压力产生的分离力，这就需要 MQC 具有一套可靠的锁紧机构，能够将两端的接头安装板可靠地锁紧在一起，从而确保接头可靠的密封和导通。水下多路液压连接器按功能可以分为如下几种类型：

(1) 固定端：固定安装在水下设备(如采油树)上，英文称为 Fixed plate assembly，或者 Inboard assembly。固定端上安装有多个公接头，轴向和圆周方向上的导向套或导向槽，以及相应的锁紧机构。

（2）移动端：由人或 ROV 机械手操作，插入到固定端，以实现管路的连通，英文称为 Free plate assembly，或者 Outboard assembly。移动端上安装有相应的多个母接头，轴向或圆周方向上的定位销或键，以及相应的锁紧机构。此外，由 ROV 操作实现插入的移动端上还应该有相应的 ROV 机械手操作接口，一般包括操作把柄和扭矩接口。

（3）暂置位：与相应的固定端相邻，固定安装在水下设备上，英文称为 Parking assembly。暂置位的结构和尺寸和固定端是一样的，唯一的区别是其上安装的是堵头，国外称为 Dummy male Hydraulic coupler，这种接头不起导通作用，而只是用来和母接头接触，当移动端从固定端上拔出，并且没有收回到海上时，需要将移动端暂时放置在暂置位上，用来给移动端提供保护。

（4）长期压力帽：长期压力帽是用来保护长时间安装在海底的固定端和暂置位(当没有移动端安装时)，以防止海底的泥沙对固定端和暂置位的污染，还可以阻止海里的碳酸钙在公接头和 Dummy couplers 上沉积。长期压力帽上配有与对应公接头配合的套筒，以将公接头保护起来，同时长期压力帽也需要锁紧机构将保护帽与固定端或暂置位锁紧。

（5）防尘帽：英文称为 Dust cap，是用来在下水前保护移动端的，防止外界对移动端的污染和破坏，其结构较简单，没有接头及保护接头的套筒，但需要与移动端可靠的连接。

8.2 工程化设计技术

主要设计标准如下：

GB/T 21412.1/ISO 13628-1 《石油天然气工业水下生产系统的设计与操作》第 1 部分：一般要求和推荐做法

GB/T 21412.4/ISO 13628-4 石油天然气工业水下生产系统的设计与操作-4 水下井口装置和采油树设备

GB/T 21412.5/ISO 13628-5 《石油天然气工业水下生产系统的设计与操作》第 5 部分：水下脐带缆

GB/T 21412.6/ISO 13628-6 《石油天然气工业水下生产系统的设计与操作》第 6 部分：水下生产控制系统

GB/T 21412.8/ISO 13628-8 《石油天然气工业水下生产系统的设计与操作》第 8 部分：水下生产系统中遥控作业机器人(ROV)接口

1. 液飞线 HFL 管线选择

液飞线通常分为液压软管及液压硬管两种，两种形式各有优缺点。液压软管的突出优点是造价便宜，重量轻，最小弯曲半径小，便于装卸、存储和安装(图 8-7)。

图 8-7 液压软管

2. 多路液压连接器 MQC

MQC 由固定端与移动端组成，并采用弹簧夹头式锁紧机构，如图 8-8 所示，MQC 的移动端安装在液飞线上。

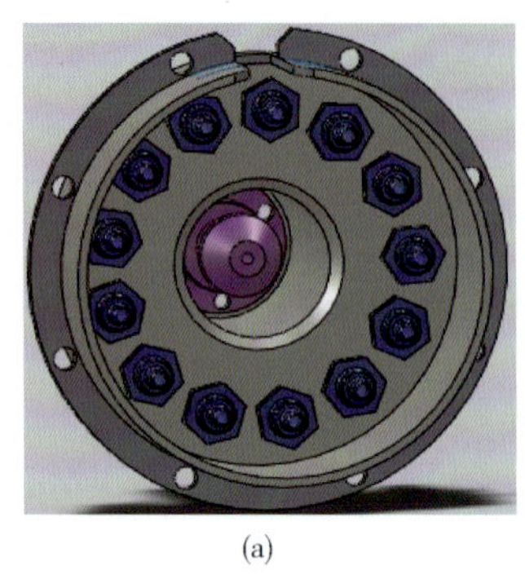
(a)

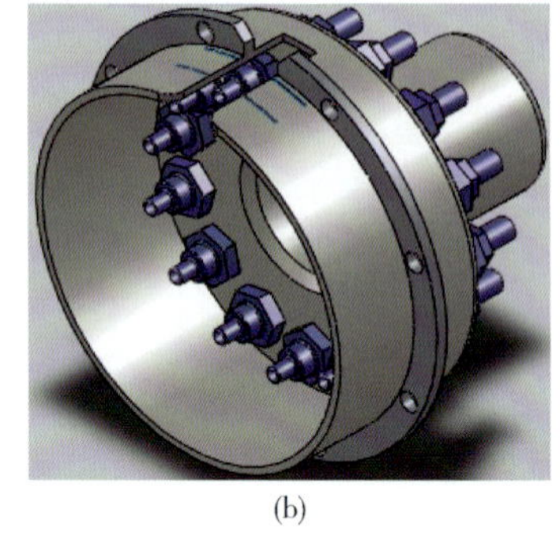
(b)

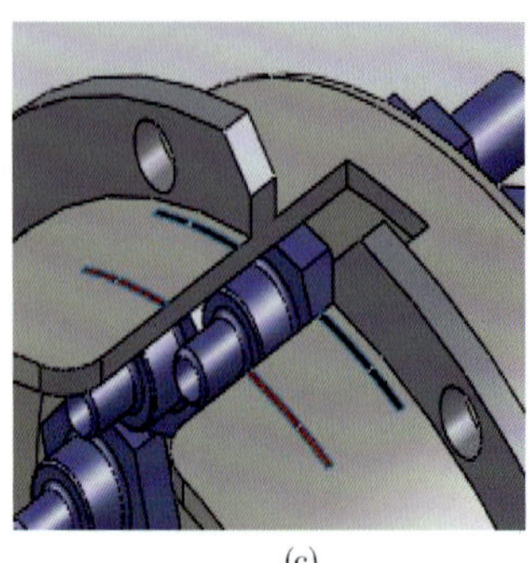
(c)

图 8-8　MQC 固定端

多路液压连接器的设计应适应系统的最大流体流量和组分的要求；客户应向多路液压连接器供应商提供设计所需的基础。

产品规格等级：多路液压连接器及工具的设计、制造和测试产品等级应符合客户提供的规格书和数据表的要求，参考 ISO 10423，ISO 13628-4 规范进行确定。

压力等级：多路液压连接器的压力等级应依据客户提供的规格书和数据表的要求，参考 ISO 10423、ISO 13628-4 规范进行确定；

对于超出标准规范的压力等级的多路液压连接器，需要按照规格书和数据表的要求，参考 ISO 10423、ISO 13628-4 规范进行确定和设计。

温度等级：多路液压连接器的温度等级应依据客户提供的规格书和数据表的要求，参考 ISO 10423、ISO 13628-4 规范进行确定。

材料等级：多路液压连接器的材料等级应依据 ISO 10423、ISO 13628-4 规范执行；

承压和压力控制零件的材料需要考虑适应 CO_2 或者 H_2S 腐蚀时，应符合规范 NACE MR0175 的要求；

与井口流体和处理中的化学药剂接触的多路液压连接器应与应用环境建立相容性；

多路液压连接器供货商应对材料进行审核以确认材料等级，并提供主要系统零件、堆焊区域、金属密封、非金属密封的材料选用清单给客户进行批准；

所有非金属密封应为防爆设计。

设计寿命：多路液压连接器装置和零件应设计为油田寿命期间内免维修，一般在 15~30 年之间。

水深：多路液压连接器应设计到项目应用的水深；

设计应考虑多路液压连接器操作的工具和设备的配置。

使用内部压力抵消环境外部压差是不可接受的。

连接器密封：

多路液压连接器的密封，至少应提供两道密封。

电连续性：

多路液压连接器的各零(部)件之间应保持电连续性；在设计上应确保不存在局部的双金属腐蚀；电连续性应通过测试表明是符合规范 ISO-14313 的附录 C 要求。

位置指示：

多路液压连接器应有能清晰地提供实时的位置信息；对于无潜操作的多路液压连接器应能通过 ROV 在 1ft 距离内读到位置指示。

接头及管路清洁度：

-多路液压连接器测试和冲洗的介质也同样应达到 SAE AS 4059 6B-F 标准；在应用前应进行清洁度验证，如果需要应进行清洁处理。

-装配到多路液压连接器上的所有液压控制管线应满足 SAE AS 4059 6B-F 标准；应为多路液压连接器所有的液压零件和系统提供详细的充液、清洁和冲洗程序。液压系统应设计为能完整的冲洗流程，并提供取样口；液压接头应在洁净室内进行装配。

在制造和测试的不同时期，对于多路液压连接器设备应达到下面的清洁度标准：

-装配和测试—SAE AS 4059 6B-F 标准；

-系统集成测试—SAE AS 4059 6B-F 标准；

-海上测试与安装—SAE AS 4059 6B-F 标准。

腐蚀防护：

多路液压连接器应能通过水下涂装和阴极保护系统防止外部腐蚀；多路液压连接器应用设备结构上的阳极可作为多路液压连接器的阴极保护系统，但需要多路液压连接器供货商提供阴极保护的需求或阳极的用量。

认证要求：

多路液压连接器的设计、材料、制造、测试设备、检测要求、焊接检验、标识、储存、装船和文件系统等均应满足 ISO 13628-4、ISO 10423 的要求。

3. 终端集成支架

终端集成支架用于支撑 MQC 移动端，并提供液压管线与 MQC 移动端的连接界面。终端集成支架的眼镜蛇头形式通常适用于重量大、管路多的液压钢管液飞线，其本身尺寸大，占用空间大，并且重量大。

液压软管，重量较轻，且设备端的空间比较紧凑，可以选用结构简单的结构形式，如图 8-9 所示。

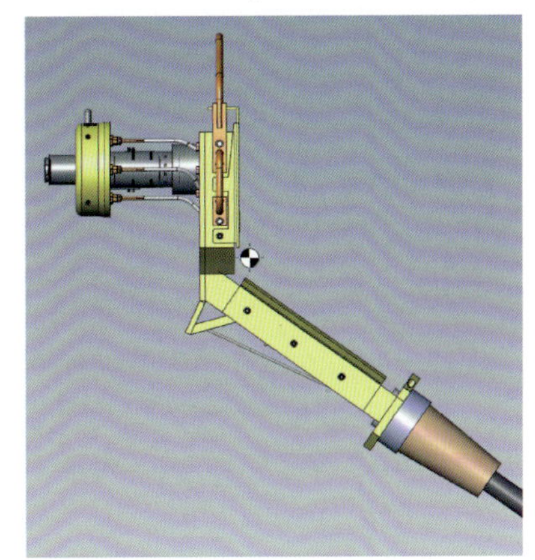
图 8-9 轻型终端集成支架

液压飞线总体布置如图 8-10 所示。

(1) 液压管线的选择：MQC 尾端短管与液压软管需要在终端集成支架中进行连接，MQC 尾端短管使用钢管可以使空间更紧凑，减小液飞线的组装尺寸，此外钢管易于保持液飞线的造型，弯曲半径比较小。

(2) 液压软管的成缆外护套：液压软管的成缆通常有使用螺旋状的外护套与使用热塑挤压成型的外护套两种。螺旋外护套形式制造简单，价格便宜。热塑外护套对于液

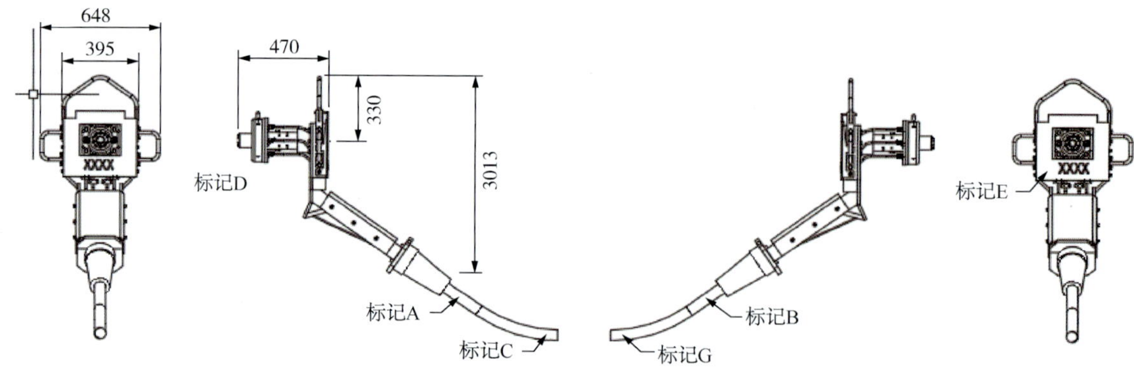

图 8-10 液飞线的结构组成

压软管的成缆效果以及保护效果更好(图 8-11)。

(3) 防腐保护：液飞线的防腐首要原则是材料的选择以及涂装系统。要特别注意不锈钢的螺栓及螺母。阴极保护系统可设计由主结构物提供。

所有金属部件，除非本身材料能够防腐蚀，则需要电连续。

紧固件需要用星型防震垫圈进行适当的接地。

接地导线需要使用防腐蚀材料，且稳固连接。

图 8-11 热挤塑外护套

8.3 工程化制造技术

1. 水下多路液压连接器制造技术

水下多路液压连接器加工所用到的设备主要有车床、铣床、钻床、焊机、线切割机床等。

普通车床是回转零件的主要加工设备，MQC 的大部分零件的回转面的粗加工和精加工使用车床，在车床上还可用钻头、扩孔钻、铰刀、丝锥、板牙和滚花工具等进行相应的加工。

某些较大的平面或槽的加工要用到铣床；各种不便于在车床上加工的小孔用钻床加工；电火花成型机可以加工一些普通机床不好加工的形状，如剪切销的内六角加工使用电火花成型加工。

2. 典型的零件加工工序

按照坯料图进行物料采购→物料入厂检验→车加工，将轮廓数值加工到量→铣加工→追溯标记→尺寸数值检验并记录→根据图纸要求进行试装配验证→入库储存。

装配流程：装配前，需严格按照设计图纸，检验各个装配零部件的尺寸，合格后再进行后续装配工作。

3. 水下液飞线制造技术

水下液飞线主要由飞线端头结构、MQC 及液压接头、小直径管线、缆体和防弯器组成，根据其组成及装配要求特点，制定其制造装配流程如图 8-12 所示。

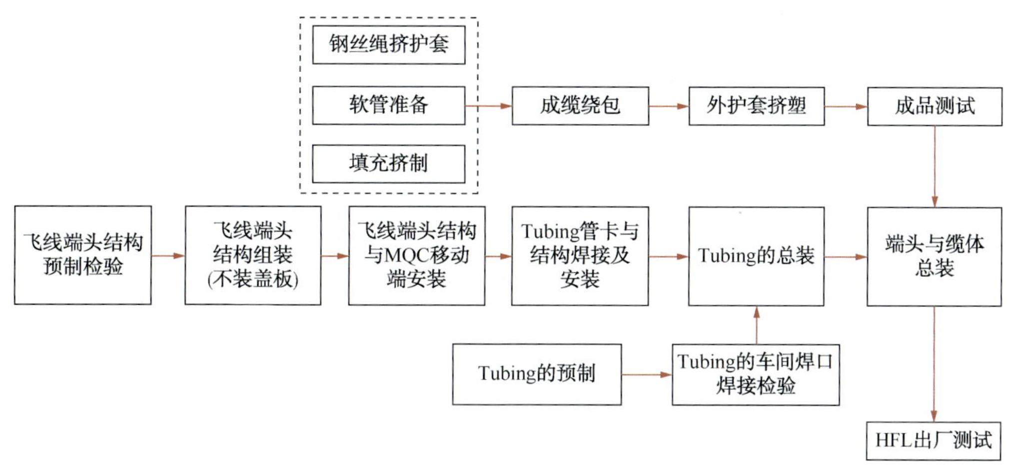

图 8-12 水下液飞线制造装配流程

液飞线的结构、管线的预制、焊接、检验、涂装等基本要求与水下分配单元相应的要求相同。

8.4 测试内容及要求

为了验证液飞线的性能指标能否达到设计及制造要求，在 HFL 加工完成后，将进行一系列的性能验证测试，测试的内容包括但不限于以下几项：

-MQC 的挂载测试；
-高压舱测试；
-液飞线外观检测；
-液飞线功能测试；
-电连续性测试；
-静水压力测试；
-冲洗测试；
-称重测试；
-吊装试验；
-检查液飞线的组装与标记；
-检查液飞线的长度及重量。

8.5 工程化测试

水下多路液压连接器性能鉴定测试是指在产品研发阶段，FAT 之前，为证明其功能、设计、制造符合设计要求，在制造厂商的工厂进行的一系列测试。测试的内容和程序应由制造厂商编制，且必须经客户批准。

水下多路液压快速接头(MQC)测试应包括但不限于以下内容，具体的测试参数、测试程序、测试接受标准，应符合ISO 13628-6第11章的相关规范要求。

8.5.1 外观检查

对MQC进行外观检查，外观应整洁，无明显色差，无锈蚀，标识清楚正确。尺寸符合设计图纸要求。检查内容包括：

① 各接头表面有无损坏或划痕；

② 标签和标识是否与图纸相符；

③ 螺栓是否拧紧；

④ 各接头及结构间有无干涉等。

8.5.2 导向测试

在水下ROV带着移动端向固定端靠近，水下情况复杂，安装困难，固定端与移动端均需要设计导向机构来使移动端与固定端锁紧动作更容易完成，且需要满足以下指标：

① 轴向偏转大于10°时，通过导向能够顺利对接并锁紧；

② 周向旋转大于10°时，通过导向能够顺利对接并锁紧；

③ 水平和竖直方向错位正负75mm时，通过导向能够顺利对接并锁紧。

8.5.3 试装配测试

MQC移动端与固定端需要进行试装配测试，测试的内容应包括但不限于以下各项：

① 扭矩工具接口与标准扭矩工具的接口匹配性检查；

② MQC装配过程中扭矩工具的最大及最小操作扭矩及旋转转数测定；

③ MQC装配前、后的装配位置指示装置检查。

8.5.4 重量测试

① 在制造开始前，承包商必须准备一份详细的材料清单，并计算出总重量；

② 制造完成后，必须根据称重程序进行完整的称重。这应包括称重设备规格书、设备校准证书，以确认称重设备的准确性。

8.5.5 水压测试

水压测试期间，应对压力源进行安全隔离。测试完成后，应将测试介质排空并干燥。

① 水压测试需要在车间进行，在测试场地中划出安全区域，并设置安全隔离带。在水压测试系统中要求设置两个泄放点；

② 除压力记录装置外，被测系统要与测试设备隔离；

③ 在整个测试过程中，测试压力都需要绘制在图标上；

④ 稳压标准，当压力每小时变化率不超过测试压力的5%时，认为压力稳定；
⑤ 验收标准，在室温下的水压测试期间，保压期间每小时测试的压力变化应小于5%；
⑥ 水压测试压力为1.5倍的设计压力，保压时间为120min；
⑦ 测试后检查MQC移动端与固定端各组件是否有损坏。

8.5.6 密封测试

① 密封测试需要在车间进行，在测试场地中划出安全区域，并设置安全隔离带，在密封测试系统中要求设置两个泄放点；
② 除压力记录装置外，被测系统要与测试设备隔离；
③ 在整个测试过程中，测试压力都需要绘制在图标上；
④ 先进行高压测试，后进行低压测试；
⑤ 稳压标准，当压力每小时变化率不超过测试压力的5%时，认为压力稳定；
⑥ 验收标准，在室温下的水压测试期间，保压期间每小时测试的压力变化应小于5%；
⑦ 高压密封测试压力为设计压力，保压时间15min；
⑧ 低压密封测试压力为0.2倍设计压力，保压时间15min；
⑨ 测试后检查MQC移动端与固定端各组件是否有损坏。

8.5.7 挂载测试

MQC移动端与脐带缆或液压飞线相连，脐带缆与液压飞线的重量给MQC移动端一个向下的载荷，故在MQC移动端与固定端锁紧时需要用一个重物来模拟脐带缆或飞线带来的载荷。挂载要求满足以下指标：
① 挂载时液压管路需要带压，压力为设计压力；
② 挂载质量和位置应满足设计载荷的要求；
③ 挂载测试需要加压保压。

8.5.8 液压连续性测试

目的：试压工作前，确保每个液压管路功能正确。
主要工机具：液压动力站、水基液压油等。
测试步骤：
① 设立安全警示区域，所有人员不得进入隔离区内；
② 在固定端安装测试接头；
③ 将液飞线安装在两个固定端上；
④ 连接软管和压力表；
⑤ 打开相应阀门，启动液压动力站，观察出液情况；
⑥ 开关相应阀门，观察出液情况；
⑦ 重复步骤⑥，直至测试均完成；
合格标准：每路测试均正确，进液口和出液口完全匹配。

8.5.9 冲洗测试

目的：清除管线内因建造存放等过程可能进入的杂质，确保管线内部清洁。

主要工机具：液压动力站、水基液压油、颗粒计数器、接头软管等。

测试步骤：

① 设立安全警示区域，所有人员不得进入隔离区内；

② 连接软管和压力表；

③ 检查冲洗介质清洁度；

④ 逐路冲洗 HFL 每一管路 15min，检查出口清洁度，当清洁度合格时，冲洗完成，如果未能达到，继续冲洗直至出口清洁度合格；

⑤ 每路冲洗合格后，反向冲洗 10min，检查出口清洁度，当清洁度合格时，冲洗完成，如果未能达到，继续冲洗直至出口合格；

⑥ 记录冲洗介质压力、流量、温度和清洁度；

⑦ 冲洗完成后，拆除测试设备，在液飞线两端安装防尘帽或者保护帽。

合格标准：出口冲洗液清洁度水基液压油等于或优于 SEA AS 4059 6B-F。

8.5.10 电连续性测试

测试目的：测量 HFL 钢结构之间，钢结构、管线对移动端电阻。

主要工机具：微欧姆表

测试步骤：用微欧姆表两指针分别接触测试两部件(结构之间，结构对移动端，管线对移动端)，读取电阻值。

合格标准：电阻值$\leqslant 0.1\Omega$。

8.5.11 称重测试

测试目的：测量 HFL 总重。

主要工机具：Load cell、吊机、锁具。

测试步骤：

① 将硬纸板或胶合板放在 loadcell 上，读取示数，记为 W_a；

② 将 HFL 放在硬纸板或胶合板上，读取示数，记为 W_b；

③ 计算单次 HFL 重量 $W_i = W_b - W_a(i, 2, 3, \cdots\cdots)$；

④ 重复步骤②③2 次；

⑤ 计算 HFL 平均重量 $W = (W_1 + W_2 + W_3)/3$。

合格标准：

① HFL 称重前，管线注满水基液压油；

② 三次称重结果误差应在 1%以内；

③ 最终结果记 3 次平均值。

注：完工图应包含实际重量。

8.5.12 测试后工作

① 整理并冲洗 HFL。(测试过程，液飞线外表可能弄脏。使用洁净水冲洗外表，保证表面干净，达到整体美观，冲洗完成后，使用压缩空气吹干表面水渍)

② 液飞线两端安装防污帽(DEBRIS CAP)。

整理测试报告，并存档。

整理测试场地。

8.6 工程化产品简介

用于目标气田的水下多路液压连接器产品(图 8-13)，其性能参数如下：

项　目	参数值	项　目	参数值
压力等级	10000psi	解锁扭矩	770N·m
接头数量	10	最大解锁扭矩	1000N·m
接头规格	1/4″或 1/2″	锁紧圈数	9 圈
锁紧扭矩	770N·m	预锁紧推力	580N
最大锁紧扭矩	1000N·m		

图 8-13　水下多路液压连接器

液飞线(图 8-14~图 8-16)的技术参数如下：

设计寿命：20 年

设计水深：1500m

回路数量：

SCM-001-HFL-01：2 路(2 路低压液压管线)

SCM-002-HFL-01：6 路(2 路高压液压管线，2 路低压管线，1 路甲醇 MEOH 管线，1 路放空 VENT 管线)

长度：

SCM-001-HFL-01：7.2m

SCM-002-HFL-01：105m

压力等级：高压 10000psi，低压 5000psi，MEOH 8250psi，VENT 8250psi

图 8-14　6 芯液飞线

图 8-15　2 芯液飞线

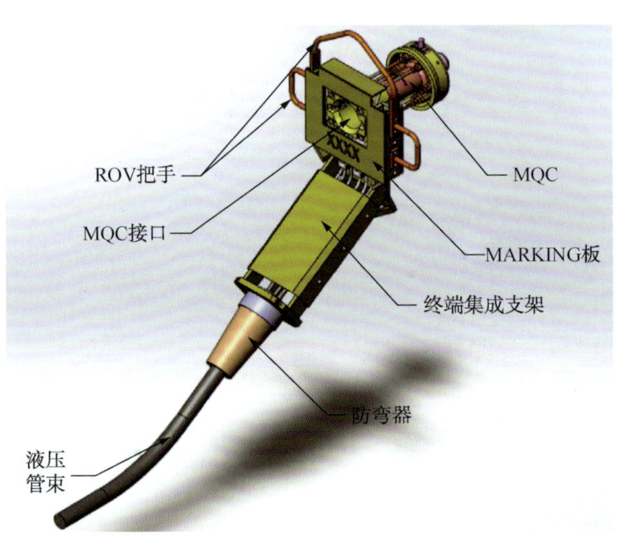

图 8-16　液飞线组成示意图

6 路液飞线具备高压、低压、MEOH 及 VENT 功能，用于连接水下采油树与 SDU，实现对水下采油树的控制。

2 路液飞线用于连接 SDU 与多功能管汇的 SCM，具备一用一备的低压功能，实现对管汇 SCM 的控制。

第9章

水下控制系统兼容性研究

一般来说，项目仅配置一条脐带缆作为水上设施/水下设施数据通信的链路，当采用电力载波通信方式时，不同厂家的水下控制系统共用脐带缆中的电缆进行水上/水下通信，不同厂家的控制系统信号复用到同一根电缆上，控制系统信号除了受到电力信号的影响，还造成控制系统信号的相互干扰，需要考虑电力载波通信兼容性问题。

9.1 电力线载波通信基础

PLC(Power Line Communication：PLC)通信的最大特点是不需要重新架设网络，只要有电缆，就能进行数据传递。其中按照信号变化的高频振荡参数(幅度，频率和相位)的不同，调制方式可分为振幅调制(AM)、频率调制(FM)和相位调制(PM)。按照不同的调制信号，调制方式又可分为模拟信号调制和数字信号调制。有三种基本数字调制技术，分别为幅移键控(ASK)、频移键控(FSK)和相移键控(PSK)，其中移相键控调制方式具有抗噪声能力强、占用带宽窄的特点，在数字化设备中应用广泛。目前水下控制系统厂家主要有FMC、Onesubsea、Aker、GE、Preserve和Drip-Quip六家，他们的电力载波通信方式基本按照上述的工作原理进行设计制造。各厂家具体的通信设备、通信方式及信号频率范围如表9-1所示。

表9-1　主要控制系统厂家通信设备参数

厂家	通信设备	通信方式	信号频率和通信速率
FMC	MultiRange Modem	正交幅度调制(QAM)	通信速率为2.44~234.24kb/s，信号频率为10~100kHz
Onesubsea	COP BPSK Communication	二进制相移键控(BPSK)	通信速率为9600Bd，信号频率为4~30kHz
Aker GE	iCon DSP Modems (SMACS6) Variable Speed Copper Modem	DSP	非电力载波形式，信号频率为3~17kHz最大通信速率为57.6kb/s
Preserve	Open-Communication-Controller [OCC/OCX] Power Line Modem	FSK	最大通信速率为390kb/s，典型值为187.5kb/s，信号频率范围可配置
Drip-Quip	Signal-on Power Modem	FSK	通信速率为1200Bd、2400Bd、4800Bd、9600Bd，信号频率范围可配置

电力线通信的缺点是通信信道不稳定，尤其是低压电力线上的干扰非常大，各种用电设备的通断会在线路上产生瞬时的脉冲干扰，这些干扰脉冲的峰值最高可达上千伏；各种大功率开关器件的开关，会产生很宽频谱分布的驻波干扰，载波信号衰减很快。其次，线路不同位置的低压电力线特征可能完全不同，使用线路的种类及线路上的负荷情况都会对高频信号在电力线上的传输特征产生很大的影响，即使是同一段电力线路，其传输特征也会随各种电力负荷的改变而改变。因此，在低压电力线上进行通信，如何抑制干扰，减小衰减提高通信的可靠性以及适应不同线路的通信能力是该技术的研究重点。

电力载波通信中，在发射端功率一定的前提下，信号的强度与信号衰减密切相关，衰减是水下电力载波通信系统性能的关键因素。衰减分为耦合衰减和线路衰减，耦合衰减是由发射端和接收端载波机与电力线的阻抗不匹配造成的，可以通过合理设计匹配电路有效降低。线路衰减与电缆的特性参数、线缆长度及信号的频率有关。

由于水下生产控制系统的所用电力载波的通信线路长度 L 与载波波长 λ 通常满足 $L \geqslant \lambda/100$，所以拟采用分布参数模型分析线路中电压、电流参数。分布参数模型将传输线分成若干个单元，每一个单元的等效电路如图 9-1 所示，R 为单位长度上的电阻；L 为单位长度上的电感；G 为单位长度上的电导；C 为单位长度上的电容。

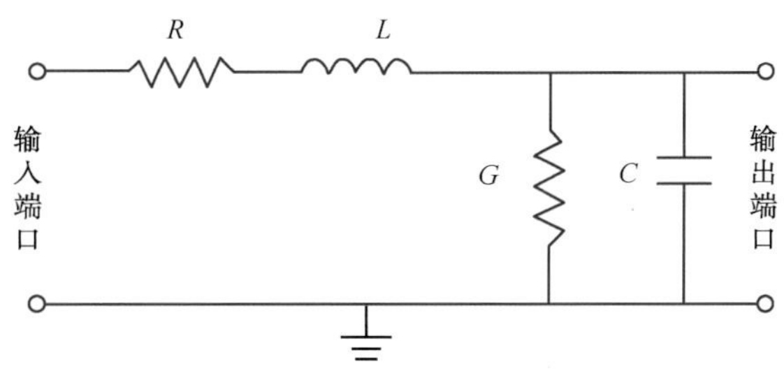

图 9-1 传输线单元等效模型

根据传输线单元等效电路的分布参数模型，集合成整体传输线的方式不同，拟将整体输电线合成 3 种模型，即串联模型、对称模型和整体模型。

串联模型是指将总回路长度按每公里 1 个单元均分成若干单元，然后每个单元串联起来组成总的衰减等效电路模型，如图 9-2 所示，图中：R_1，R_i，R_n 为单位公里的等效电阻；L_1，L_i，L_n 为单位公里的等效电感；C_1，C_i，C_n 为单位公里的等效电容；R_{n+1} 为载波机阻抗；R_0 为发送端设备的阻抗。

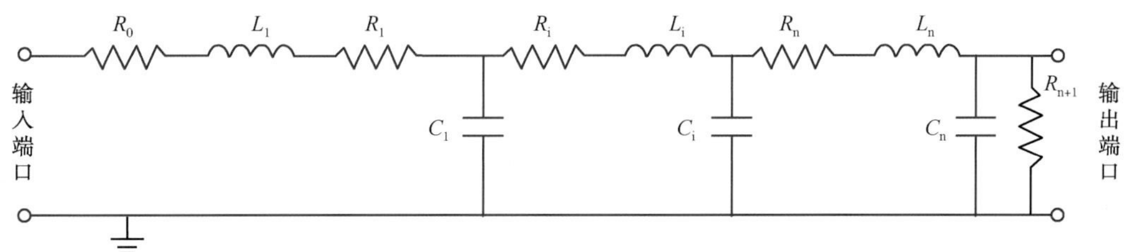

图 9-2 传输线串联模型

对称模型是指将回路 2 根传输线分别建模再叠加，即由信号“去路”和“回路”对称组成的总衰减等效电路模型，如图 9-3 所示，图中：R_i 为单位公里的等效电阻；L_i 为单位公里的等效电感；C_i 为单位公里的等效电容；R_9 为载波机阻抗。

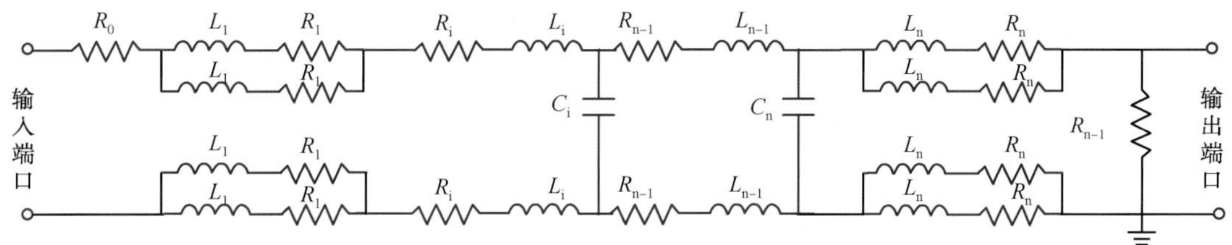

图 9-3 传输线对称模型

整体模型是指单元模型不变，其中的等效参数(R，L，C，G)为单位公里数的倍数，具体倍数的选取由传输线回路的总长度决定，如图 9-4 所示，图中：R_2 为传输线的等效电阻；L_1 为传输线的等效电感；C_1 为传输线的等效电容；R_4 为载波机阻抗。

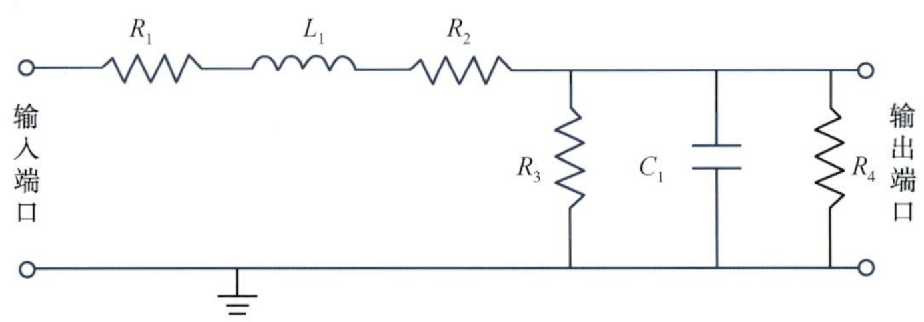

图 9-4　传输线整体模型

依照 3 种模型形式分别搭建长距离传输线的模型，运用 Simulation X 软件对线路衰减进行仿真分析，并将衰减结果进行对比，分析每种模型用于的适用条件。

研究表明，不同脐带缆长度条件下，电力载波通信传输信号衰减均表现出明显的频率选择特性。值得注意的是，当脐带缆长度不同时，信号衰减幅值与频率的对应变化关系亦存在差别，且随着脐带缆长度的增加，传输线路损耗逐渐增大，信号衰减幅值总体呈现上升趋势。基于信号衰减的频率选择特性，在进行水下电力载波通信系统设计时，应选取信号衰减幅值的绝对值最小时对应的频率为传输频率，保证数据传输的可靠性。

多路载波传输可利用信道复用技术，实现若干个独立信号在一条公共通道上进行载波传输，主要技术分为频分复用、时分复用、码分复用等。

1. 频分复用

频分复用(FDM，Frequency Division Multiplexing)，就是将用于传输信道

的总带宽划分成若干个子频带(或称子信道)，每一个子信道传输 1 路信号，其原理图如图 9-5 所示。

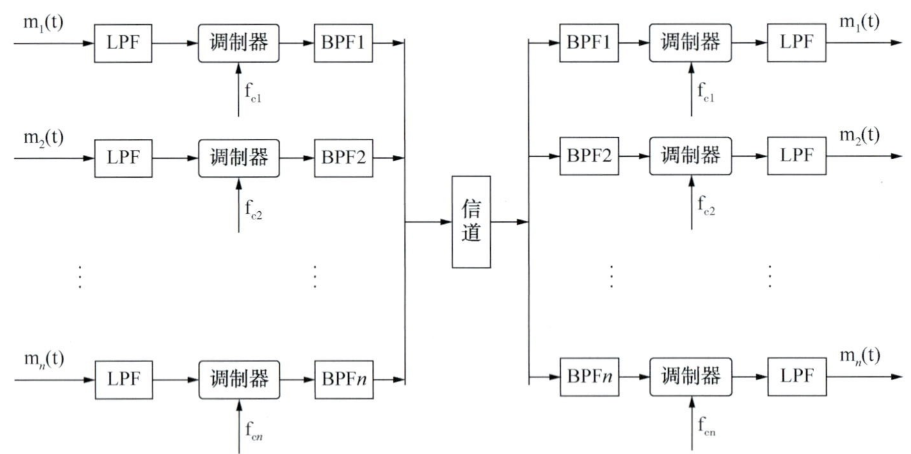

图 9-5　频分复用通信系统

频分复用要求总信道宽度大于各个子信道频率之和，同时为了保证各子信道中所传输的信号互不干扰，应在各子信道之间设立隔离带，这样就保证了各路信号互不干扰(条件之

一)。其特点是所有子信道传输的信号以并行的方式工作，每一路信号传输时可不考虑传输时延。频分复用技术除传统意义上的频分复用(FDM)外，还有一种是正交频分复用(OFDM)。

正交频分复用 OFDM(Orthogonal Frequency Division Multiplexing)实际是一种多载波数字调制技术。OFDM 全部载波频率有相等的频率间隔，它们是一个基本振荡频率的整数倍，正交指各个载波的信号频谱是正交的。OFDM 系统比 FDM 系统要求的带宽要小得多。由于 OFDM 使用无干扰正交载波技术，单个载波间无须保护频带，这样使得可用频谱的使用效率更高。另外，OFDM 技术可动态分配在子信道中的数据，为获得最大的数据吞吐量，多载波调制器可以智能地分配更多的数据到噪声小的子信道上。

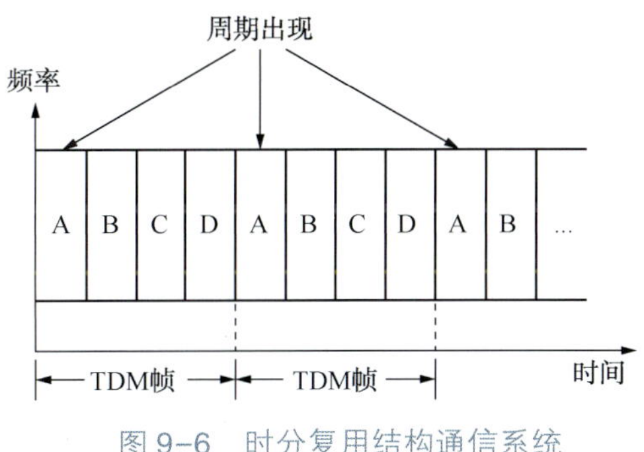

图 9-6 时分复用结构通信系统

2. 时分复用

时分复用(TDM，Time Division Multiplexing)就是将提供给整个信道传输信息的时间划分成若干时间片(简称时隙)，并将这些时隙分配给每一个信号源使用，每一路信号在自己的时隙内独占信道进行数据传输，其原理如图 9-6 所示。

时分复用技术的特点是时隙事先规划分配好且固定不变，所以有时也叫同步时分复用。其优点是时隙分配固定，便于调节控制，适于数字信息的传输；缺点是当某信号源没有数据传输时，它所对应的信道会出现空闲，而其他繁忙的信道无法占用这个空闲的信道，因此会降低线路的利用率。

9.2 电力载波通信仿真分析

考虑了几种典型的调制解调方法(ASK，PSK，FSK)在仅考虑高斯白噪声的情况下的仿真情况。

1. AKS 调制和解调仿真

ASK 调制是将基带信号和载波直接相乘。二进制幅移键控(2ASK)由于调制信号只有 0 或 1 两个电平，相乘的结果相当于将载频接通或关断，它的实际意义是当调制的数字信号为“1”时，传输载波；当调制的数字信号为“0”时，不传输载波。一般载波信号用余弦信号，而调制信号是把数字序列转换成单极性的基带矩形脉冲序列，而这个通断键控的作用就是把这个输出与载波相乘。ASK 调制和解调的 Simulink 仿真结果如图 9-7 所示。用伯努利发生器产生方波，正弦函数发生器产生载波，用乘法器 1 将两个波形相乘，用于产生 2ASK 信号。在调制结束之后，将信号送入信道，用加性高斯白噪声模拟信道。在解调过程中，先用带通滤波器滤去部分噪声，再将得到的波与载波进行相乘处理，然后用低通滤波器滤去载波信号，最后用抽样判决器还原方波。观察图 9-7 中还原得到的方波波形，与原方波波形相比较，波形几乎完全一致，有极小部分不完全一致，有一定的时延，能达到理论预期。

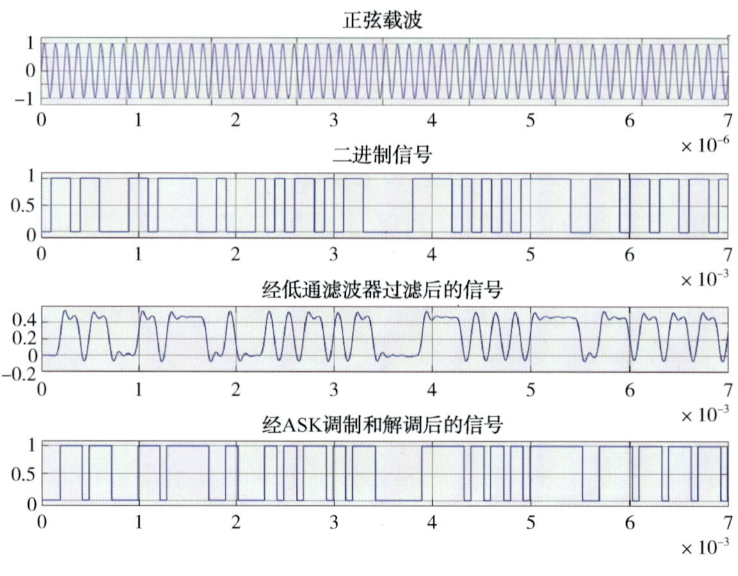

图 9-7 ASK 调制与解调仿真结果

2. PSK 调制和解调仿真

2PSK 即二进制相移键控，其调制信号只有 0 或 1 两个电平，当调制的数字信号为“1”时，输出载波；当调制的数字信号为“0”时，输出相位加 π 后的载波。2PSK 调制和解调的 Simulink 仿真结果如图 9-8 所示。用伯努利发生器产生方波，正弦函数发生器产生载波与反向载波，用键控开关电路，用于产生 2PSK 信号。在调制结束之后，将信号送入信道，用加性高斯白噪声模拟信道。在解调过程中，先用带通滤波器滤去部分噪声，再将得到的波与载波进行相乘处理，然后用低通滤波器滤去载波信号，最后用抽样判决器还原方波。观察图 9-8 中还原得到的方波波形，与原方波波形相比较，波形几乎完全一致，只有极少部分有出入，有一定的时延，能达到理论预期。

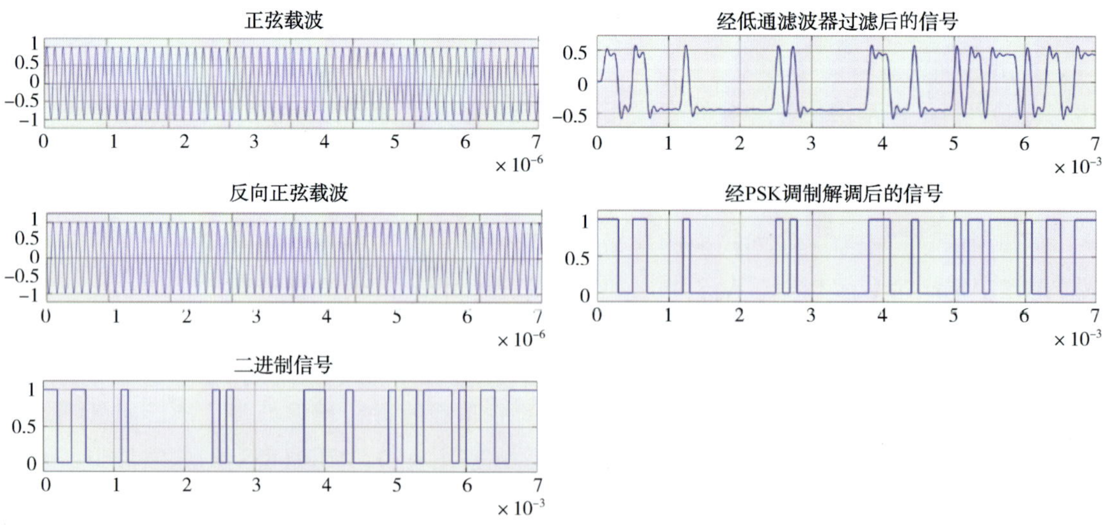

图 9-8 2PSK 调制和解调仿真结果

3. FSK 调控和解调仿真

FSK 调制是将基带信号和载波直接相乘，FSK 调制有两个频率不同载波。当调制的数字信号为“1”时，输出载波 1；当调制的数字信号为“0”时，输出载波 2。FSK 调制和解调的 Simulink 仿真结果如图 9-9 所示。用伯努利发生器产生方波，正弦函数发生器产生载波 1，2，用键控开关电路，用于产生 2FSK 信号。示在调制结束之后，将信号送入信道，用加性高斯白噪声模拟信道。在解调过程中，对于载波 1，2，分别先用带通滤波器滤去部分噪声，再将得到的波与载波进行相乘处理，然后用低通滤波器滤去载波信号，最后用比较器还原方波。观察图 9-9 中还原得到的方波波形，与原方波波形相比较，波形几乎完全一致，只有极少部分有出入，有一定的时延，能达到理论预期。

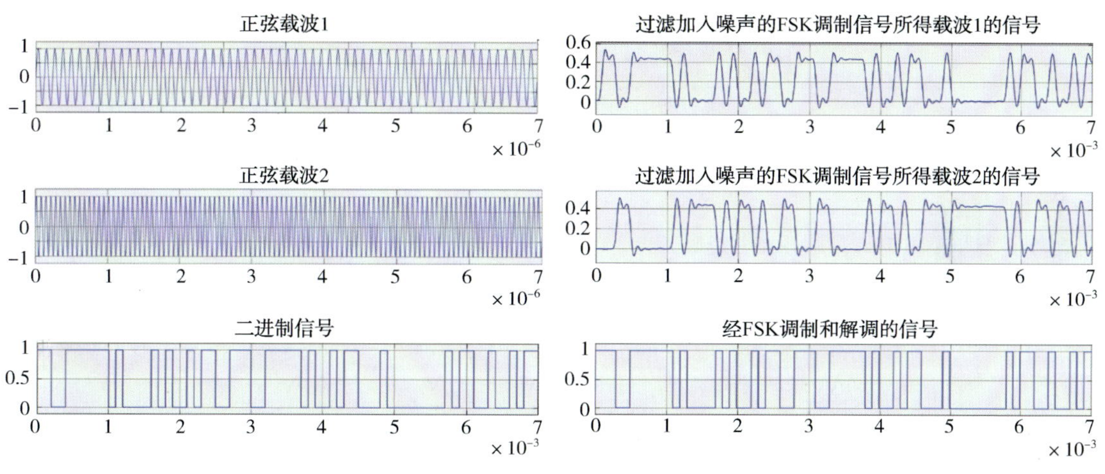

图 9-9 FSK 调制和解调仿真结果

9.3 电力载波通信兼容性实验研究

为了验证不同控制系统厂家电力载波通信同缆传输的兼容性问题，在脐带缆上进行了双路电力载波通信测试，涉及的两家控制系统厂家分别简称为 A 厂家、B 厂家。

所采用的脐带缆具体参数为：

电缆长度为 9.4km；导体直流电阻 1.12Ω/km；绝缘电阻：316176～536370MΩ · km；高压直流实验(芯对地)泄漏电流：0μA。电容/电感/相角/阻抗/衰减/串音随频率的关系测量值如图 9-10 所示。

在进行电力载波兼容性实验前，首先进行单路电力载波通信测试。在 A 厂家的 1 号、2 号载波机的+24V 端口和 GND 之间接入 24V 直流电源为载波机进行工作供电，或采用电力线供电。将 1 号、2 号载波机接入脐带缆两端。在载波机 RS485 端口接入 USB-485 串口转换器或来自交换机的 RJ45 网线，PC 机通过串口转换器或 RJ45 网线对载波机收发数据。PC 机运行 Modbus Poll 或 Modbus Slave，根据物理层选择 RTU 或 TCP 模式。下面以 USB-485 串口转换器为例绘制测试原理图，如图 9-11 所示。

频率(Hz) Frequency	色序 Pin No/Color	电容 Capacitance		电感 Inductance		相角θ Phase angle		阻抗 Impedance			衰减 Attenuation	串音(dB)/Crosstalk	
		测试值(nF) Test value	换算值(nF/km) Convert value	测试值(μH) Test value	换算值(mH/km) Convert value	短路相角 θs(°)	开路相角 θ0(°)	短路路阻抗 Zs（Ω）	开路阻抗 Z0（kΩ）	特性阻抗Z（Ω）	换算值(dB/km) Convert value	近端 Near End	远端 Far end
1000	(Yellow) Core Red-Blue	0.69	66.39	7.18	0.69	53.07	-90.15	0.06	229.3	113.75	0.77	-105.0	-105.6
3000		0.69	66.56	7.00	0.67	71.54	-89.92	0.14	76.3	103.01	1.07	-101.0	-98.7
10000		0.69	66.58	5.31	0.51	70.69	-90.08	0.35	22.9	90.03	3.21	-97.0	-92.6
20000		0.69	65.91	4.53	0.44	73.04	-90.36	0.59	11.6	83.12	5.06	-96.5	-88.9
40000		0.64	61.42	4.16	0.40	78.51	-95.71	1.07	6.2	81.21	3.25	-82.7	-85.1
60000		0.79	76.21	4.06	0.39	81.06	-96.68	1.55	3.3	71.75	2.08	-78.2	-82.8
75000		0.79	76.00	4.00	0.38	82.18	-92.98	1.90	2.7	71.47	5.52	-77.3	-81.7
100000		0.78	74.71	3.95	0.38	83.44	-91.45	2.50	2.0	71.52	7.62	-75.4	-80.9
150000		0.77	73.81	3.83	0.37	84.65	-90.74	3.63	1.4	70.82	10.10	-72.4	-76.8
200000		0.76	73.55	3.80	0.37	85.49	-90.53	4.79	1.0	70.57	11.50	-69.3	-72.3
250000		0.76	73.48	3.77	0.36	86.06	-90.43	5.94	0.8	70.35	12.61	-68.2	-69.9
300000		0.76	73.51	3.76	0.36	86.47	-90.35	7.10	0.7	70.19	13.64	-68.0	-70.3
350000		0.76	73.51	3.75	0.36	86.78	-90.30	8.25	0.6	70.06	14.56	-67.5	-67.2
400000		0.76	73.51	3.74	0.36	86.97	-90.36	9.41	0.5	69.98	15.13	-66.8	-66.8
450000		0.77	73.78	3.73	0.36	87.20	-90.55	10.57	0.5	69.79	14.26	-65.4	-67.9
500000		0.77	74.30	3.73	0.36	87.38	-90.41	11.73	0.4	69.51	15.56	-66.7	-66.3
550000		0.77	74.39	3.73	0.36	87.51	-90.26	12.89	0.4	69.42	17.15	-65.3	-68.2

注：串音试验为整盘测试，电感、电容、衰减和特性阻抗为取样测试（取样10.4m）

Note: The cross-talk test shall be carried on the completed length, and inductance, capacitance, attenuation and characteristic impedance are sampling tests (sampling 10.4m)

图 9-10　电容/电感/相角/阻抗/衰减/串音随频率的关系测量值

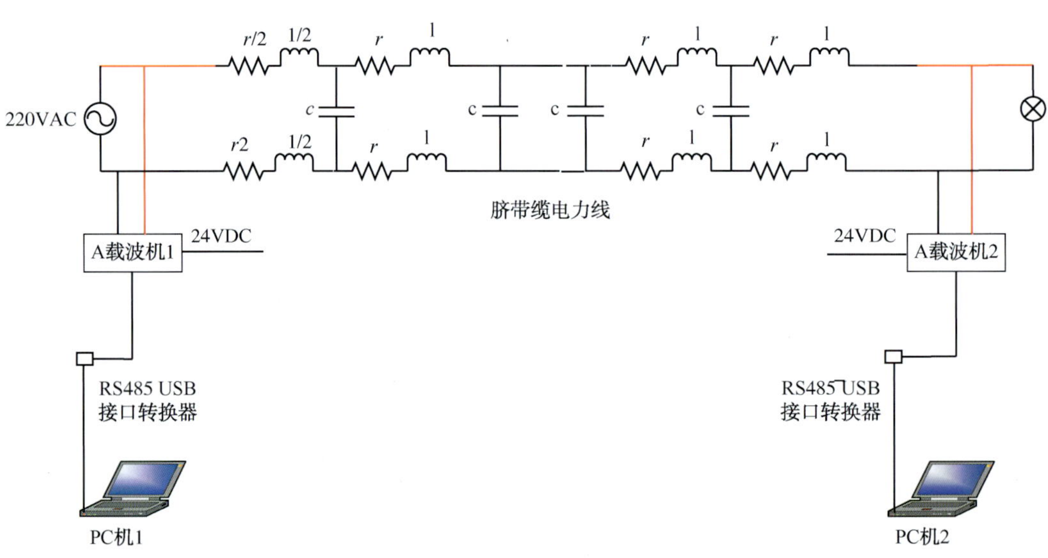

图 9-11　单路电力载波数据通信测试原理图

在 PC 机 1 上设置 Modbus Poll 串口信息，在 PC 机 2 上设置 Modbus Slave 串口信息，使其连接进行通信，在 PC 机 2 的 Modbus Slave 发送数据，接收端 PC 机 1 的 Modbus Poll 接收数据，间隔一定时间按照表 9-2 记录收发数据，检查接收端是否能接收到的发送端发送的数据信息。

测试结果分析：使用 A 厂家的载波卡进行单路电力载波数据通信测试，在 10min 的测试时间内，接收端串口调试助手能够准确接收到的发送端发送的数据信息。现场只有 550VAC 电源，只在 550VAC 下测试通信质量，在 550VAC 下通信质量达标，未进行不同电压下通信质量测试。在 550VAC 下，不同的通信速率下均无丢包，通信可靠性高。

表 9-2 通信数据记录表

(a) A 厂家载波卡通信参数

	通信频率	载波方式	脐带缆距离	通信协议	功能码
载波卡	260k	电力载波	9.4km	MODBUS TCP/IP	03
载波卡	550k	电力载波	9.4km	MODBUS TCP/IP	03

(b) A 厂家载波卡数据记录表

	0.5min	1min	3min	5min	10min
PC 机 1-Modbus Poll	OK	OK	OK	OK	OK
PC 机 2-Modbus Slave	OK	OK	OK	OK	OK

(c) A 厂家载波卡在 550VAC 下的通信质量

通信质量(填写 OK 或误码率)	OK

(d) A 厂家载波卡不同通信速率下的通信质量

载波机	电压	通信频率	通信速率	是否丢包
A 厂家	550VAC	550k	55kbps	无丢包
A 厂家	550VAC	260k	22kbps	无丢包

注：现场只有 550VAC 电源

使用 B 厂家的载波卡测试也得到了同样的结论。

然后进行了双路电力载波同缆兼容性测试实验。图 9-12 所示为双路电力载波通过 9.4km 的脐带缆进行兼容性测试原理图。

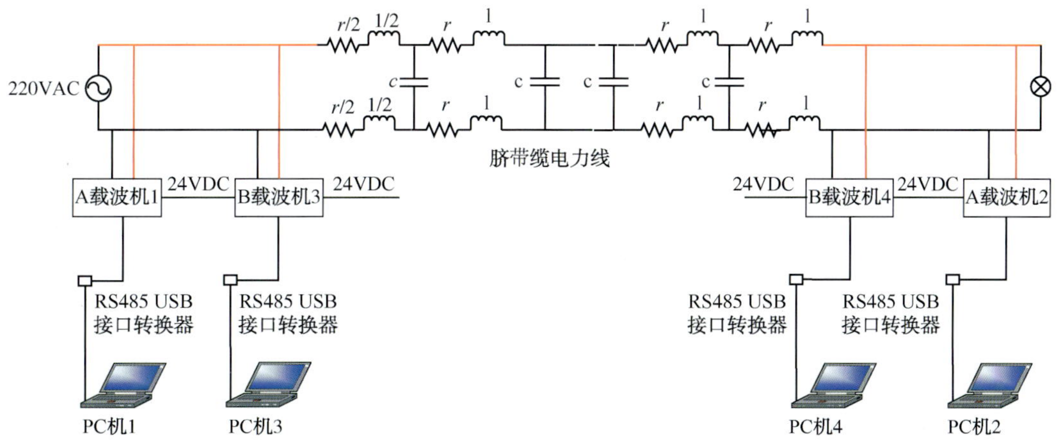

图 9-12 双路载波通过有带负载脐带缆的兼容性测试原理图

将四个载波机分别命名为 1 号、2 号、3 号和 4 号。在 1 号、2 号和 3 号、4 号载波机的 +24V 端口和 GND 之间接入 24V 直流电源为载波机进行工作供电。在 1 号、2 号载波机的 LA 端口之间接入若干长度的脐带缆模型的正极，在 1 号、2 号载波机的 LB 端口之间接入若干长度的脐带缆模型的负极，用导线将 3 号载波机的 LA 端口、LB 端口分别与 1 号载波机的 LA 端口、LB 端口连接，用导线将 4 号载波机的 LA 端口、LB 端口分别与 2 号载波机的 LA 端口、LB 端口连接，脐带缆模型接通 220V 交流电源并加入负载 X 进行信号传输，负载是额定功率为10W的灯泡进行信号传输。在载波机的TX端口和RX端口之间接入串口转换器，PC机通过串口转换器对载波机收发数据，并在PC机的Modbus Poll或Modbus Slave上进行显示。

如果A路/B路载波机采用同厂家的载波卡，实验结果显示同脐带缆可以传输同厂家的2路载波信号。

A厂家和B厂家载波机的调制频率如表9-3所示。

表9-3　载波机调制频率

厂家	调制频率	
	A路	B路
A厂家	550k	260k
B厂家	0~530k	0~530k

通过截图Modbus Slave和Modbus Poll的“communication”记录每一种通信频率下通信速率，每一种通信速率运行时间不少于10min，记录在表9-4和表9-5中。

表9-4　双路载波通信数据记录表

载波机	载波	电压	通信速率	是否丢包
A厂家	550k	550VAC	54kbps	无丢包
A厂家	260k	550VAC	22kbps	无丢包
B厂家	0~530k	550VAC	227kbps	无丢包
B厂家	0~530k	550VAC	225kbps	无丢包

注：现场只有550VAC电源。

同时使用A厂家或B厂家的载波卡进行双路电力载波数据通信测试，现场只有550VAC电源，四个载波机均无丢包现象，通信可靠性较高。

如果脐带缆中同时传输一路A厂家的载波卡和一路B厂家的载波卡，进行同缆同芯兼容性通信实验，实验结果如表9-5所示。结果显示A厂家的载波频率为260k，载波卡间没有取得通信，B厂家的载波频率范围为0~530k，载波卡间能够取得通信，但相比单路载波通信，延时增大，丢包率也增加。

表9-5　双路载波同缆同芯兼容性通信数据记录表

载波机	线缆	载波	电压	通信情况
A厂家	黑红	260k	550VAC	未通信上
B厂家	黑红	0~530k	550VAC	通信上，延时较大，会丢包

注：现场只有550VAC电源。

载波模块由检波器和基于FPGA的调制解调算法组成，检波器芯片由厂家提供，例如TI、AD等公司，调制解调模块由载波模块开发公司自行开发，也是最为核心的技术，不对用户开放算法，只开放通信配置参数。

载波机是否支持同缆双路或多路通信，取决于硬件底层的调制解调模块支持的物理层配置是总线式还是点对点。目前市面的载波模块均支持总线配置，可以进行同缆双路或多路同厂家载波通信。

当不同厂家载波卡件同缆通信时，理论上可以实现各自的载波通信，须考虑各自使用的载波频率、通信带宽、信道的衰减、相邻信道间的干扰等因素。针对具体的项目，在确定脐带缆长度和参数后，可以先通过模拟仿真计算各自载波频率的衰减数值，选择大致双路载波频率范围。在确定双路载波厂家后，应调整各自的载波频率到合理的区间，注意频率间距要足够大以减小各自的干扰。首先用单路载波进行测试，确保通信顺畅。然后进行双路载波测试，调整各自的载波频率、发射功率，对通信质量进行监测。过程中可以根据情况对双路载波频率及发射功率进行各自微调，确保通信顺畅。

参 考 文 献

[1] 苏锋，游银花，等. 深水管汇电力载波通信在水下生产控制系统的应用[J]. 中国海洋平台，2017，32(4)：26-33.

[2] 田佳，洪毅，徐正海，等. 水下生产控制系统专用电缆通信与电力载波通信对比[J]. 化工自动化及仪表，2019，9：731-735.

[3] 王书斌，刘颖，曹海量，等. 水下控制电力载波通信信道特性仿真研究[J]. 海洋工程装备与技术，2015，2(01)：64-71.

[4] 苏锋，刘鸿雁，王强. 电力/信号传输技术在水下生产系统的应用[J]. 石油化工自动化，2008(5)：29-31.

[5] 田佳，洪毅，郭宏，等. 水下电力载波通信系统线路衰减分析[J]. 电力信息与通信技术，2015，13(7)：32-37.

第10章

水下控制系统信息安全研究

水下控制系统是水下设备安全运行与海洋油气生产数据处理的关键设备，是油气田区块生产信息采集与控制中心，其结构复杂，界面较多，所服役海域常常是或邻近敏感区域，目前我国在役水下控制系统均为国外产品，有潜在信息安全风险，因此必须开展水下控制系统信息安全研究。SCM 的信息安全是保障油气田区块不被外部信息干扰的基础，必须针对 SCM 开展信息安全监测，以保障水下生产数据不对外泄漏。水上监控设备与水下控制设备和平台控制系统均有通信，并有可能接入企业网和外部网络，有潜在的信息安全风险。为了保证水上设备安全运行，必须水上监控设备进行信息安全监测，以保证系统不被注入或被动向外泄漏生产信息。

10.1 水下控制系统信息安全等级特征

工业控制系统安全事关经济发展、社会稳定和国家安全。2019 年公安部印发了新版的《信息安全技术网络安全等级保护基本要求》。

信息安全相关的规范如下所示：

《中华人民共和国网络安全法》

工信部《工业控制系统信息安全防护指南》(2016 年)

GB/T 22239—2019《信息系统安全等级保护基本要求》

GB/T 25070—2019《信息安全技术　网络安全等级保护安全设计技术要求》

GB/T 28448—2019《信息安全技术　网络安全等级保护测评要求》

GB/T 32919—2016《信息安全技术　工业控制系统安全控制应用指南》

GB/T 30976.1—2014《工业控制系统安全第 1 部分：评估规范》

GB/T 30976.2—2014《工业控制系统安全第 2 部分：验收规范》

GB/T 36324—2018《信息安全技术工业控制系统信息安全分级规范》

IEC 62443 Security for industrial automation and control system

在 IEC 62443 中，针对工业控制系统对信息安全的定义是："保护系统所采取的措施；由建立和维护保护系统的措施所得到的系统状态；能够免于对系统资源的非授权访问和非授权或意外的变更、破坏或者损失；基于计算机系统的能力，能够保证非授权人员和系统既无法修改软件及其数据也无法访问系统功能，却保证授权人员和系统不被阻止；防止对工业控制系统的非法或有害入侵，或者干扰其正确和计划的操作。"

在 GB/T 36324—2018 中，工业控制信息安全等级是基于工业控制系统存在的信息安全风险划分的，由工业控制系统资产重要程度、受侵害后潜在影响程度、需抵御的信息安全威胁程度三个等级要素决定，定级要素如图 10-1 所示。

确定作为定级对象的工业控制系统信息安全等级的一般流程如图 10-2 所示。

10.1.1 水下控制系统资产重要程度

工业控制系统资产重要程度是工业控制系统信息安全等级的定级要素之一，由工业控制系统行业领域和工业控制系统资产价值确定。其中，工业控制系统资产价值包括其作用价值和获取价值，可反映工业控制系统在国家安全、经济建设、社会生活中的重要程度。

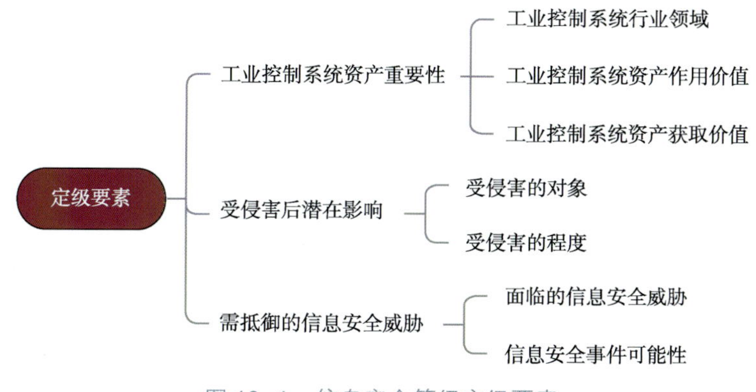

图 10-1 信息安全等级定级要素

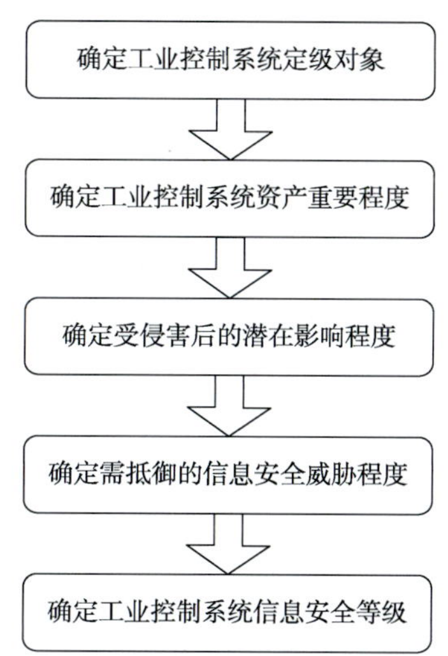

图 10-2 信息安全等级定级流程

1. 水下控制系统行业领域

在 GB/T 36324—2018 中，工业控制系统行业领域划分见表 10-1。

表 10-1 工控系统行业领域

行业领域	划分条件
关键领域	属于国家关键基础设施中的工业控制系统，国家关键基础设施是国家的重要战略资源
重点领域	是指上述关键领域的工业控制系统以外，与国计民生紧密相关的工业生产领域中的工业控制系统，如核设施、钢铁、石油石化、电力等
一般领域	是指上述关键领域和重点领域之外的其他工业生产领域中的工业控制系统

水下控制系统是水下油气生产系统运行的保障，与国计民生紧密相关，可划分为重点领域的工业控制系统。

2. 水下控制系统资产作用价值

在 GB/T 36324—2018 中，工业控制系统资产作用价值划分见表 10-2。

表 10-2　资产作用价值

资产作用价值	符合条件之一
很高	(1) 工业控制系统对象承担企业工业生产中的关键业务使命； (2) 当工业控制系统控制对象属于工业生产系统的核心生产部位，该控制对象功能受到损害或丧失会对主要生产流程产生中断或对主要生产流程产生严重影响； (3) 工业生产系统对该工业控制系统的依赖程度高。当该工业控制系统功能受到损害或丧失时，工业生产系统无法运行或不能正常运行，甚至会发生危险，而且无法通过手工操作使工业生产系统运行正常； (4) 工业控制系统所属的工业生产系统的生产总值很高
中等	(1) 工业控制系统对象承担企业工业生产中的重要业务使命； (2) 当工业控制系统控制对象属于工业生产系统的重要生产部位，该控制对象功能受到损害或丧失会对主要生产流程产生中断或对主要生产流程产生较大影响； (3) 工业生产系统对该工业控制系统的依赖程度中等。当该工业控制系统功能受到损害或丧失时，工业生产系统部分不能正常运行，但不会发生危险，而且可通过手工操作辅助使工业生产系统运行正常； (4) 工业控制系统所属的工业生产系统的生产总值中等
一般	(1) 工业控制系统对象承担企业工业生产中的一般业务使命； (2) 当工业控制系统控制对象属于工业生产系统的生产辅助部位，该控制对象功能受到损害或丧失不会对生产流程产生影响或影响较小； (3) 工业生产系统对该工业控制系统的依赖程度低。当该工业控制系统功能受到损害或丧失时，可改为手工操作替代该工业控制系统，使工业生产系统相关过程运行正常； (4) 工业控制系统所属的工业生产系统的生产总值一般

水下控制系统功能受损害或丧失会使水下生产流程中断或对主要生产流程产生较大影响，符合资产作用价值中等的工业控制系统。

3. 水下控制系统资产获取价值

在 GB/T 36324—2018 中，工业控制系统资产获取价值划分见表 10-3。

表 10-3　资产获取价值

资产获取价值	符合条件之一
很高	(1) 工业控制下系统资产的原始成本很高，或者其控制范围内相关工业生产装置设施价值很高，或者其抽象价值很高，或者具有一定的稀缺性； (2) 工业控制系统设备本身更换或再造成本很高，或者因事件导致系统可用性、完整性和保密性的损失，导致生产过程丧失完整性或可用性，以及干扰了生产过程的准确顺序或协调性而导致的物理资产的破坏而付出的成本很高
一般	(1) 工业控制下系统资产的原始成本一般，或者其控制范围内相关工业生产装置设施价值一般，或者其抽象价值一般； (2) 工业控制系统设备本身更换或再造成本一般，或者因事件导致系统可用性、完整性和保密性的损失，导致生产过程丧失完整性或可用性，以及干扰了生产过程的准确顺序或协调性而导致的物理资产的破坏而付出的成本一般

水下控制系统资产的原始成本和设备更换或再造成本很高，符合资产获取价值很高的工业控制系统。

4. 水下控制系统资产重要程度

在 GB/T 36324—2018 中，工业控制系统资产重要程度特征值可按表 10-4 得出。

表 10-4　资产重要程度

工业控制系统资产重要程度		工业控制系统行业领域		
		一般领域	重点领域	关键领域
工业控制系统资产价值	资产作用价值一般且资产获取价值一般	1	2	3
	资产作用价值一般且资产获取价值很高	2	3	4
	资产作用价值中等	2	3	4
	资产作用价值很高	3	4	5

工业控制系统资产重要程度特征值取值范围 1~5，工业控制系统资产重要程度特征值越高表示工业控制系统资产重要程度越高。由水下控制系统的资产作用价值和资产获取价值分析，水下控制系统资产重要程度特征值是 3。

10.1.2　水下控制系统受侵害后的潜在影响

受侵害后潜在影响程度是工业控制系统信息安全等级的定级要素之一，由受侵害的对象和受侵害的程度确定。当工业控制系统信息安全受到侵害，因其资产丧失可用性、完整性和保密性等事件会对工业控制系统本身和其他相关受侵害的对象造成的损坏或后果，可能影响到一项或多项资产和业务过程，或者资产和业务过程的一部分，后果可能是临时性的，也可能是永久性的(当资产被毁灭时)。

工业控制系统信息安全受侵害程度用受侵害后潜在影响程度特征值表示。工业控制系统信息安全受侵害后潜在影响程度特征值范围从 1~5，潜在影响程度特征值越高表示工业控制系统信受侵害后潜在影响程度越高。在 GB/T 36324—2018 中，工业控制系统受侵害后潜在影响程度特征值可按表 10-5 得出。

表 10-5　受侵害后潜在影响程度

受侵害后潜在影响程度		受侵害的程度		
		一般损害	重点损害	特别严重损害
受侵害的对象	工业控制系统及相关生产装置安全	1	2	3
	工业生产运行安全和公民、企业、其他组织的合法权益及重要财产安全	2	3	4
	社会秩序、公共利益、环境安全和人员生命安全	2	3	4
	国家安全(特别是其中的国家经济安全)	3	4	5

水下控制系统是水下生产系统的重要组成部分，其受侵害后会对水下生产运行安全产生重点损害，因此，水下控制系统受侵害后潜在影响程度特征值为 2。

10.1.3　水下控制系统需抵御的信息安全威胁

需抵御的信息安全威胁程度是工业控制系统信息安全等级的定级要素之一。由工业控制系统面临的信息安全威胁和信息安全事件可能性确定。工业控制系统需要抵御威胁的程度特征值取值范围从 1~5，工业控制系统需要抵御威胁的程度特征值越高表示工业控制系统需要抵御威胁的程度越高。在 GB/T 36324—2018 中，工业控制系统信息安全威胁程度，如表 10-6 所示。

表 10-6　信息安全威胁程度

信息安全威胁程度	划分条件
T1	指来自占有少量资源且愿意冒少量风险的对手的故意威胁(如个人)，一般的环境威胁，一般的意外威胁，其威胁程度特征值为 1
T2	指来自占有少量资源且愿意冒很大风险的对手的故意威胁(如个人、有组织的较小团体)，一般的环境威胁，严重的意外威胁，以及其他相当危害程度的威胁，其威胁程度特征值为 2
T3	指来自占有中等程度资源且愿意冒少量风险的熟练对手的故意威胁(如有组织的团体)，严重的环境威胁，特别严重的意外威胁，以及其他相当危害程度的威胁，其威胁程度特征值为 3
T4	指来自占有中等程度资源且愿意冒较大风险的熟练对手的故意威胁(如敌对组织)，严重的环境威胁，特别严重的意外威胁，以及其他相当危害程度的威胁，其威胁程度特征值为 4
T5	指来自占有丰富程度资源且愿意冒较大风险的熟练对手的故意威胁(如敌对国家、敌对组织)，特别严重的环境威胁，特别严重的意外威胁，以及其他相当危害程度的威胁，其威胁程度特征值为 5

由表 10-5 分析，水下控制系统可划分为威胁程度 T3，其威胁程度特征值为 3。

10.1.4　水下控制系统信息安全等级特征

在 GB/T 36324—2018 中，列举了工业控制系统的各个等级特征，对比各等级特征描述，水下控制系统符合第二级工业控制系统的等级特征。第二级工业控制系统信息安全需要至少具有系统资产、运行环境、安全风险的比较全面认识，初步建立风险管理策略，采取比较全面的信息安全控制措施，及时检测系统异常和安全事件；应急响应的执行和维护，防止事件扩大和减轻影响，基本恢复受安全事件影响的工业控制系统运行等方面的安全保护能力；对其的信息安全防护，应使工业控制系统能够抵御有组织的团体、拥有中等资源的故意威胁，一般的环境威胁，严重的意外威胁，以及其他相当危害程度威胁所造成资产损失的信息安全风险。

10.2　水下控制系统信息安全风险评估

10.2.1　与 IT 系统信息安全区别

传统 IT 信息安全一般是要实现三个目标，即保密性、完整性和可用性，通常都将保密性放在首位，并配以必要的访问控制，以保护用户信息的安全，防止信息盗取事件的发生。完整性放在第二位，而可用性则放在最后。

水下控制系统信息安全首要考虑的是所有系统部件的可用性。完整性则在第二位，保密性可在最后考虑，因为水下控制系统数据都是原始格式，需要配合有关使用环境进行分析才能获取其真实物理含义。而系统的可用性则直接影响到水下生产系统，生产关停或者误动作都可能导致巨大经济损失。除此之外，水下控制系统的实时性指标也非常重要。控制系统要求响应时间大多在毫秒级，而通用 IT 系统能够接受 1s 或几秒内完成。水下控制系统信息安全还要求必须保证持续的可操作性及稳定的系统访问、系统性能、专用安全保护技术，以及全生命周期的安全支持。这些要求都是在保证信息安全的同时也必须满足的。

水下控制系统与 IT 系统对比分析如表 10-7。

表 10-7 与 IT 系统区别

对比项	水下控制系统	IT 系统
安全理念	可用性←完整性←保密性	保密性←完整性←可用性
防护对象	既包含服务器、计算机等信息基础设施，又包含生产设备、控制系统等	主要保护计算机、网络设施等
可用性	7d×24h 连续工作	可承受重新启动系统等反应，通常可忍受可用性缺陷
通信协议	专用通信协议和私有协议：Modbus、OPC 等	TCP/IP 等通用协议，如 IP、TCP、UDP 等
实时性	实时性要求高，尽量避免传输延迟和抖动	非实时性，允许传输延时和抖动
部件寿命	一般 15~20 年	一般是 3~5 年
系统升级	兼容性差，软硬件升级困难，使用专用工具升级系统	兼容性好，软硬件升级频繁
技术支持	一般供应商独立进行	允许多样化服务

① 从系统特性来看，水下控制系统属于信息物理融合系统，而 IT 系统通常仅属于信息系统。

② 从安全理念来看，水下控制系统与物理世界紧密联系，它的首要目标是保障系统的稳定运行，就是遵循可用性、完整性、保密性原则；而 IT 系统遵循保密性、完整性、可用性原则，首要目标是保证信息的机密性。

③ 从防护对象来看，水下控制系统既包含服务器、计算机等信息基础设施，又包含生产设备、控制系统等，且设备种类多、差异大、通用性低。而 IT 系统主要保护计算机、网络设施等，每个设备根据统一标准制造出来，应用规范化零件。

④ 从性能要求来看，水下控制系统的可用性和实时性较高，在通信时延上应保持在较低水平，使生产系统能够连续运行 7d×24h；而 IT 系统实时性较低，可忍受可用性缺陷，可承受高时延和延迟抖动以及重新启动系统。

⑤ 从系统运行来看，水下控制系统兼容性差，软硬件升级困难，使用专用工具进行系统升级，升级前必须进行全面的测试，用的是专用通信协议和私有协议，如 Modbus、OPC、等，生命周期通常是 15~20 年；而 IT 系统兼容性好，软硬件升级频繁，生命周期通常在 3~5 年。

与 IT 系统相比，水下控制系统在系统特性、安全理念、防护对象、性能要求和系统运行等方面存在显著不同，因此，单一措施和技术不可能实现水下控制系统信息安全这一目标。

10.2.2 水下控制系统脆弱性分析

脆弱性是指水下控制系统在硬件、软件、协议的具体实现或者系统安全策略上存在的不足或缺陷，一般包括策略及管理的脆弱性、物理终端的脆弱性以及通信网络的脆弱性。

1. 策略及管理的脆弱性

水下控制系统设备多、架构复杂，需要新的安全理念、安全策略和管理流程。MCS、SCM 之间远程通信操作若缺乏合适的访问控制策略，控制设备缺乏安全部署的实施方法，控制系统缺乏安全审计、对核心支持设备管理、设计和实现不恰当等，这些都属于策略及管理的脆弱性。

2. 物理终端的脆弱性

水下控制系统使用工业级服务器、PLC 控制系统、以太网交换机、工业级操作站、协议转换、网络安全设备等，需要不间断生产控制，生产期间不允许停机检修更新软件，容易导致物理终端更新缓慢，引入的漏洞长时间得不到修复等问题。物理终端脆弱性包括配置漏洞、硬件漏洞和软件漏洞。

(1) 配置漏洞：操作系统漏洞、关键配置信息未备份、关键信息未加密存储、未采用口令或口令不满足长度和复杂度要求、口令泄露等。

(2) 硬件漏洞：关键系统缺乏物理防护、未授权的用户能够物理访问设备、对工业控制系统不安全的远程访问。

(3) 软件漏洞：组态软件漏洞、数据库漏洞、拒绝服务攻击、不安全的协议、明文传输、未安装入侵检测系统与防护软件等。

3. 通信网络的脆弱性

水下控制系统使用内部的总线网络，数据传输采用专业的工业通信协议 MOUBUS TCP、OPC 等，容易产生以下三个方面的通信网络脆弱性问题。

(1) 网络配置漏洞：有缺陷的网络安全架构、口令在传输过程中未加密、未采取细粒度的访问控制策略、安全设备配置不合理。

(2) 网络硬件漏洞：网络设备的物理防护不充分、设备漏洞、未采取有效的措施保护物理端口、关键网络设备未备份。

(3) 网络边界漏洞：网络安全边界不明确、未部署防火墙或配置不当、未采取信息流向控制措施。

10.2.3 风险分析流程

水下控制系统风险分析评估流程，可依据 GB/T 26333—2010、IEC 62443 标准评估系统自身的保障能力(设备安全防护、数据存储安全防护、通信安全防护等)，形成控制系统信息安全风险清单，并确定每项风险的严重程度和对应的资产价值，最终划分控制系统的风险等级。针对存在的信息安全风险给出处置和加固建议，整改和优化后再进行信息安全回归分析，评估风险或隐患是否得到解决，形成控制系统风险分析报告。风险分析评估流程如表 10-8 所示。

表 10-8 风险分析评估流程

评估项	评估内容
控制系统资产评估	识别软资产、硬资产、人力资产
	评估资产价值(重要度、可用性、完整性、保密性等)
控制系统脆弱性评估	软件代码安全审计(静态审计)
	通信协议安全分析(通信数据抓包、端口扫描、FUZZ 测试)
	控制安全测试(传感器采集数据、数字 I/O 端口、模拟 I/O 端口)
控制系统风险分析	明确系统安全等级
	依据标准，评估系统自身的保障能力(设备安全防护、数据存储安全防护、通信安全防护)
	形成信息安全风险清单，以及每项风险的严重程度
信息安全风险处置建议与咨询	针对风险给出处置建议，提供相应咨询指导
信息安全回归评估分析	针对整改和优化，评估风险或隐患是否得到解决，形成风险分析报告

1. 资产评估

资产是对被评估方具有价值的信息或资源，是安全策略的保护对象。资产价值是资产重要程度或敏感程度的表征。

资产评估包括识别资产和评估资产价值两个方面内容，资产评估可通过现场访谈和现场核查的方式开展。通过访谈系统管理员等，识别系统的软资产、硬资产、人力资产等；通过资产核查，可得到系统的资产清单以及关键资产。进而识别水下控制系统的信息安全对资产的依赖程度；识别资产对水下控制系统正常运行的重要程度；识别资产可用性、完整性、保密性对水下控制系统及相关业务的重要程度。

2. 脆弱性评估

脆弱性是资产自身存在的，威胁总是要利用资产的脆弱性才可能造成危害。

水下控制系统的脆弱性评估测试可从系统软件代码安全审计、通信协议安全分析、控制安全测试等方面开展。

(1) 代码安全审计：对提交的工业控制源代码(LabView 代码等)进行人工代码走查，检查软件实现与软件需求、设计的一致性；检查自主编写的软件中是否存在软件任务书、需求、设计定义之外的代码区段；检查自主编写的软件中是否存在探测、记录、分析软件任务书、需求、设计定义之外的信息；分析源代码中不符合标准要求的安全漏洞。

代码审查通过数据流、语义、结构、控制流、配置流等对应用软件的源代码进行静态的分析，分析的过程中与它特有的软件安全漏洞规则集进行全面地匹配、查找，从而将源代码中存在的安全漏洞扫描出来，并给予整理报告。扫描的结果中不但包括详细的安全漏洞的信息，还会有相关的安全知识的说明，以及修复意见的提供。

各种审查规则如下：

① 语意规则。审查使用函数和 API 时可能有的潜在危险，如 buffer-overflow、format string 等。

② 数据流规则。数据流分析器分析进入程序的，由用户控制的输入数据，并跟踪其在

函数和变量之间的传递，由对安全相关函数的不安全使用来定义漏洞。

③ 控制流规则。控制流分析器利用此规则来定义机器不安全运作的原因，并把它们运用到源代码中去发现漏洞。用单一的方法或功能来检测运行顺序的潜在危险。

通过分析程序中的控制流路径，控制流分析器可以决定是否该执行这套在特定次序里违反安全约束的程序。

除了确定函数调用的危险顺序，控制流分析器可以从一些特定的顺序中检查出必须的调用函数的缺省。

（2）通信协议安全分析：通信总线作为工业控制系统的重要组成部分，是指以具有通信能力的传感器、执行器、测控仪表作为网络节点、以现场总线\工业以太网\工业无线网作为通信介质，连接成开放式、数字化、多节点通信，将现场信号传输到控制级，再将控制级信息传输到监控级、管理级，形成了系统信息传输的神经网络，从而完成测量控制任务的网络，达到了纵向层级间信息共享的目的，实现了数据的互联互通。

工业控制系统总线协议安全分析是通过对现场级通信总线及其相关设备进行安全分析和检测，定位由于总线协议自身的安全缺陷以及在协议实现过程中的不当行为引起的安全问题。针对水下系统控制器，通信协议安全分析包括：

① 对系统控制器的通信数据包进行抓包分析，检查协议设计与实现的一致性；

② 分析软件是否存软件任务书、需求、设计定义之外的通信传输；

③ 使用绿盟专用的工控协议安全性软件对 Mobus-TCP 通信协议进行端口扫描，检查网络安全配置和发现 CVE 等已知的安全漏洞；

④ 使用绿盟专用的工控协议安全性软件对 Mobus-TCP 通信协议 Fuzzing 测试；实施协议重放攻击。

（3）控制安全测试：控制安全测试是对运行中的控制软件进行动态测试，主要通过对通信（包含硬线通信、网络通信等）的验证，来确认软件是收集、记录和分析了软件任务书、需求、设计定义之外信息。软件的控制行为是否符合软件任务书、需求、设计的要求。

控制安全测试内容包括：传感器采集的数据，验证传感器是否采集了设计之外的数据；数字 I/O 端口的写，验证是否存在设计之外的数字 I/O 写控制；模拟 I/O 端口的写，验证是否存在设计之外的模拟 I/O 写控制。

3. 风险分析

分析水下控制系统软件研发过程中，在管理、运行、人员和技术等方面面对安全风险和已采取的安全应对措施，具体内容包括：

① 开展 PHA 分析；

② 检查应用软件的需求、设计文档等，测试分析系统软件的安全相关功能；

③ 分析系统自研软件的设备安全防护功能；

④ 分析系统自研软件的数据存储安全防护功能；

⑤ 分析系统自研软件的通信安全防护功能。

完成了资产评估、威胁评估、脆弱性评估，保障能力评估后，将采用适当的方法与工具确定威胁利用脆弱性导致安全事件发生的可能性。综合安全事件所作用的资产价值及脆弱性的严重程度，判断安全事件造成的损失对被评估方的影响，即安全风险。通过风险分析，可得到信息安全的风险清单，以及每项风险的严重程度。

4. 风险处置建议与咨询

针对信息安全首轮评估分析中得到信息安全风险清单和各项风险的严重性等级，测评组将结合标准要求和被测系统的实际情况，给出风险处置建议，并提供相应的咨询指导工作。处置建议和措施可能包括代码安全风险处置建议、通信安全风险处置建议、物理安全风险处置建议、保证能力优化建议等。

5. 回归评估分析

系统研制团队根据信息安全的风险清单及处置建议完成系统的整改和优化升级后，将整改后的系统软件提交给测评方，测评方进行第二轮的信息安全风险评估分析，确认重要信息安全风险或隐患得到解决。

最后，测评方对整个信息安全风险评估、整改优化过程及回归评估过程进行总结，形成风险分析报告。

10.2.4 水下控制系统风险分析

1. 水下控制系统信息安全风险形式

水下控制系统风险指的是威胁源利用控制系统存在的脆弱性给资产造成损失，破坏生产的可能性。物理攻击、恶意代码、越权或滥用、软硬件故障和网络攻击等均属于水下控制系统风险的主要形式。

(1) 物理攻击。物理攻击是指对系统正常运行造成影响的物理环境问题和自然灾害，通过物理的接触造成对软件、硬件和数据的破坏，包括电磁干扰、物理接触、物理破坏等。比如电磁干扰导致的通信异常；通过物理接触造成的阀门破坏，无法执行开关功能等都属于物理攻击。

(2) 恶意代码。恶意代码是指故意在控制系统上执行恶意任务的程序，包括病毒、特洛伊木马、蠕虫、陷门、间谍软件、窃听软件等。比如利用 USB 协议漏洞将 U 盘伪装成 USB 键盘，通过 U 盘固件逆向重新编程植入恶意代码而进行攻击。

(3) 越权或滥用。指超越自己的权限访问了本来无权访问的资源，或者滥用自己的权限，做出破坏控制系统的行为。比如非授权访问网络资源、非授权访问系统资源、滥用权限非正常修改系统配置或数据、滥用权限泄露秘密信息等。

(4) 软硬件故障。对系统运行产生影响的设备硬件故障、通信链路中断、系统本身或软件缺陷等问题，包括备硬件故障、传输设备故障、存储媒体故障、系统软件故障、应用软件故障、数据库软件故障、开发环境故障等。

(5) 网络攻击。利用工具和技术通过网络对控制系统进行攻击和入侵，包括网络探测和信息采集、漏洞探测、嗅探(账号、口令、权限等)、用户身份伪造和欺骗、用户或业务数据的窃取和破坏、系统运行的控制和破坏等。

2. 水下控制系统风险分析

(1) 控制主机风险：由于水下控制系统应用的特殊性，会导致过程监控层设备不能及时进行系统更新而产生漏洞，微软历年来被爆出的远程代码执行、认证绕过等多个类型的高危漏洞都能被很轻易地扫描到。

(2) 控制设备风险：由于国内工业自动化起步较晚，到目前为止自动化技术水平与国际领先的自动化供应商仍然存在较大差距，而水下油气生产对于自动化设备要求较高，目前行业内自动化设备及软件市场份额主要被 Siemens、Rockwell 和 GE 等国外公司所占据。

(3) 工业协议风险：水下控制系统使用的 OPC、Modbus 等专业协议存在着一些典型安全问题。OPC 存在授权服务滞后、RPC 漏洞、端口与服务敞开、服务器完整性等风险；Modbus 存在认证缺失、权限区分缺乏保护、数据明文件传输易破解等风险。

10.3 水下控制系统信息安全检测与防护

自“十三五”后，网络空间安全上升至国家战略层面，工业控制系统作为国家级关键信息基础设施，其信息安全至关重要。当前，美国、欧盟都从国家战略的层面在开展各方面的工作，积极研究工业控制系统信息安全的应对策略，我国也在政策层面和研究层面积极开展工作。近年来，国务院有关部门和一些地方政府对部分信息安全产品制定并实施了若干评价、许可或采购管理制度，积极推动国家信息安全产品评测认证工作，基本具备了对主要信息安全产品进行测评和认证的能力，在保障信息安全、推动信息化发展方面发挥了积极作用。但在以下方面还存在不足：

(1) 信息安全检测标准和方法不统一，检测结果缺乏一致性、规范性，影响我国信息安全检测认证水平的提高。目前，我国各部门分别从事信息安全检测工作，没有对检测标准、方法等统一的要求，更没有检测基准，测评和认证的范围覆盖既有重叠又有缺漏，致使检测结果在一致性、规范性方面存在严重问题，严重影响了信息安全检测认证水平的提高，也影响了检测认证工作在信息安全产业中的引导作用，同时还增加了企业负担。

(2) 信息安全相关标准和规范尚不健全，难以满足产业发展的需要。我国大多数信息安全标准都是直接采用国际标准，自主制定的信息安全测评标准也往往参考国际或其他国家标准，真正独立制定、并得到国际上认可的标准不足，尚未形成充分的国家标准依据。

(3) 缺乏拥有自主知识产权的检测手段。在测评与验证方面，缺乏自主知识产权的检测环境、检测方法和检测技术，导致支撑信息安全认证认可体系的技术保障条件较为薄弱。

水下控制系统在油气生产过程中扮演着重要的角色，对其信息安全检测技术的研究是保障水下生产系统安全运行生产的前提。

10.3.1 信息安全检测技术分析

1. 加密技术

加密技术是将数据信息转换为代码的形式，强化对信息的保护。目前，我国对信息加密技术的研究逐渐向着更为深入的方向发展，最为常见的是以下三种类型。

(1) 对称加密算法。这项算法技术的优势是速度快，可以适应当下大范围的数据处理类型，在运用这类加密数据的时候，首先要做好数据的采集工作，接着进行信息整合，加密为密文的形式。

(2) 线性混合加密。这是在传统加密技术中升级而来的，适合大部分的数据处理工作，首先是对大数据进行处理和优化，整理出对应的数据样本，接着将所得的数据进行合理分析，采用不同的算法对样本进行加密。

(3) 密钥混合加密。从某种程度而言，这一方式的存在，使大数据加密技术更为完善，采集对应的数据样本后，采用另外一种算法进行加密，相较于前面两种方式，这种方式显得更为可靠，应用范围也更加广泛。大数据时代下，对网络信息进行优化处理的时候，应该始终立足于大数据本身，完善对应的加密技术，给予网络信息加密工作足够的支持，确保加密对象的区别。而在对已有数据信息进行分析的时候，应该寻得最为可靠的形式，实现数据内容的有效转换，这样才能得到更为可靠的密文。

2. 防火墙技术

针对网络信息系统安全方面存在的诸多问题，应该建立起科学的防火墙技术，通过有效的安全保护思路，考虑到密匙加密方法对数据的促进作用。而在实际操作的过程中，还可以利用网络连接和对应的端口做好网络安全维护工作，实现对数据的有效转发。计算机网络的系统安全一般是依靠整体网络进行合理监控，利用先进的科学技术，将其融入计算机系统内，并利用这些技术手段进行全面管理，保证计算机用户和相关数据的安全性。例如，计算机的操作人员会认为设置防火墙是保护个人隐私，以及维护设备的正常运行，对网络安全发展具有一定的促进作用，当网络系统出现问题的时候，及时保护信息。而在信息的传达和交流中，则是对其进行加密控制，建立全面的网络系统规则，实现网络化和外界连接的机密性，避免不法分子入侵系统，窥探到信息。防火墙技术的应用一般体现在三个方面。

① 对一些存在风险的文件进行综合分析、过滤，保证文件没有任何问题后，才可以输入到电脑，避免病毒入侵。

② 规范用户自身的操作，对于一些违规的网络，可以及时屏蔽，主动规范用户安全，合理使用网络。实际工作的时候，对于用户而言，这也是保证网络安全的一种有效手段。

③ 对于企业或者是个体而言，计算机中会涉及众多数据，防火墙技术的存在，保证数据文件的安全性，避免用户数据的安全受到影响。因此，防火墙是保证和检测网络安全的一种手段，所以应该不断将先进的技术融入防火墙技术中，并对其进行优化管理，体现计算机防火墙的真正优势。

3. 网络异常行为检测

基于当下网络信息中存在的安全问题，为保证信息的稳定性，应该分析检测方式，并以命令控制为方式，分析 APT 攻击中的典型环节。从近年来的发展而言，APT 引发的信息安全问题屡见不鲜，导致信息安全成为大众关注的焦点问题，从已经爆出的案例分析，一些具有极高经济价值，或者是特殊政治机构的群体受到影响。异常行为检测本质而言，是一个分类性的问题，从行为数据的角度将其理解为正常和异常行为，分析人员首先应该从原始数据中提取参数，接着从特征的角度进行建模和检测。人工提取的优势在于根据人员的认知需求，确保异常行为有着极为明显的针对性。

对于 APT 攻击中显示的异常行为，需要安全分析人员对攻击方式进行分析和总结，分析其中比较明显的数据问题，接着进行针对性改进和完善，采用监督的方式对模型进行训练。利用检测数据对模型进行验证，针对错误的检测结果应该调整参数，直到模型符合要求。大数据实现了网络异常的行为检测工作，并克服了早期检测中存在的一系列缺陷问题，为网络安全检测技术提供了质的飞跃。

4. 协议解析技术

基于协议解析的工业控制系统安全检测由工业协议安全性分析过程中可见，在 OPC、Modbus/TCP、Ethernet/IP 等协议中所存在的安全隐患(包括数据明文传输、缺乏认证机制等)，从入侵者对协议安全漏洞的利用角度，只需要对某些重要节点的传输数据进行窃听，在协议中获取重要的组态软件或工控网络设备的登录口令、密码等重要信息；进行最终的攻击也需要对工业通信协议中所承载的工业控制指令所在字段根据入侵目的进行精确篡改，伪装成合法身份对工业控制设备下发错误指令，从而达到最终入侵目的。根据协议所公开规范和业务存在的逻辑，对所发送的报文里面参数的取值范围构造相应的基于协议格式的内容模型，依靠模型所构造出的协议规范模型从白名单中可识别出异常功能码和入侵行为。

5. 流量分析检测

在传统信息安全领域，很多攻击行为或恶意代码传播过程在网络流量这一维度观察都具有显著特征，而由于工业控制系统中过程监控层设备与传统信息系统中设备类型、操作系统等具有很高相似度，对于传统信息安全领域的一些典型入侵行为也同样可能出现，因此基于流量分析也被引入工业控制系统安全检测方法。

10.3.2 水下控制系统信息安全检测

通过对目前几种安全检测方法的分析可见，利用单一的某一种检测方法在实际进行水下控制系统中入侵或异常行为的检测时，均存在较为明显的缺陷或不适用性。

对于水下控制系统信息安全检测方法需要进一步改进。首先从安全检测方法的选择上，应尽可能结合多种检测方法；另外，在某单一检测方法的使用上，仍需通过算法的完善、改进或更替来加强检测水平。目前在其他领域的人工智能、机器学习等方面的技术研究、应用都在飞速发展，对于工业控制系统中安全检测方法中数据处理提供了一定的借鉴价值，针对工业控制系统中数据的多维度、非线性带来的困难提供良好的解决思路，但从实际应用的角度仍需综合成本等因素来综合考虑。

为落实《网络产品安全漏洞管理规定》有关要求，工业和信息化部网络安全管理局组织建设的工业和信息化部网络安全威胁和漏洞信息共享平台(以下简称：平台)(https://www.nvdb.org.cn)于 2021 年 9 月 1 日正式上线运行；工业控制产品安全漏洞专业库(https://www.cics-vd.org.cn)。国家工业信息安全漏洞库是由国家工业信息安全发展研究中心组织发起，国内从事工业信息安全相关产业、教育、科研、应用的机构、企业及个人自愿参与建设的全国性、行业性、非营利性的漏洞收集、分析、处置的平台。英文简称 CICSVD。该漏洞库面向原材料工业、装备工业、消费品工业、电子信息制造、国防军工、能源、交通、水利、市政、民用核设施等行业领域，重点关注工业硬件、工业软件等相关产品和组件的安全漏洞、补丁及解决方案的研究。

信息安全检测基准体系建设是实现检测能力体系化、规范化的方法之一，通过建立完善的信息安全检测基准体系，使用科学、有效的基准检测手段，加强和提高网络安全管理的效力是目前世界发达国家的共识。在我国通过建设信息安全检测基准体系，可以按照国际惯例建立和实施有关信息产品、信息安全产品的市场准入制度、技术管理和信息系统运行控制制度，并通过相关的检测标准与技术规范对国内外信息产品和信息安全产品的安全性与可靠性进行客观准确的评估，及时发现其中的安全问题，从而保障业务安全。信息安全检测基准体系建设还可以促进我国信息安全产业的发展，通过合规检测认定管理的开展，建立规范、公平的信息安全产业环境，实现信息安全产品的优胜劣汰，促进我国自身产品质量的提高，为网络安全应用的推广打下良好的基础。另一方面，通过建立行之有效的信息安全检测基准体系，在保证有效管理力度的前提下，尽可能地发挥基准检测认证的管理功能，减少重复检测认证，为企业和国家管理减少负担。

10.3.3 水下控制系统信息安全防护

针对以上对水下控制系统脆弱性和风险分析，为实现水下控制系统功能安全前提下的信息安全，需要构筑工业控制系统信息安全事前、事中和事后的全面管理、整体安全的防护技术体系。

1. 加强网络边界防护力度

从水下控制系统网络实际情况出发，不断地提升网络边界的防护功能，切实减少由于边界扩张带来的风险点数量增加。日常加强安全监测，提升安全防护，由被动防御转为主动防御。做好漏洞检测、恶意代码检测、APT 恶意行为检测，并采取相应的安全防范措施。

2. 做好物理隔离和加固

一是边界隔离。为了避免病毒、恶意代码的入侵蔓延，边界防护及边界隔离宜采用工业防火墙、单项隔离网闸，使水下控制系统与其他信息系统之间实现单向隔离。

二是区域隔离。在水下控制系统内部部署工控防火墙，根据业务特点划分为不同安全域，在不同安全域之间使用工控防火墙进行网络隔离和访问控制。

三是通信加密。在控制系统边界部署 VPN 安全网关，在上级单位各类管理系统边界也部署 VPN 安全网关，在两个 VPN 网关之间建立虚拟专用通道，对传输数据进行基于商用密码算法的加密保护传输。

四是入侵及恶意代码防范。在水下控制系统中部署安全审计设备、入侵检测系统等网络监控设备，监控系统的网络入侵、通信控制协议、通信数据自身内容等的安全，及时发现入侵风险，最短时间内进行响应和处置。

五是设备安全加固。控制系统主机、安全设备、网络设备、控制设备等普遍存在漏洞、后门等安全隐患，企业应从设备的离线安全、入网安全、在线安全等维度进行持续检测和加固。

3. 重视组织建设和安全岗位责任制

管理出效益，管理出安全。实施与时俱进的管理策略，不断强化组织建设，优化组织架构；明确严格的系统运行监督运行规程，明确安全岗位责任制，做到计划、实施、检查、持续改进的良性循环(PDCA)。

一是强化组织和制度保障体系建设，使安全自查自检常态化。建立信息安全管理组织，落实控制系统信息安全责任部门、人员岗位及专项经费保障。将水下控制系统信息安全与生产安全放在同等重要的地位，强化自我检查、自我评估、自我审计机制。

二是建设专业化安全服务团队，强化网络安全人才队伍建设。建设一支服务于企业的专业化安全服务团队，通过资源合理投入，集中解决专业安全人才缺乏、网络安全问题繁杂等问题。面向企业领导、相关部门主要负责人和企业员工，定期组织开展水下控制系统网络安全防护培训，提高全员网络安全防范意识。

4. 加强防范和应急管理体系建设

根据水下生产系统实际情况制定和完善应急预案，明确各类事件的防范和处置程序，并建立应急管理联系工作机制，积极推进资源整合和信息共享，加快推进突发事件预测预警、信息报告、应急响应、应急处置和调查评估机制的建设。

参 考 文 献

[1] 王惠莅，等. 信息安全检测基准体系研究[J]. 信息技术与标准化，2020(06)：36-37.

[2] 张东华，等. 火电行业工控系统信息安全关键技术研究[J]. 物联网技术，2021，11(09)：79-81.

[3] 洪轶群，等. 烟草工业控制系统信息安全检测技术研究[J]. 网络安全技术与应用，2020(02)：123-124.

[4] 张晓明，等. 工业控制系统信息安全风险分析及漏洞检测[J]. 物联网学报，2017年，1(01)：34-39.

[5] 孙天宁，等. 工业控制系统信息安全防护分析[J]. 自动化博览，2021，38(01)：57-61.

[6] 倪旻，等. 工业控制系统信息安全防护技术研究综述[J]. 云南民族大学学报(自然科学版)，2020，29(06)：619-626.

[7] 钟锡宝. 网络安全等级保护技术实现与分析[J]. 网络安全技术与应用. 2021(02)：173-174.

[8] 刘双龙，卢永慧. 石化企业DCS工业控制系统信息安全防护系统的开发和应用[J]. 化学工程与装备. 2022(03)：153-155.

第 11 章

水下控制系统集成测试技术

为满足首台套产品的示范应用要求，需要根据目标油气田的技术要求，开展集成测试工作，测试内容包括水下油气生产系统集成测试技术研究，连接系统测试和水下控制系统集成测试系统及陆上联调与测试。

11.1 测试基本要求

11.1.1 参考规范

所有测试必须保证人员和设备安全。根据 ISO 13628-1 的要求，水下生产设施在制造现场需要依次完成出厂验收测试(FAT)、扩展出厂验收测试(EFAT)和系统完整性测试(SIT)[1]。

11.1.2 工厂验收测试

1. 测试内容

出厂验收测试针对新制造的每一个水下生产设施单个部件和设备的零件，要求其满足具体的要求并通过出厂测试。出厂验收测试是重要的项目里程碑，承包商以此证明系统设计和制造满足合同规范。因此，按照 ITP(工厂测试计划)，需要在业主指定的检验方在场的情况下正式进行出厂验收测试，对差异和不符合项应予以详细记录，正式上报业主并提交不符合项处理措施[2]。

在开始测试前，应准备好测试大纲，包括测试程序、测试目标、测试接受标准等。工厂验收测试至少应包含以下内容：

-电磁换向阀性能及泄漏速率测试；

-传感系统的精度测试；

-通信系统功能测试；

-电力要求及敏感性测试；

-管线及液压组件的压力测试；

-蓄能器预充压测试；

-安全阀压力设置测试；

-系统清洁度测试；

-控制模块压力测试；

-电缆绝缘性测试和阻抗测试；

-泄漏测试；

-阳极块电连续性测试。(可选，因控制系统可利用采油树或管汇的阳极块)

典型的水下控制模块的出厂测试项目及内容如表 11-1 所示。

表 11-1 水下控制模块出厂测试项目及内容

序号	项目	测试内容
1. SEM FAT 测试	随机振动	20~80Hz 以 3dB/oct 增加，80~350Hz 功率谱密度为 0.04g^2/Hz，350~2000Hz 以 3dB/oct 减少，随机振动持续时间为 10min。激励源等级应维持 6g rms
	温度试验	高温 40℃，保温 48h 低温 0℃，保温 48h 温度循环： 1）高温设定值：40℃ 2）低温设定值：0℃ 3）低温保持时间：30min 4）高温保持时间：30min 5）循环次数：10 次
	功能测试	电源状态确认
		通信功能测试
		控制输出功能测试
		信息采集功能测试
		自检及系统参数
	SEM 密封测试	测试 SEM 外壳整体密封性，测试压力为 1.1 倍设计压力，高压舱测试
2. SCM FAT 测试	DCV 阀测试	测试 DCV 阀的工作压力、锁紧压力、泄漏率等
	蓄能器预充	蓄能器预充氮气功能
	安装锁紧	用 SCM 送入回收工具安装锁紧 SCM，并解锁回收 SCM
	机械接口测试	主要测试 SCM 液压插头和电气插头能否完好对接，锁紧机构能否顺利锁紧和解锁
	安全和操作检查	确认绝缘油加载压力控制装置和 SCM 内部与外界环境压差控制装置压力点设置
	液压冲洗(清洁度测试)	冲洗后 SCM 内部液压管道清洁度满足 SAEAS 4509 6B-F
	变送器测试	变送器读出值与压力表显示值一致
	液压管道内部静压测试	测试液压回路保压期间有无泄漏
	液压功能测试	验证 SCM 内部两个 SEM，单、双分别控制 DCV 阀开启和关闭
	最小电压和压力测试	验证最小电压和最低压力情况下，SCM 仍然能正常工作
	供电失效和通信失效测试	供电、通信失效后 DCV 阀门状态不变
	液压供应失效测试	梭阀功能测试，两组供液压口，失去一组时不会影响 SCM 内 DCV 阀状态
	液压内泄漏测试	验证 SCM 液压管道内部泄露情况
	SCM 壳体检测	检测 SCM 壳体密封性
	SCM 最终检查	SCM 完成 FAT 后，各部件完好
	电缆电线绝缘测试	检查电气接口导体与大地之间阻抗
	牺牲阳极连续性测试	测试 SCM 整体电阻值，以确保满足牺牲阳极设计要求
	高压舱测试	将 SCM 置于 1.1 倍设计压力环境下，持续测试 20min

2. 高压舱测试技术

高压舱测试是在 FAT 的基础上，对 SCM 整体进行的陆地上最严格的测试。测试模拟 SCM 实际使用的水深和温度，对 SCM 的电液功能进行的严格测试(图 11-1)。

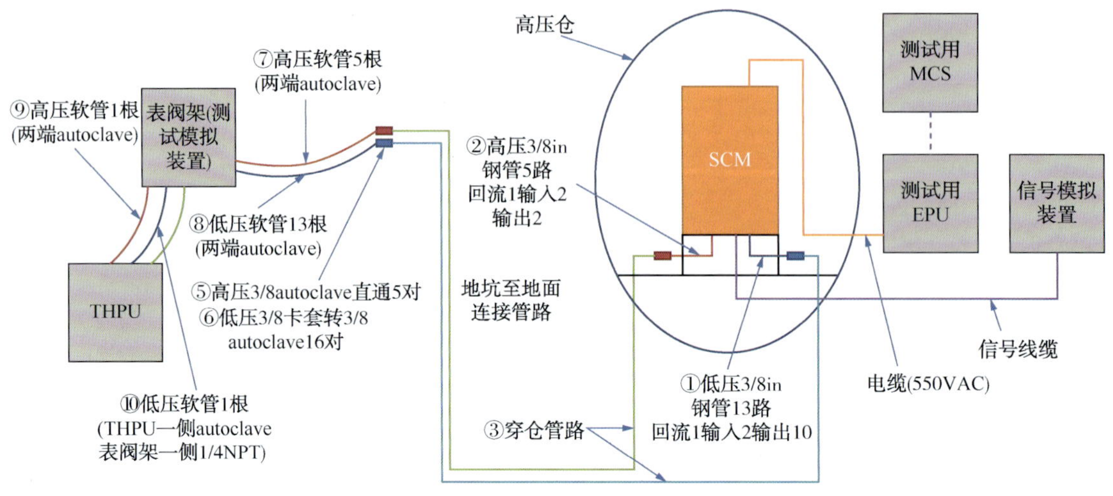

图 11-1 SCM 高压舱测试设备连接示意图

(1) 测试前准备：

-检查到货设备状态；

-清点设备、工具、辅材；

-SCM 上电检测功能是否正常。

(2) 舱内无水状态下功能测试：

SCM 安装到高压舱内，布置连接穿舱管线，舱外测试设备安装就位，按测试程序测试记录。

(3) 高压舱注水增压降温

封闭压力舱后开始注水，加满水后开始降温，水温以项目组使用的水温为参考，使 SCM 在水中浸泡至少 12h。

缓慢增压到设计水深压力。

(4) 模拟水深环境下功能测试：

按测试程序测试记录。

(5) 高压舱降压排水后 SCM 检查：

-压力舱泄压并排光舱内水，打开舱盖。工作人员解除 SCM 连接并用吊车吊出。

-检查 SCM 外光有无异常或损坏，随后排出 SCM 内硅油并采样检测含水量并记录。

-打开 SCM 外壳，检查内部元器件有无异常或损坏。

-DNV 人员现场见证。

11.1.3 扩展工厂验收测试

应对水下控制系统部件和作为系统一起运行的水下相关设备进行扩展工厂验收测试(EFAT)。被测设备应包括 MCS、EPU、SCM、采油树和管汇仪表模拟器。采油树和管汇仪表可分别在采油树 EFAT 和管汇 EFAT 中进行测试。EFAT 应在通信操作极限条件下进行，以确认水下控制系统在负载下的运行情况，并通过操作员站全面测试 MCS、EPU 到 SCM 的所有功能。SCM 应使用水面控制设备和所有各种水下传感器模拟器进行测试。扩展工厂验收测试至少应包含以下内容：

-操作性能测试(ROV 和潜水员)；

-功能测试；

-液压回路导通测试；

-压力测试；

-电气连续性测试；

-绝缘电阻测试；

-导体电阻测试；

-通信测试；

-液压回路冲洗测试。

-测试示意图如图 11-2 所示。蓝色箭头为液压传输，红色箭头为通信信号传输，虚线箭头代表两设备之间存在对应的操作接口。

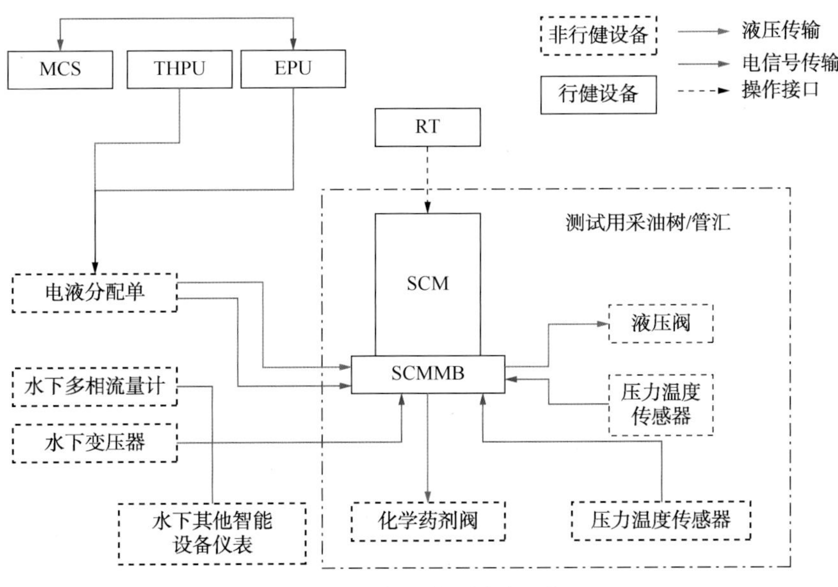

图 11-2 总装联调测试示意图

11.1.4 现场接收测试

为验证水下控制系统设备从一个现场运输到另一个现场的产品是否仍满足规定要求，需进行现场接收测试(SRT)。现场接收测试至少应包含以下内容：

-产品清洁度测试；

-目视水下控制系统设备是否有损坏；

-部分 FAT/EFAT 内容的二次测试。

SRT 的测试结果取决于很多因素，包括但不限于运输的距离、运输的方法、运输的时间以及运输过程中在环境中的暴露情况等。

11.1.5 系统集成测试

在安装前，水下设备及控制系统应进行系统集成测试(SIT)。在测试前，水下工艺设备(包括管汇、采油树等)、水下控制设备、水下电液跨接线应连接在一起。SIT 通常在岸上基地进行，应模拟所有工况进行测试。

系统集成测试的内容包括功能测试、验证输入输出结果是否正确、记录阀门执行器执行时间、蓄能器充压体积、泵系统的回复时间、电力功耗、化学药剂注入速率、数据反馈的精度等。系统集成测试的主要内容如下：

-ROV 或潜水员操作测试；

-通信测试；

-阀门开关功能；

-传感器测试；

-抗干扰性能测试；

-紧急关断测试；

-压力测试；

-清洁度测试；

-阻抗测试；

-电气连续性检查；

-液压回路连续性检查。

-安装回收测试。

11.2 主要测试设备

11.2.1 测试设备介绍

测试设备主要由 SCM 测试台、被测 SCM、脐带缆模拟装置、信号发生装置、测试液压源、电子测试单元和电力单元等设备组成，具体如下：

-控制模块测试台；

-测试液压站；

-模拟控制模块；

-冲洗液压系统；

-脐带缆模拟器；

-电子测试单元；

-传感器测试单元；

-传感器信号模拟单元；

-安装回收工具；

-TDR、OTDR（针对预安装光电飞线和接头）。

11.2.2 控制模块测试台

测试台能够模拟项目气田工况，具备同时对采油树 SCM 和管汇 SCM 开展供油、工作、回油压力测试，DCV 阀功能测试，清洁度测试等液压系统测试以及联机通信测试，阀控制功能测试，内外部传感器数据采集测试等电气系统测试的功能。

SCM 测试台用于模拟水下采油树和水下管汇上的阀门执行器，实现水下控制系统的测试。

SCM 测试台的技术指标为：高压 10000psi，低压 5000psi；2 路高压输入，2 路低压输入；4 路高压回路，28 路低压回路。

测试台的液压系统设计包括液压管、液压仪表、手动锥阀、球阀及溢流阀等，设计的水下阀门模拟器可以真实模拟阀门的开启动作。测试台的机械系统包括了机架、对接台等，为 SCM 的安置及液压系统提供支撑。分线箱为 SCM 的电气测试提供接口。

对接装置由对接台和对接盘组成，在设计过程中将对接装置设计成为可拆卸式，并且可以满足对两个不同 SCM 同时进行测试，对接台上设计有对接盘，能够模拟 SCM 对接过程，并能够检测 SCM 对接锁紧装置是否达到设计要求，同时设计有油路配置板，测试时可根据不同 SCM 测试需求，配置所需的液压管路。测试台面板背面为测试台液压管路，正面设计安装有操作手阀、液压表、油液采样阀等液压器件。利用手阀控制开关来模拟油路开关，通过液压表确定 SCM 内部阀是否按照指令开启或关闭，通过油液采样阀对 SCM 内部油液进行采样，进而检测油液精度是否达标。

11.2.3 电子测试单元

电子测试单元在水下控制系统测试过程中具备两种角色：模拟主控站和模拟水下控制系统。

电子测试单元：可模拟主控站和水下控制系统，通信方式为双绞线；

当模拟主控站时，其需要与被测试的水下控制系统进行信号通信。在测试过程中，当需要控制高、低液压液输出的时候，通过电子测试单元发送指令至 SEM，SEM 根据指令完成对 SCM 内部电磁阀开关的控制；当需要测量 SCM 内部以及 SCM 外部的传感器信号时，电子测试单元可以发送指令至 SEM，SEM 根据指令将处理好的数据反馈给电子测试单元。

当模拟水下控制系统时，其需要与被测的主控站进行信号通信。在测试过程中，当需要反馈给主控站数据时，电子测试单元将模拟的信号传送给被测主控站，用于主控站的分析与处理。当接收到来自主控站的控制命令时，响应主控站的控制命令，同时反馈响应结果给主控站，从而验证主控站的各项功能。

电子测试单元方案选择通过光纤通信模块或者电力载波模块实现电子测试单元与 SCM 以及 MCS 之间通信。根据具体功能，电子测试单元的硬件方案如图所示。

11.2.4 信号发生装置

信号发生装置是能够模拟产生一系列水下传感器信号的设备，用于测试水下控制系统的采集功能。

信号发生装置程序原理如图所示，其具备水下采油树、水下管汇信号模拟功能；48 路独立模拟信号输出；14 路 Modbus 通信信号输出，4 路 Canbus 通信信号输出；模拟功能模块化设计，信号类型、量程、精度等参数可灵活配置。

信号发生装置主要由控制显示屏、工控机、CPU 模块、电源模块、以太网模块、通信模块以及数字量/模拟量输出模块等组成，通过软件设计，实现水下采油树、水下管汇信号的模拟。

11.2.5 测试液压源

测试液压源用于给水下控制系统提供液压动力，分为高压供给系统、低压供给系统和油液循环系统。测试液压源可实现高低压输出、高精度过滤、线性调压、过滤清洗以及远程控制等功能。

测试液压源：高压 10000psi，低压 5000psi，液压油清洁度等级 SAE 4095 6B-F；具有报警以及自动停机保护功能；操作模式：本地/远程；操作具备紧急关断功能。

液压系统设计主要包括动力单元设计、供油单元设计、过滤单元设计、调压单元设计和急停关断泄压单元设计。控制系统设计主要包括高低压和循环泵控制单元设计、本地及远程控制单元设计和过热、堵塞和油位监测的单元设计。

高压/低压供给系统主要由电机、液压泵、蓄能器、过滤单元、调压模块以及紧急关断模块等组成，通过设备搭建、多路及自循环过滤设计、软件设计等实现测试液压源的冗余高低压输出、高精度过滤、线性调压以及远程控制等功能。

① 测试液压源需要提供可靠稳定的压力油液，由安装在动力单元中的液压泵实现。

② 测试液压源具有自动补充功能，由供油单元中的蓄能器实现。当泵的出口压力比较高时蓄能器通过压缩氮气来储存来自泵排油管的液压能，当储存能量达到最高设定点时蓄能器会自动关断，当输出压力降低时，蓄能器内压缩的氮气将膨胀，来补充输出压力，使输出压力达到要求，此功能由供油单元实现。

③ 测试液压源具有清洗功能。由于液压油清洁度要求很高，液压油经过过滤单元过滤后再通入测试台。

④ 测试液压源的具有压力可调的高低压压力油液输出功能，由降压单元中的减压阀来实现。当测试时需要不同的压力，通过减压阀来实现压力的变化，来分别输出满足测试要求的高压和低压压力油液。

⑤ 测试液压源具有本地和远程监控功能。当测试时需要通过监测本地控制面板或是电子测试单元上显示的输出压力来验证压力是否达到要求，通过压力监测装置来实现。

⑥ 测试液压源具有故障报警功能。当液压源由于电机过热、过滤器堵塞、回油箱和供给油箱油液过少时，液压源会自动报警。主要通过压差传感器和液面高度传感器来实现。

⑦ 测试液压源具有安全保护功能，由急停关断泄压单元实现。负载发生紧急情况时切断电磁阀电源，关断向负载供油，同时使负载压力油液流回油箱。

11.3 测试工程案例

11.3.1 工程测试概况

为满足目标气田测试要求，通过开展水下油气生产系统集成测试技术研究，开发连接系统测试和水下控制系统集成测试系统，完成陆上联调与测试，形成水下油气生产系统集成测试能力，为水下油气生产系统工程应用示范产品的集成测试奠定基础。

水下生产系统集成测试是水下设备深海安装之前非常关键的一个环节，是深水油气田开发水下生产系统安全、平稳运转的保证。同时，通过系统集成测试还可以起到操作预演，培训相关作业人员的作用，并提高作业效率。然而由于系统集成测试程序复杂、测试设备专业，且关键水下产品依赖进口，我国尚未独立开展过大规模的水下生产系统集成测试工作。为了满足开发南海深水油气资源的战略，系统掌握水下采油树、水下跨接管及连接系统、水下管汇等关键水下设施系统集成测试技术迫在眉睫。

通过对水下生产系统集成测试技术的研究和集成测试平台的开发，全面掌握水下生产系统集成测试技术，形成水下生产系统集成测试能力，并在乐东 22-1 示范应用，为水下采油树、管汇、跨接管及控制系统等关键设施的国产化工程应用提供可靠性验证，形成水下生产系统集成测试技术指南，为我国深水油气田自主开发提供技术保障。

11.3.2 工程测试规范

工程测试规范见表 11-2。

表 11-2 工程测试规范

ISO 13628-1-2005	Petroleum and Natural Nas Industries-Design and Operation of Subsea Production Systems-Part 1：General Requirements and Recommendations
ISO 13628-5-2009	Petroleum and Natural Nas Industries-Design and Operation of Subsea Production Systems-Part 5：Subsea Control Umbilical
ISO 13628-6-2006	Petroleum and Natural Gas Industries-Design and Operation of Subsea Production Systems-Part 6：Subsea Production and control Systems
ISO 13628-8-2002	Petroleum and Natural Gas Industries-Design and Operation of Subsea Production Systems-Part 8：ROV Interfaces on Subsea Production Systems
API STD 17F-2017	Standard for Subsea Production Control Systems
API Spec 6A-21st Edition	Specification for Wellhead and Christmas Tree Equipment
船用交流低压配电板通用技术	GB/T 11634-2000
供电单元 EPU 出厂测试报告	2019GXB01-05-05-RPT-1005(0)
主控站 MCS 出厂测试报告	2019GXB01-05-002-RPT-1005(0)
水下控制模块 SCM-001 出厂测试报告	2019GXB01-05-004-RPT-1005(0)
水下数据传输系统 SRM 技术规格书	2018GXB01-05-001-SPC-0101(B)

续表

CCTV 总体方案研究报告	2018GXB01-04-002-RPT-1002(B)
水下声矢量监测系统技术规格书	2018GXB01-04-001-RPT-1003(B)
水下控制模块 SCM-002 出厂测试程序	2019GXB01-05-03-RPT-1013(B)
P&ID	BD-DWG-SPS-PR-1201(0)
基于光纤通信的水下数据传输系统联调试验大纲	2018GXB01-05-001-SPC-1303(0)
因果逻辑图	BD-DWG-SPS-IN-1003(B)
水下分配单元测试规格书	2019GXB01-05-06-MA-SPC-2002(0)
LD22-1S 系统控制图	BD-DWG-SPS-IN-1002(0)
主控站 MCS 功能说明书	2019GXB01-05-002-SPC-1001(0)
供电单元 EPU 功能说明书	2019GXB01-05-005-SPC-1001(0)
水下采油树控制模块数据表	2019GXB01-05-03-RPT-1014(0)
水下管汇控制模块 SCM 数据表	2019GXB01-05-004-DDS-1001(0)
水下数据传输系统硬件设计说明	2018GXB01-05-001-SPC-1101(0)

11.3.3 测试装备

测试专用测试工具主要分为液压测试工具和电气测试工具。所需的测试设备如表 11-3 所示。使用的所有校准过的设备，使用时，在使用时间校准范围内。

表 11-3 测试所需的主要测试设备表

序号	测试名称	用途及描述	数量
1	SCM 测试台	管汇 SCM 和采油树 SCM 的液压功能模拟平台； 高压 10000psi，低压 5000psi；2 路高压输入，2 路低压输入；4 路高压回路，28 路低压回路	2 台
2	THPU	输出压力：LP：0~6000Psi，HP：0~15000Psi； 液压液清洁度：符合 SAE AS4059 Class 6(B-F)标准	2 台
3	颗粒计数器	用于检测液压管道清洁度。 可检测至少 SAE AS4059 Class 6(B-F)的控制液	1 台
4	信号模拟装置	模拟 PPTT 和 MPFM 的信号传输，以及其他传感器的信号传输； 具备水下采油树、水下管汇信号模拟功能；48 路独立模拟信号输出；14 路 Modbus 通信信号输出，4 路 CANBUS 通信信号输出；模拟功能模块化设计，信号类型、量程等参数可灵活配置	1 套
5	测试用电飞线	用于将整个系统的电气设备进行连接	1 套
6	脐带缆模拟装置	模拟脐带缆长距离传输，造成的电气和液压损耗。 可模拟 30km 脐带缆电液传输特性，其中模拟高压(10000psi)1 路，低压(5000psi)1 路，回油(5000psi)1 路；可模拟 30km 电缆的电力传输特性，电力缆(1kVAC)2 路；可模拟 30km 脐带缆光纤传输特性	1 套
7	故障诊断系统	采集 CCTV 和 HPH 的现场实时信号	1 套

测试用耗材主要有：

-SCM 测试台各类特殊连接件、接头；

-测试用电飞线、液飞线；

-吊装工具及吊装设备；

-万用表、兆欧表、压力表、扭矩扳手及扭矩工具；

-液压油[清洁度达到 NAS 1638 Class 6(B-F)]；

-蓄能器充压工具和氮气；

-临时连接的软管和电缆。

11.3.4 测试前准备

1. 外观检查

MCS、EPU、SCM(采油树)、SCM(管汇)检查程序同 SRT 外观检查内容，需对现场检查内容进行拍照或录像。CCTV、SRM、HPH 检查程序同 SRT 外观检查内容，需对现场检查内容进行拍照或录像。

2. 清洁度证书检查与 THPU 自冲洗

-检查 SCM(采油树)清洁度证明文件；

-检查 SCM(管汇)清洁度证明文件；

-检查连接液压管线证明文件；

-检查 THPU(采油树)清洁度证明文件；

-检查 THPU(管汇)清洁度证明文件；

-将液压油导入 THPU(采油树)和 THPU(管汇)中；

-两台 THPU 内循环冲洗，直到液压油标准达到 SAE AS4059 Class 6(B-F)；

-确认 SCM(采油树)蓄能器已充压完毕；

-确认 SCM(管汇)蓄能器已充压完毕。

3. 测试用电飞线测量

(1) 电连续性测试：使用微欧姆计测试所有测试用电飞线的电气连续性，并记录相应电阻值，电连续性电阻值应小于 0.01Ω/m。由于本次测试中，未使用专用测试电飞线进行测试，系统连接采用原有设备内部电缆散线外延线完成。故本项测试遗留，在管汇 EFAT 中进行。

(2) 绝缘测试：使用兆欧表和万用表测试所有测试用电飞线的电气绝缘性，应分别测量相间和对地电阻，并记录相应电阻值，绝缘电阻应大于 10GΩ&500V。由于本次测试中，未使用专用测试电飞线进行测试，系统连接采用原有设备内部电缆散线外延线完成。故本项测试遗留，在管汇 EFAT 中进行。

11.3.5 测试设备布置与电缆/管线连接

所有测试设备及测试工具按就近原则布置完成。连接 THPU(采油树)和 SCM(采油树)的液压管线。连接 THPU(管汇)和 SCM(管汇)的液压管线。电气连接图见图 11-3 所示。

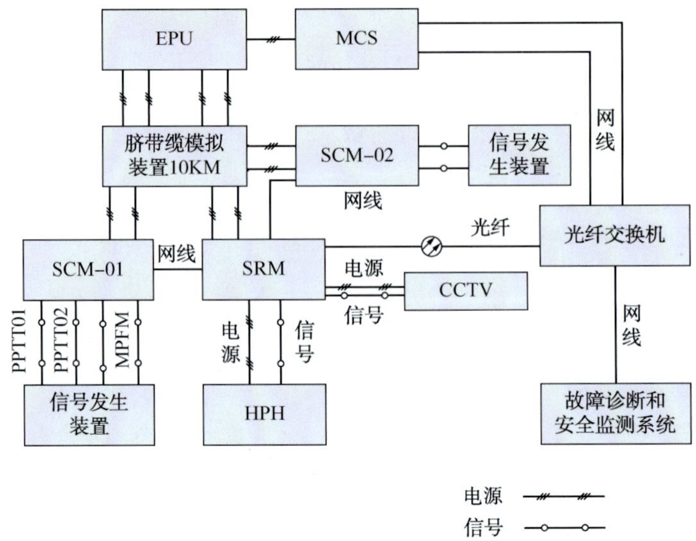

图 11-3　控制系统集成测试电气连接图

11.3.6　清洁度检查

① SCM(采油树)采样点取样，并检测清洁度；

② THPU(采油树)采样点取样，并检测清洁度；

③ SCM(管汇)采样点取样，并检测清洁度；

④ THPU(管汇)采样点取样，并检测清洁度。

11.3.7　EPU 系统上电测试

① 启动机柜前先确保所有断路器均处于断开状态，并检查各个回路，确保回路无短路；按照检查列表的顺序依次闭合开关；

② 检查电源指示灯、照明灯工作情况；

③ 检查柜内风扇工作情况；

④ 检查 PLC、交换机、服务器等设备的工作情况；

⑤ EPU 绝缘在线监测精度对比测试。测试前对 EPU 的在线绝缘表正确性的确认。使用一个有标值的电阻箱(推荐 100kΩ～10MΩ)对绝缘表的 L1-GND 和 L2-GND 进行连接，从 EPU 的 HMI、绝缘表上进行对比验证确认。

11.3.8　MCS 上电

① 启动机柜前先确保所有断路器均处于断开状态，并检查各个回路，确保回路无短路。按照检查列表的顺序依次闭合开关；

② 检查电源指示灯、照明灯工作情况；

③ 检查柜内风扇工作情况；

④ 检查 PLC、交换机、服务器等设备的工作情况；

⑤ 检查 MCS 软件版本号和序列号。

11.3.9 水下监控设备上电测试

① 通过 EPU 向 SRM 供电；
② 电压：150~600VAC，功率：2kW。观察 SRM 上电是否正常；
③ 使用测试用电飞线，将 CCTV 与 HPH 连接到 SRM 上；
④ 检查 CCTV 上电是否正常；
⑤ 检查 HPH 上电是否正常；
⑥ MCS 通过脐带缆模拟装置连接到 SRM 后的光衰测试；
⑦ CCTV 实际功率测试。

11.3.10 水下控制模块上电测试

① 通过 EPU 向 SCM(采油树)供电；
② 电压：150~600VAC。观察 SCM(采油树)上电是否正常；
③ 电压：150~600VAC。观察 SCM(管汇)上电是否正常。

11.3.11 通信测试

① 在 MCS 中，使用 PING 命令，分别对 SCM(采油树)、SCM(管汇)、SRM 进行通信测试和地址寻址，检测以上设备通信连接是否正常。

② 在故障诊断和安全监测系统中，使用 PING 命令，对 SRM、CCTV、HPH 进行通信测试和地址寻址，检测以上设备通信连接是否正常。

③ SRM 模式的灵敏度测试。水下路由器光纤通信灵敏度测试：通过对网络水下网络的终端设备进行通信响应时延时测试，验证系统的灵敏度，在全连接的状态后确认。

④ 使用 MCS 故障及恢复模式测试。在发生故障时，手动/自动切换无问题。

⑤ 可靠性测试。在通信情况下，使 modbus 模拟器对水下 SEM、多相流量计、DCS、HPU 进行连接通信测试，监测故障率状态，无响应的情况要求不应大于 0.1%。

11.3.12 信号采集测试

1. 采油树 SCM 与管汇 SCM 通信冲突测试

采油树 SCM 与管汇 SCM 的载波卡均采用 MODBUS TCP/IP 协议，两种载波卡使用脐带缆的不同线芯。进行以下测试时，观察 SCM(采油树)与 SCM(管汇)的数据同时通信时，是否正常。

2. 水下阀门监控

在 MCS 中点击水下采油树，进入水下采油树监控画面，其中主要包括阀门的状态和仪表显示，如图 11-4 所示。

(1) 普通阀门的监控(SCSSV、AWV、AAV、PMV、XOV、AMV、PWV、CIV1、CIV2等)。在该水下采油树界面中点击需要控制的阀门，弹出主要显示界面，主要包括的界面有阀门的开关状态反馈、开关命令按钮、数据源选择、开阀设定、量程设定、趋势记录等。

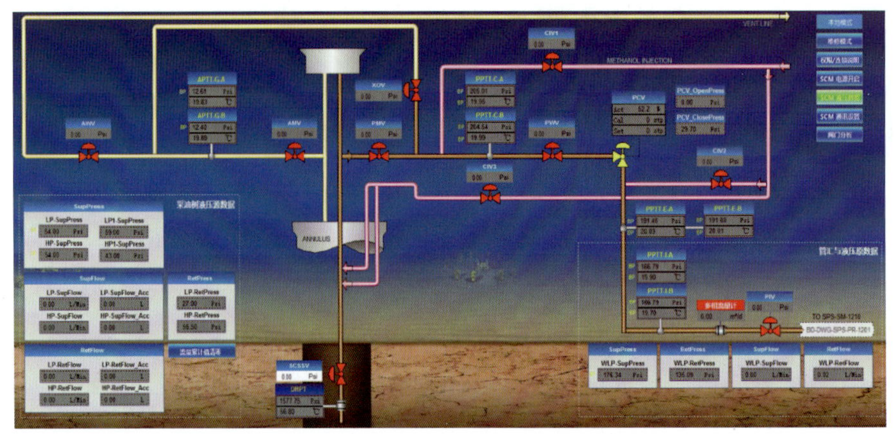

图 11-4　MCS 监控画面

阀门参数设置完成，在此基础上对阀门进行运行测试(所有阀门为模拟测试)，记录阀门动作反馈，触发命令至接收到命令时，一般不应超过 2s。分别用 SCM(采油树)的 SEM A 和 SEM B 进行测试。

(2) 节流阀的监控(PCV)。在该水下采油树界面中点击需要控制的阀门，弹出主要显示界面，主要包括的界面有阀门的开关状态反馈、开关命令按钮、数据源选择、开阀设定、量程设定等。阀门参数设置完成，在此基础上对节流阀进行运行测试，记录阀门动作反馈。

3. 水下仪表监控

在该水下采油树界面中点击需要监控的仪表，弹出主要显示界面，主要包括的界面有仪表当前数据显示、数据源选择、仪表参数设定、量程设定、趋势记录等。仪表参数设置完成后，对仪表进行数据监控测试，记录数据反馈值。使用相关的信号模拟装置，分别用 SCM(采油树)、SCM(管汇)的 SEM A 和 SEM B 进行测试

4. SCM(采油树)阀门模拟测试

使用 SCM(采油树)测试台，模拟采油树上各阀门动作。在 MCS 中，分别用 SEM A 和 SEM B 实际动作采油树阀门。

5. SCM(管汇)阀门模拟测试

使用 SCM(管汇)测试台，模拟管汇上阀门动作。在 MCS 中，分别用 SEM A 和 SEM B 实际动作管汇阀门。

11.3.13　冗余测试

1. SRM 供电冗余测试

SRM 由 EPU 两路供电。并通过光纤将相关数据上传至上位机进行监测，首先检查 SRM 两路供电均正常，并在上位机的 HMI 画面中显示数据正常。

拆除 SRM 上的 A 路 EPU 供电飞线，观察 HMI 数据是否正常，然后恢复 A 路供电，待数据恢复后，拆除 B 路供电飞线，观察 HMI 数据是否正常，将记录填入附录 A 表 A-5-11。

2. SCM(管汇)供电及电力载波冗余测试

SCM(管汇)由EPU两路供电，并通过这两路供电线路以电力载波的方式与EPU进行通信，EPU再将这些通信信号发送给MCS，由MCS对SCM(管汇)进行控制监测。首先检查管汇SCM两路供电均正常，并在MCS的HMI画面中显示数据正常(图11-5)。

拆除SCM(管汇)上的A路EPU供电飞线，观察HMI数据是否正常，然后恢复A路供电，待数据恢复后，拆除B路供电飞线，观察HMI数据是否正常。

3. SCM(管汇)与SRM通信冗余测试

SCM(管汇)与SRM的信号传输是冗余的通信线路，通信方式是TCP/IP，检查SCM(管汇)与SRM的冗余线路接线正常，并在上位机的HMI画面中显示数据正常。拆除通信线路A，观察HMI数据是否正常，然后恢复通信线路A，待数据恢复后，拆除通信线路B，观察HMI数据是否正常。

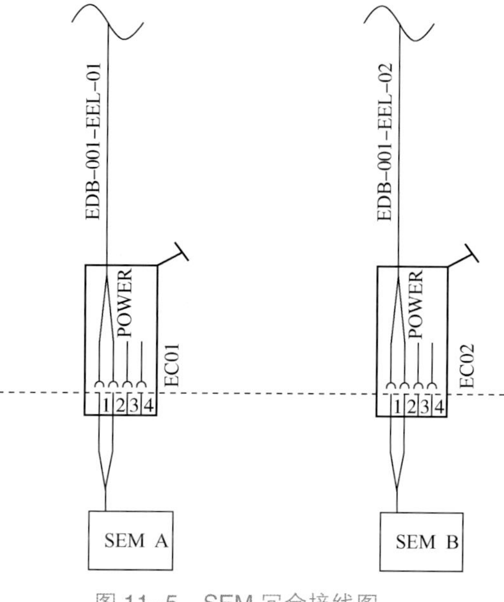

图11-5 SEM冗余接线图

4. 管汇多相流量计MPFM冗余测试

流量计MPFM的信号传输为冗余的通信线路，通信协议为MODBUS。检查MPFM的冗余线路接线正常，并在MCS的HMI画面中显示数据正常。将MPFM的通信线路A路拆除，观察HMI数据是否正常，然后恢复通信线路A路，拆除通信线路B路，观察HMI数据是否正常。

5. 管汇PPTT冗余测试

PPTT的信号传输为冗余的通信线路，通信协议为MODBUS。检查PPTT的冗余线路接线正常，并在HMI画面中显示数据正常。将PPTT模拟器的通信线路A路拆除，观察HMI数据是否正常，然后恢复通信线路A路，拆除通信线路B路，观察HMI数据是否正常。

6. SCM(采油树)供电及电力载波冗余测试

SCM(采油树)由EPU两路供电，并通过这两路供电线路以电力载波的方式与EPU进行通信，EPU再将这些通信信号发送给MCS，由MCS对SCM进行控制监测。首先检查管汇SCM两路供电均正常，并在MCS的HMI画面中显示数据正常。

拆除SCM(采油树)上的A路EPU供电飞线，观察HMI数据是否正常，然后恢复A路供电，待数据恢复后，拆除B路供电飞线，观察HMI数据是否正常。

7. SCM-002(采油树)与SRM通信冗余测试

SCM-002(采油树)与SRM的信号传输是冗余的通信线路，通信方式是电力载波，检查SCM与SRM的冗余线路接线正常，并在上位机的HMI画面中显示数据正常。拆除通信线路A，观察HMI数据是否正常，然后恢复通信线路A，待数据恢复后，拆除通信线路B，观察

HMI 数据是否正常。

8. PPTT 1、PPTT 2、APD 冗余测试

PPTT 1、PPTT 2、APD 的信号传输为冗余的通信线路，通信协议为 MODBUS RTU。检查 PPTT 1、PPTT 2、APD 的冗余线路接线正常，并在 MCS 的 HMI 画面中显示数据正常。

使用 PPTT 1、PPTT 2、APD 信号模拟器，将电飞线中 PPTT 1、PPTT 2、APD 的通信线路 A 路拆除，观察 HMI 数据是否正常，然后恢复通信线路 A 路，拆除通信线路 B 路，观察 HMI 数据是否正常。

11.3.14 SRM 电力载波通信与光纤通信切换的测试

目标气田控制系统中，SCM-001 和 SCM-002 到 MCS 之间为电力载波通信，该通信方式也作为本套系统的主通信方式。另外，两个 SCM 的数据还作为备用通信方式，通过 SRM 的光纤通信链路传送到上位机中，由上位机将光纤信号转变为以太网信号传输至 MCS 中。

为了验证电力载波通信与光纤通信的切换是否正常。可在 SCM-001 和 SCM-002 中，任意选取一组通信数据。在电力载波和光纤通信同时连接时，先断开电力载波通信，监控 MCS 中的这组通信数据是否有变化；如无变化，这组通信数据模拟一组新数值，确定通信传输正常后，将电力载波通信恢复，断开光纤通信，监控 MCS 中的这组通信数据是否有变化。测试流程图如图 11-6 所示。

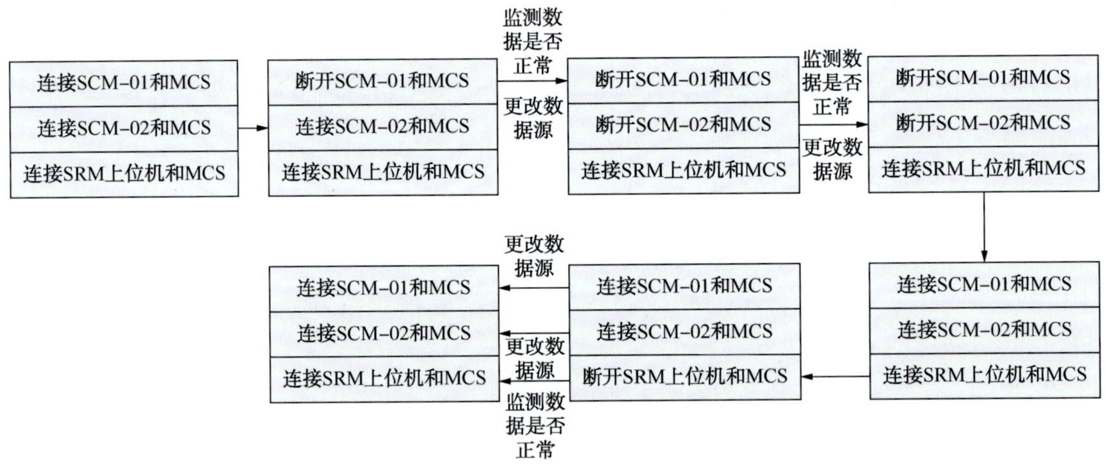

图 11-6 SRM 电力载波通信与光纤通信切换测试流程图

11.3.15 报警测试

1. ESD 测试

① 在 MCS 中，点击 ESD 画面，进入 ESD 监控画面，可以查看到有多个条件可以触发 ESD 动作；

② 根据因果逻辑表，通过短接的方式进行 ESD 1、ESD 2、ESD 3 的逻辑测试；

③ 在画面上观察 ESD 的动作顺序与因果逻辑图是否一致，阀门以各 SCM 测试台模拟信号测试。

④ 当 ESD 触发时，设计 ESD 关断的阀门会根据因果图依次关闭，记录 ESD 触发条件及阀门状态。

2. 报警事件记录功能测试

点击报警总汇按钮，进入事件记录图，观察与 MCS 应用程序相关的事件日志记录信息，检查是否与实际事件一致。

11.3.16 系统稳定性测试

控制系统功能测试无问题后，需要验证系统的运行稳定性。选取 SCM-01 至少一路数据，SCM-02 至少一路数据，CCTV、HPH 数据。分别使用电力载波/光纤复合通信、电力载波和光纤通信，使系统运行至少 12h。每 4h 更改一次信号源数据，在 MCS 历史记录中查看整个系统的运行稳定性。

11.3.17 最终清洁度检查

① SCM(采油树)采样点取样，并检测清洁度；

② THPU(采油树)采样点取样，并检测清洁度；

③ SCM(管汇)采样点取样，并检测清洁度；

④ THPU(管汇)采样点取样，并检测清洁度；

11.3.18 集成测试后处理

控制系统集成测试完成后，需要及时整改发现的问题，对测试记录文件进行归档整理，对设备进行防护和包装，为设备运输和海上安装做好准备。主要内容如下：

① 所有手动阀设定在安装和/或运行所要求的正确位置；

② 所有传感器断流阀设定在正确的位置(通常为“打开”)；

③ 所有报警极限值均返回额定值(过程参数)或供应商所规定的水下系统设备的正确报警值(HPU、EPU、SCM)；

④ 检查所有机柜物品(门、屋顶、侧壁……)是否接地；

⑤ 断开所有电气、液压连接。将所有保护盖放到位；

⑥ 检查设备的外部损坏并在必要时进行维修；

⑦ 在打孔清单上执行所有未完成的动作后，准备要装运的零件；

⑧ 根据机柜尺寸打好木箱包装；

⑨ 设备如果不立即安装，则需采用离岸装运箱(密封、保护)重新包装；

⑩ 除了正准备安装的设备外，不得再将任何设备留在管汇/井口底盘上，如果是正准备安装的设备，则应将所有液压装置、电连接器固定在设备“停放”板上，或进行合适保护/涂油/固定；

⑪ 应用过程中必要的试验工作修正和重复；

⑫ 所有测试记录文件归档；

⑬ 运输和交付准备。

参 考 文 献

[1] 梁德炽. 水下控制系统技术[C]. 2011年(第二届)海洋石油工程技术年会论文集，2011.

[2] 陈斌，苏锋，周凯，等. 水下生产系统测试技术研究[J]. 海洋工程装备与技术，2014，1(2)：16-19.

第12章
技术展望

我国深海石油开采的关键设备包括水下控制系统长期完全依赖进口。“十一五”以来，借助国家相关科研项目支持，我国陆续开始水下生产控制系统领域的科研攻关，逐渐从单体的研制，发展到整套系统的集成并在实际工程中实现示范应用。

我国水下控制系统的成功研制及成功应用，标志着我国已具备水下控制系统工程产品生产能力，将进一步提高我国海洋油气开发的自主权，进一步提高我国海工装备的综合技术水平，带动相关产业形成与升级，为保障国家能源安全提供技术支撑。

12.1 技术展望

1. 以电液式为主，全电式出现

水下控制系统发展经历了全液压式水下生产系统和电液式控制系统，并出现了全电式水下控制系统。电液式控制系统是目前主要的控制系统形式、应用最广泛，特别适用于深水大型油气田多井项目的开发，水面控制设备包括主控站、液压动力单元、电力单元等，一般放在浮式生产储油装置或平台上；水下控制设备主要包括水下控制模块、水下液压电力分配设备、通信设备等；水面设备与水下设备通过脐带缆进行交互，包括电力、液压动力、控制信号、水下监测数据和化学药剂的输送。电液复合式水下生产系统有以下优点：①采用电力通信或光纤通信，响应速度快；②实现了双向通信，易获得水下设备和控制系统本身的状态信息，是安全、污染控制和及时维护设备的重要条件；③控制功能灵活，控制逻辑可以在线修改。主要缺点：①成本高，复杂的脐带缆和水下控制模块等电子设备价格昂贵；②水下设备有大量电子元件，发生故障维修成本高；③存在液压油泄露的危险，对海洋环境保护不利。

随着海上油气资源开发转向超深水，开发环境变得更恶劣。对于超深水和长距离回接的海上油气田，若继续采用液压作为动力，会由于温度低、液压油黏度高等使得液压动力配送过程中损失严重；超高的静水压力和液压油流量问题严重限制了电液复合式水下生产系统的实用性。在开采超高压(压力等级 20000psi 以上)的油气田时，水下蓄能器达到了尺寸和重量方面的极限，对脐带缆的结构强度也提出了更高的要求，使得开采成本骤增。为了提高超深水油气田的工作效率和效益等，同时考虑到海洋环境保护等问题，国外公司率先研发出了全电式水下生产系统，并成功应用。全电式水下生产系统，水面控制设备包括主控站、电力单元等，放在 FPSO 或者平台上；水下控制设备主要包括水下控制模块、水下电力分配设备、通信设备等；水面设备与水下设施通过脐带缆进行交互，包括控制信号和水下监测数据的传递、化学药剂和电力的输送。全电式水下生产系统是在电液复合式水下生产系统基础上的进一步发展。与电液复合式水下生产系统相比，全电式水下生产系统去除了液压部分，驱动阀门的动力由液压变为电力。全电式水下生产系统有如下优点：①距离远，海域深。全电式水下生产系统采用高压直流输电，水深对高压直流输电的影响很小，当传输距离超过 150km 时电压损耗也趋于稳定，适宜超过 200km 的远海区域，超过 1500m 的超深海的油气田开发；②成本低，不需液压控制液，省去了水上液压动力单元和水下蓄能器，减去了脐带缆内的液压管线(高压/低压/回油)，减小了脐带缆的尺寸，大幅度降低了成本；③环境适应性好，实现了液体的零排放零污染；④可靠性高，简化了水下系统组成，减少了运动磨损件和密封件数量，提高了系统的可靠性；⑤响应速度快，缩短水下控制阀的响应时间。主要不足：①水下电功率及传输数据增加，对电力和通信基础设施提出了更高的要求；②全电式系统目前实际使用的油气田还比较少，实际开发经验尚且需要继续丰富。

2. 开始应用于浅水油气田的开发

对于一些处于航道区域和受限制区域不能设置水面设施开发的油气田，水下生产系统几乎成为唯一的选择。浅水水下控制系统以电液式为主，由于水深的变化，水下控制模块的安装维护、水下设施应急维护与深水不同，同时需要考虑海水能见度低、海生物附着等因素，应用于浅水的水下控制系统不同于深水的水下控制系统。SCM 的设计可大幅简化，部分阀门可由潜水员进行操作，锁紧机构也可优化为简易锁紧，安装过程可由简易工具和潜水员进行辅助安装。另外，水下分配单元也可以简化。同时由于浅水区泥沙大、海生物附着多的特点，增加防止海生物的设计。在通航区为了方便安装维护，安装时考虑采用沉箱结构，将水下采油树整体置于泥面以下，修井维护时将沉箱盖孔提起。

3. 标准化

作为降本增效的重要手段，标准化方法正在被推广使用。水下控制系统的标准化也将是未来的重要改进内容。

国际上水下控制系统通常由一家供货，由于未实现标准化，在其全生命周期内的维护、升级、利旧等活动均依靠于一家公司。对于石油公司，产品及采办及服务价格方面选择性少，标准化有其迫切性。

可能的标准化内容如下：

（1）水下控制模块的尺度：由于所采用的技术不同，各个供应商的产品之间就会产生差异。标准化目标可以是确定最大尺度，如控制模块的最大直径控制模块的最大总高度、最大重量等。

（2）水下控制模块基座：水下控制模块基座标准化可使石油公司在油田中使用不同供应商用相同原理设计的产品，并能够在现有油田中更换来自任选供应商的模块。

（3）安装工具的标准化：这种接口的标准化，将有助于使石油公司把所需要的安装工具范围降到最小，有助于节省费用和可更换设备。

（4）控制模块的功能：控制模块的功能，根据服务情况，低压和高压控制功能的数量，不同油田之间是不同的。从生产效率目的来看，可设计为系列化产品。

（5）通信接口标准化：包括硬件接口及通信协议。包括传感器的通信接口，控制模块与控制站之间的通信协议等。

4. 智能化

通过高品质的材料、严格的检验、极高的测试标准及冗余容错技术，保证了水下控制系统的可靠性。日益发展的智能化技术也将是提高水下控制系统可靠性的重要途径。

目前在研的相关智能化研究有水下控制系统的数据分析及故障预测技术。该技术针对水下控制系统的健康状态监测需求，研究水下控制系统硬件状态数据采集及健康状态的评价、预测技术。脐带缆的状态监测、水下控制系统的报警智能优化等方面也将是值得研究的智能化课题。

12.2 产业展望

目前我国已具备水下控制系统的集成制造、测试的能力，并已在实际工程中成功应用，在我国水下控制系统产业发展史上具有标志性意义。系统集成是一项复杂的工程技术，应予以重视。有竞争力的品牌和系统集成具有高价值，对于产业化乃至一个国家都具有非常重要的意义。中国制造的成功经验表明，许多成功的产业都是从系统集成开始，然后才开始零部件的国产化。

水下控制系统产业化才刚刚开始，还需要解决诸多困难，还没有形成品牌，技术能力也比较分散，需要各单位联合起来，利用各种资源尽快占领国内水下油气市场，不断进行技术和产品迭代，形成国际竞争力，在此基础上将会带动关键零部件的发展，掌控整个产业链，完成水下控制系统的过程化，真正保障我国深水油气开发的能力及安全。